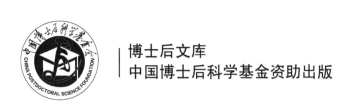

博士后文库
中国博士后科学基金资助出版

煤与瓦斯突出主控机制及瓦斯能量动力学特性

王超杰　著

科学出版社
北　京

内 容 简 介

　　本书针对煤与瓦斯突出机理、预测及防治理论和技术，围绕煤与瓦斯突出过程力学作用机制及能量演化特征，以理论、技术、应用为一体，系统阐述了煤与瓦斯突出主控机制及瓦斯能量动力学特性，主要内容涵盖现阶段煤与瓦斯突出灾害分布特点、突出机理及预测技术研究现状；同时从突出主控因素出发，剖析主控因素影响机制；以煤体损伤特征为切入点，明晰采动诱发多变力学响应下煤体损伤失稳机制；基于瓦斯能量视角，揭示突出煤体瓦斯能量释放量化机制与动力学特性；结合技术瓶颈问题，提出了突出预测、防治等技术体系。

　　本书可作为高等院校矿山安全工程专业、采矿工程专业本科生或研究生的参考书，同时亦可供相关专业的高等院校教师、科研院所及企业工程技术人员使用。

图书在版编目(CIP)数据

煤与瓦斯突出主控机制及瓦斯能量动力学特性 / 王超杰著. -- 北京：科学出版社，2025.3
　（博士后文库）
　ISBN 978-7-03-078199-4

Ⅰ. ①煤… Ⅱ. ①王… Ⅲ. ①煤层瓦斯-瓦斯突出-研究 ②煤层瓦斯-动力学-研究 Ⅳ. ①TD712

中国国家版本馆CIP数据核字(2024)第056891号

责任编辑：冯晓利 / 责任校对：王萌萌
责任印制：师艳茹 / 封面设计：陈　敬

科 学 出 版 社 出版
北京东黄城根北街 16 号
邮政编码：100717
http://www.sciencep.com
北京建宏印刷有限公司印刷
科学出版社发行　各地新华书店经销
*

2025 年 3 月第 一 版　开本：720 × 1000 1/16
2025 年 3 月第一次印刷　印张：17 3/4
字数：350 000
定价：130.00 元
（如有印装质量问题，我社负责调换）

"博士后文库" 序言

1985 年，在李政道先生的倡议和邓小平同志的亲自关怀下，我国建立了博士后制度，同时设立了博士后科学基金。30 多年来，在党和国家的高度重视下，在社会各方面的关心和支持下，博士后制度为我国培养了一大批青年高层次创新人才。在这一过程中，博士后科学基金发挥了不可替代的独特作用。

博士后科学基金是中国特色博士后制度的重要组成部分，专门用于资助博士后研究人员开展创新探索。博士后科学基金的资助，对正处于独立科研生涯起步阶段的博士后研究人员来说，适逢其时，有利于培养他们独立的科研人格、在选题方面的竞争意识以及负责的精神，是他们独立从事科研工作的"第一桶金"。尽管博士后科学基金资助金额不大，但对博士后青年创新人才的培养和激励作用不可估量。四两拨千斤，博士后科学基金有效地推动了博士后研究人员迅速成长为高水平的研究人才，"小基金发挥了大作用"。

在博士后科学基金的资助下，博士后研究人员的优秀学术成果不断涌现。2013 年，为提高博士后科学基金的资助效益，中国博士后科学基金会联合科学出版社开展了博士后优秀学术专著出版资助工作，通过专家评审遴选出优秀的博士后学术著作，收入"博士后文库"，由博士后科学基金资助、科学出版社出版。我们希望，借此打造专属于博士后学术创新的旗舰图书品牌，激励博士后研究人员潜心科研，扎实治学，提升博士后优秀学术成果的社会影响力。

2015 年，国务院办公厅印发了《关于改革完善博士后制度的意见》（国办发〔2015〕87 号），将"实施自然科学、人文社会科学优秀博士后论著出版支持计划"作为"十三五"期间博士后工作的重要内容和提升博士后研究人员培养质量的重要手段，这更加凸显了出版资助工作的意义。我相信，我们提供的这个出版资助平台将对博士后研究人员激发创新智慧、凝聚创新力量发挥独特的作用，促使博士后研究人员的创新成果更好地服务于创新驱动发展战略和创新型国家的建设。

祝愿广大博士后研究人员在博士后科学基金的资助下早日成长为栋梁之才，为实现中华民族伟大复兴的中国梦做出更大的贡献。

中国博士后科学基金会理事长

前　言

　　煤炭资源的持久性开采已然导致煤岩瓦斯动力灾害反复性、长期性频发。随着深部开采的常态化，其孕育、发动、发展过程因受多源、多场耦合叠加效应的影响，至今仍有众多难题未得到解决。煤与瓦斯突出（本书简称"突出"）作为井工煤矿最严重的煤岩瓦斯动力灾害之一，经过近 200 年的研究，基本明晰了突出发生的主控因素、力学过程、能量特性，并在理论认识的基础上，提出了一系列突出预测、防治及风险监控的关键技术与方法，尤其近年来灾害多元动态信息的集成监测、动态预警及分源防控技术工程示范。然而，目前因突出事故导致的伤亡人数仍在煤矿事故中占比较高。面对煤岩瓦斯动力灾害的严峻形势，在动力灾害"孕灾—发灾—致灾"过程的认识亟须有质的提升。

　　煤与瓦斯突出作为一种物理现象，既是能量积聚、转移及异常释放的动力学演化过程，亦是力在介质上叠加，引发结构体损伤失稳的力学作用过程。自 1834 年第一次记载了突出事故以来，学术界开展突出机理的研究先后经历了探索起步期（解释某一突出现象）、角逐上升期（提出突出假说或理论）、整合稳定期（基于假说或理论揭示规律）及瓶颈滞步期（预测及防治成了世界性难题）。在这期间涌现了一批典型的成果，如煤与瓦斯突出单因素假说（以瓦斯为主导的假说、以地应力为主导的假说，以及化学本质假说）和煤与瓦斯突出多因素假说（即综合作用假说）。经过长期的突出防治工程实践，基于综合作用假说在实际采掘作业中提出了一系列的突出防治技术，其防突效果显著。因此，综合考虑地应力、瓦斯压力及煤体力学强度三者在突出中的作用，已成为目前学者探究突出机理的核心思路。由此，出现了众多代表性揭示突出机理的理论，如"球壳失稳"机理、力学作用机理、"流变假说"、"黏滑失稳"机理及固流耦合失稳理论。这些成果的出现极大地增进了对突出灾害现象的认识，同时为突出灾害的防治提供了强有力的理论支撑。

　　当前，突出事故仍不间断发生，其背后的核心问题，是由于地层产状、构造条件、采掘工艺、煤岩结构、人员管理等因素影响，在有限时间内难以实现灾害的精细、精准、精确防控，其中，制约这一难题的关键是突出发生的微宏观机制尚有待进一步揭示。孕突过程各主控因素间的量化作用，尤其是煤岩赋存特性下，主控因素量化贡献的演变机理仍不明确，已成为业内的共识。如突出孕育过程中地应力与瓦斯压力互馈下的关键作用点及量化关联；煤体力学强度作为阻挡力，其阻挡能力与地应力及瓦斯压力间的响应机制等科学问题尚有待回答。同时，对煤岩瓦斯出现的压出动力现象(其在煤壁面留下的孔洞为口大腔小,区别于口小腔大的典型煤与瓦斯突出孔洞),是否属于煤与瓦斯突出的一种,现仍存在争议。此外,突出过程是否存在地应力主导或者瓦斯压力主导类型、为何出现低瓦斯突出现象等疑问尚未得到明晰。同时在"四位一体"防突措施中,采掘工作面防突措施效果检验,即治理后煤体的突出危险性预测是极其重要的关键环节。采取合理的预测指标,确定科学的预测钻孔布局方案,准确辨识突出预测钻孔瓦斯动力现象与突出危险性间的直观联系,也是必须解决的关键科学问题。

基于以上科学问题,本书围绕煤与瓦斯突出过程力学作用机制及能量演化特征,以理论、技术、应用为一体,通过明确煤与瓦斯突出主控因素及控因间关联,阐明多变力学行为下煤体损伤动态响应机制,丰富煤与瓦斯突出力学过程主控作用机制。以煤体释放瓦斯能量为着眼点,揭示突出煤体瓦斯能量释放规律及量化特征,进而明晰孕突过程损伤煤体瓦斯能量动力学特性。在以上研究成果基础上,遵循"四位一体"防突策略,以突出灾害精准防治需求为牵引,面对分源、分强度及分时空精准防治技术瓶颈,开展突出灾害的精准监测、精确预警、精细防控技术研究。

本书是笔者从事煤与瓦斯突出机理、预测及防治研究的核心成果,从博士期间初步理论的探索,到博士后期间理论的形成、深化与技术的提出,再到硕士生导师期间理论与技术的推广应用;在研究过程中得到了中国矿业大学蒋承林教授、杨胜强教授的指点,受到了中国矿业大学李晓伟副教授长期的专业教导,同时聆听了重庆大学梁运培教授的教诲,也受到了中国石油大学(华东)陈国明教授、徐长航教授的指导。在此,一并表示衷心的感谢。

同时,感谢国家自然科学基金(52104236)、中国博士后科学基金(2020M672177)、青岛市博士后应用型项目基金(qdyy20190084)、中央高校基本科研业务费专项资金(22CX06018A)、煤矿瓦斯与火灾防治教育部重点实验室开放基金(2020CXNL10)等项目以及博士后文库基金的经费资助。

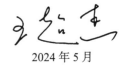

2024 年 5 月

目　　录

第1章 绪　　论

煤炭作为我国的基础性能源，其主导地位长期不会改变。我国目前超 90% 的煤炭开采矿井为井工开采，开采过程中触发的煤与瓦斯突出动力灾害时有发生。一次突出灾害的发生可导致少则数人，多则数十人伤亡，亦会引发瓦斯或煤尘爆炸等二次灾害，同时伴随着大量巷道设施的毁坏。其以长期性、复杂性和反复性多态势显著制约着矿井安全高效生产。近年来，随着深部开采的常态化，部分高瓦斯矿井逐步转变为突出矿井，使得突出矿井数逐年增加的同时，因高地应力、高瓦斯压力、煤岩低透气性以及煤体力学性能的转变突出灾害程度更为严重。虽然至今突出灾害的形势有所改善，但我国大多数突出煤层低透难抽、地质条件复杂。突出灾害的孕育受控于复杂的地质结构，呈"区域危险，局部灾变"特征，实施突出灾害的精准监测、精确预警、精细防控迫在眉睫，亟须研发系统、高效、可靠的突出危险探测与防治技术。

本章从当前煤与瓦斯突出事故分布特征及趋势、突出机理研究现状，以及突出预测技术方面简要阐述国内外当前突出防治的现状。

1.1　煤与瓦斯突出事故分布特征及趋势

1.1.1　我国煤炭生产形势

自改革开放以来，煤炭作为我国最重要的工业能源，在我国经济发展历程中发挥着重要的作用。目前，我国经济已经进入中高速发展新常态，煤炭产业随之进入"需求增速放缓期、产能过剩和库存消化期、环境制约强化期、结构调整攻坚期"，煤炭产业结束"十年黄金期"[1]。

进入 21 世纪以来，我国对煤炭产业投资力度在短时间内急速增加，导致煤炭产能过剩。与此同时，2014 年开始我国加大了进口国外煤炭的力度，造成国内煤炭市场供过于求的局面，煤炭产量不断积累，国内消费能力下降，煤炭产业受到强大冲击，转型改革迫在眉睫[2]。

由于煤炭开采给城市的生态环境造成非常严重的后果，导致难以可持续发展，经济发展与生态保护矛盾突出，若干处以煤炭为主要产业的城市出现亏损现象[3]。此外，我国采取了经济速度放缓、能源结构加快转型的政策，导致积压的煤炭库存无法被消费，煤炭产能过剩的局面凸显。因此，未来一段时期内，我国煤炭产能过剩局面将继续存在。

虽然我国煤炭行业面临着一系列转型压力和挑战，但目前煤炭在我国一次能源生产和消费结构中仍占半数左右。我国富煤、贫油、少气的资源特点，决定了煤炭在一次能源中的重要地位，在未来相当长一段时间内，仍将作为我国最重要的基础能源和工业原料，在经济和社会发展中起到其他资源无法替代的作用[4,5]。

根据国家统计局 2019 年发布的全国煤炭生产能力数据[6]，全国生产煤炭矿井共有 3996 处，产能共计 352589 万 t；全国建设煤炭矿井共有 1010 处，产能共计 103875 万 t。中国在生产矿井及煤炭产能如图 1-1 所示。由图可知，中国煤炭生产现状在地理位置上呈 "Y" 形分布特征，根据煤炭实际情况大致分为九个区：东北区、黄淮海区、东南区、蒙东区、晋陕蒙宁区、西南区、北疆区、南疆—甘青区、西藏区。我国煤炭资源蕴藏不均，西北部区域煤炭资源丰富，其他区域资源较少，导致部分煤炭资源贫瘠地区的煤炭消费较紧张。根据上述划分的区域来看，亦存在部分地区煤炭产能富集，如华东地区约 83%的煤炭资源储量集中在山东省和安徽省；华中地区约 70%的煤炭资源集中在河南省；西南地区约 64%的煤炭资源集中在贵州省；东北地区约 51%的煤炭资源集中在黑龙江省。东南区域是我国经济发展的增长点，但煤炭资源保有量仅占全国总量的约 0.4%。山西省、内蒙古自治区、陕西省的煤炭资源均超过 4 亿 t；河南省、贵州省两省煤炭资源均超过 1 亿 t。安徽省、黑龙江省、山东省、河北省、四川省、宁夏回族自治区、甘肃省和云南省的保有资源量均大于天津市、吉林省、北京市、辽宁省。东南区域如

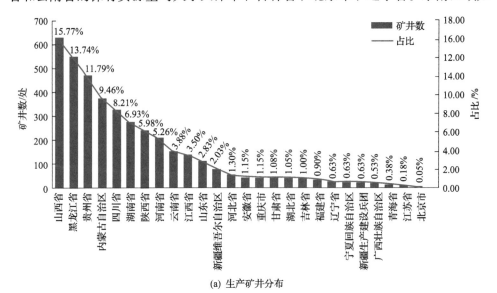

(a) 生产矿井分布

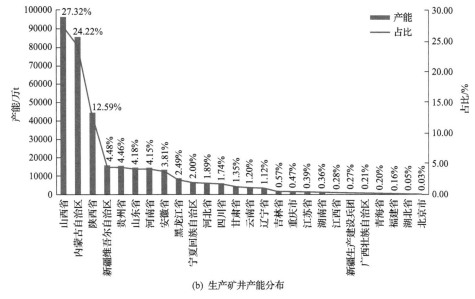

(b) 生产矿井产能分布

图 1-1 中国煤炭生产现状分布

广东省、福建省、江西省等地区的煤炭资源保有量较少。

1.1.2 煤与瓦斯突出灾害现状

我国是世界上的产煤大国,开采强度大且煤炭资源蕴藏状态复杂,因此不可避免引发煤与瓦斯突出、冲击地压等煤炭开采安全事故。随着对煤炭资源开采深度的不断加大,处于深部复杂应力环境的含瓦斯煤层,受"高地应力-高瓦斯压力-高岩温-低透气性-强扰动"等因素的复合作用,突出矿井数在逐渐上升。我国煤层瓦斯赋存含量普遍较高,整体而言,现存有约 1200 座突出矿井。煤与瓦斯突出作为井工煤矿最严重的煤岩瓦斯动力灾害之一,经过 180 余年的研究,基本明晰了突出发生的主控因素、力学过程、能量特性,并在理论认识的基础上,提出了一系列突出预测、防治及风险监控的关键技术与方法,使得突出事故得到显著的遏制[7,8]。然而,近年突出事故仍不间断发生,且因突出事故导致的伤亡人数仍在煤矿事故中占比较高,如图 1-2 所示。

图 1-3 为 2011~2020 年各省份突出事故起数和死亡人数统计。由图可知,贵州省 10 年间发生突出事故起数和死亡人数均为最高,分别是 27 起和 247 人,占比分别为 29%和 38%。吉林省 10 年只发生一起突出事故,死亡 12 人,突出事故起数最低。黑龙江省 10 年发生两起突出事故,死亡 8 人,突出事故死亡人数最少[9]。

众多研究均表明,突出发生时间(月、日、时)呈现一定规律性,基于上述统计,得到了近 10 年共 93 起突出事故发生时间分布特征,如图 1-4 和图 1-5 所示。

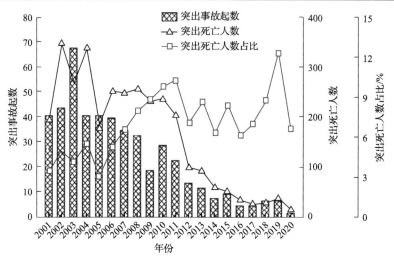

图 1-2 中国 2001~2020 年突出事故起数和死亡人数统计[9]

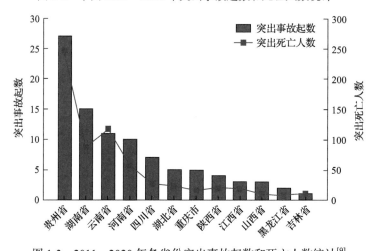

图 1-3 2011~2020 年各省份突出事故起数和死亡人数统计[9]

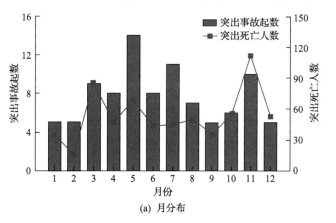

(a) 月分布

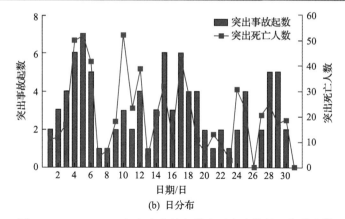

(b) 日分布

图 1-4 2011～2020 年突出事故起数和死亡人数的日期分布[9]

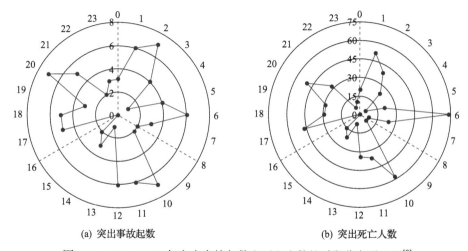

(a) 突出事故起数 (b) 突出死亡人数

图 1-5 2011～2020 年突出事故起数和死亡人数的时段分布雷达图[9]

由图 1-3 (a) 可知，每年 5 月份属突出事故最多发时期(共 14 起)，平均死亡人数为 4.9 人/起。11 月份共发生突出事故 10 起，死亡 112 人，平均死亡人数 11.2 人/起，高于 10 年间平均值 6.9 人/起。2 月份发生突出事故最少，为 5 起，平均死亡人数最低为 3.2 人/起。总体而言，5～7 月份是每年突出事故高发期，2 月份和 9 月份为突出事故低发期，11～12 月份发生的突出事故更易造成人员的严重伤亡。图 1-4 (b) 表明，每月的 5 日发生突出事故最多，共 7 起，致 52 人死亡，平均死亡人数为 7.4 人/起。每月的 4～6 日、15～17 日、28～29 日为突出事故高发期。每月的 10～12 日、24～25 日虽然突出事故起数相对不高，然而平均死亡人数较高。如每月的 10 日发生突出事故仅 3 起，却造成 52 人死亡，平均死亡人数高达 17.3 人/起[9]。

由图 1-5 可知，突出事故起数和死亡人数在每天的不同时段分布差异较大，其中，1～2时、5～6时、10～12时、17～20时等时段为突出事故高发期。我国煤矿生产制度多采用"3班制"作业，统计发现早班(8～16时)、中班(16～24时)和晚班(0～8时)突出事故起数和死亡人数占比分别为31%、32%、37%和29%、31%、40%，可见晚班发生突出事故较多，且多为重大突出事故[9]。

据笔者不完全统计，"十三五"期间，我国发生的17起典型突出事故，共造成111人死亡，8人受伤，由图1-6可知，根据突出发生地点可看出，煤巷掘进工作面依然是突出易发、多发的地点。

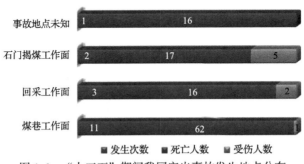

图 1-6　　"十三五"期间我国突出事故发生地点分布

总体而言，突出事故在地域分布上具有"分布范围广、分布较为集中，南多北少、南重北轻"等特点。之所以形成该局面与南北地区煤层的赋存条件息息相关。我国南方地区相比北方地形复杂，总体上南部多丘陵、北部多平原。故而地形差异导致了南方煤层赋存条件差、煤层渗透率低，并且有利于瓦斯赋存。其次南方地区规模小的煤矿占比较大，煤矿结构不合理、产能不足、增长方式粗放、生产力水平低、技术装备水平差等现象比北方严重，极易引发突出事故。

1.2　煤与瓦斯突出机理研究现状

一次突出的发生会向工作面采掘空间喷出几吨到上万吨不等的煤岩体，同时会涌出少则上百立方米，多则几十万立方米的瓦斯。整个发生发展过程短暂，短则数秒、数十秒，长则数十分钟。国外研究人员统计得出，突出主要阶段的持续时间为2～35s，21次突出的平均时间为11.8s±4.4s。由于喷出煤岩体的动力效应、瓦斯流的冲击效应和窒息性，一旦在现场遭遇突出事故，人员很难逃生。1834年3月22日，世界上第一次有记录的突出事故发生在法国的伊萨克矿井，此次突出事故造成2人死亡，其中一人被喷出的煤岩掩埋，一人因涌出的瓦斯流而窒息。之后约有几十个国家相继报道了多起突出事故。为有效防止突出事故发生，世界上相关学者对突出的发动、发展及终止过程进行了广泛的研究，并于1964年10月在法国利莫城召开了第一次煤与瓦斯突出学术报告国际会议。虽距第一次报道的发生在法国的突出事故已过去将近 200 年，但是由于一次突出的发生涉及多达 30 个自然因素和人为因素，到目前为止，煤与瓦斯突出机理依然处于不断地探索和完善过程[10]。

突出主要发生在煤巷掘进工作面(平巷掘进面、上下山掘进面)、石门揭煤工作面、采煤工作面。虽然三种情况下发生突出的情况有所不同，但对于一种相近的物理现象，其孕育、发动、发展及终止的条件万变不离其宗，因此不论探究哪种地点突出现象的发生机制都称为煤与瓦斯突出机理研究。至今约有 100 多种煤与瓦斯突出机理假说，这些假说可分为四类，即"以瓦斯为主导的假说或称为瓦斯作用说""以地应力为主导的假说或称为地应力作用说""化学本质假说"和"综合作用假说或称为多因素假说"。根据这些假说涵盖因素的多寡，也可分为单因素假说(瓦斯作用说、地应力作用说)和多因素假说(综合作用说)。由于这些假说均能解释井下现场发生的一些突出现象，因此不同假说均得到了部分学者的认可[10]。

由于"综合作用假说"综合考虑了地应力、瓦斯压力及煤体力学强度三者在突出中的作用，得到了国内外大量学者的支持和认可，并使之成为研究突出机理的主流假说。在此基础上，世界上众多学者基于现场、数值仿真和实验室条件下的实验又进一步深化了对突出机理的认识[10]。

1.2.1　煤与瓦斯突出力学作用机制

突出是一个煤岩失稳和抛出的动力过程，涉及力在介质上的叠加和释放。因此从煤岩受力破坏过程出发可以探究突出发动、发展及终止的整个过程。

目前，广大学者普遍认为突出是地应力、瓦斯压力及煤体力学性质综合作用的结果，因而突出过程作用力为地应力和瓦斯压力，介质是煤体。其中地应力是地层压应力、构造应力及变异应力的总称，而变异应力一般是由岩浆活动如火成岩侵入等引起，作用范围较为局部，且数值较小，也可认为煤体承受的地应力主要为地层压应力和构造应力所形成的叠加应力。

Farmer 和 Pooley[11]认为，突出是由掘进面突出煤体遭受应力改变发生失稳破坏所触发，并在煤体解吸瓦斯作用下进一步发展。李中成[12]通过分析煤巷掘进工作面煤体破坏类型，认为突出是在地应力和瓦斯压力共同产生的拉应力作用下发生失稳破坏，进而在高压瓦斯的作用下抛出盘形煤体，以此产生连锁反应的过程，并建立了相应的煤岩破坏力学条件。周世宁和何学秋[13]的"流变假说"认为，当突出煤体受到地应力大于屈服值后，煤体的变形可分为三个阶段，即变形减速阶段、匀速变形阶段及变形加速阶段，而后会发生迅速破坏。如果煤体中瓦斯压力较大，高压瓦斯会将破碎煤体突然抛出产生突出现象。梁冰等[14]认为，突出是地应力、瓦斯压力及煤体力学强度三者综合作用的结果，因此在研究煤体失稳破坏时，三者相互作用影响，相应建立了煤体失稳的固流耦合数学模型并进行了数值计算，结果也证实了埋深达到一定深度后，突出危险性大小随采深的增加而增加，同时突出危险性大小随瓦斯压力的增加而增大，只是增大的幅度逐渐减小。蒋承林和俞启香[15]提出的"球壳失稳"机理认为，突出的发生发展过程是含瓦斯煤体首先在地应力作用下发生初始剪切破坏并产生许多 I 型裂纹，裂纹的形成促进周围瓦斯向裂纹中积聚，当裂纹中瓦斯压力达到其断裂强度时，裂纹开始扩展并撕裂煤体成球壳状煤块，球壳状煤块在前后积聚瓦斯形成的压力差下发生失稳，最后被高压瓦斯流抛出，并建立了突出发生发展的三种力学条件。郭德勇和韩德馨[16]对有割缝的煤体进行围压加载实验，通过监测煤体积应变和应力的变化关系，发现煤体在变形过程中产生了黏滑现象，基于此提出了煤与瓦斯突出的"黏滑失稳机理"。基于突出孔洞壁面残留的煤体成层裂体或称为球壳状，赵志刚等[17]根据突变理论建立了单个层裂体失稳的势函数，并得出突出启动的瓦斯临界压力表达式。胡千庭等[18]把突出过程划分为准备、发动、发展和终止四个阶段，认为突出的发动是围岩的突然失稳及失稳煤岩的快速破坏和抛出；突出的发展是突出孔洞壁煤体由浅入深逐渐破坏抛出的过程。在突出过程中煤体在瓦斯压力作用下产生拉伸和剪切破坏，可分为粉化和层裂两个阶段。

张均锋和韩小波[19]认为煤体受到的应力组合形式不同，进而突出过程中形成的层裂片形状会有差异，对突出过程中的层裂拱壳初始形成几何形状进行了力学过程推导，得出层裂片最初形成的形状为椭球状或抛物锥状。Chen[20]认为工作面掘进速度过快致使破碎带过窄，在工作面前方会形成高瓦斯压力梯度，煤体在瓦斯梯度拉伸的作用下发生突然破坏，进而发动突出。Jin 等[21]分析得到在突出启动阶段煤体主要发生喷出、层裂、坍塌及破裂四种类型的破坏。Song 和 Cheng[22]模拟了突出触发阶段煤体的破坏特征，认为突出过程中煤体在瓦斯作用下发生层裂破坏，瓦斯压力越大，单个层裂体厚度越小，且压力达到一定值时，煤体发生粉碎破坏。马念杰等[23]基于掘进巷道因采动的影响会形成蝴蝶形状的塑性区，进而得出掘进巷道突出发生的力学机制为巷道掘进工作面因应力的重新分布产生形成蝶形塑性区增量，相应触发周围煤岩体内弹性潜能及瓦斯能聚合并快速释放，最终引发突出。

1.2.2 煤与瓦斯突出能量演变机制

突出作为一种物理现象，其发生过程涉及能量的积聚、转移和释放。因此从能量的角度出发，研究突出过程中能量来源及耗散规律，建立能量预测模型进一步探索不同能量来源的量化关系，对突出机理的揭示及突出强度的预测均有极其重要价值，同时为突出预测技术的提出和完善起到指导作用。

霍多特提出的"能量假说"认为[24]，突出过程所需要的能量由煤体的弹性潜能和瓦斯内能提供，并给出了发生突出需满足的三个能量条件。郑哲敏[25]根据现场突出的煤量及瓦斯量，通过计算得到煤与瓦斯突出特别是特大型突出，高压瓦斯是所需能量的主要提供者，瓦斯内能一般比煤体的弹性潜能大 1～3 个数量级。蒋承林和俞启香[24]通过分析突出过程中煤体单元能量耗散规律，得出煤体的弹性潜能首先导致其破碎，进而引起煤体内瓦斯能释放的结论。由于突出过程的瞬时性，真正参与煤体破坏、搬运的瓦斯能是初始释放瓦斯膨胀能，根据煤体初始释放瓦斯膨胀能的大小，突出强度分为无突出、弱突出和强突出。Valliappan 和 Zhang[26]及张我华等[27]通过热动力学理论认为解吸瓦斯所释放的能量是突出发生的主要能源，并根据现场突出数据计算得到瓦斯膨胀能占瓦斯能的 10%～30%。笔者团队通过开展构造煤体瓦斯初始解吸实验，得到不同瓦斯压力及水分下煤体初始释放的瓦斯膨胀能占瓦斯能的 14%～16%[28]。李成武等[29]建立了突出强度能量评价模型，并分析了 38 起突出事故中煤体的破碎功和瓦斯膨胀能，发现一半左右的突出事故中瓦斯膨胀能比破碎功大 1～2 个数量级。罗甲渊[30]研究表明，突出过程中煤体游离瓦斯所产生的膨胀能普遍小于煤体的破碎功，相应得出突出过程中解吸瓦斯能量远大于孔隙游离瓦斯能量，两者相差 3～4 个数量级的结论。王汉鹏等[31]利用不同吸附性能的瓦斯模拟了瓦斯压力相同而吸附瓦斯含量不同的型煤快速泄压突出实验，认为在瓦斯压力不变的情况下，吸附瓦斯量越大，煤体突出危险性越大，吸附瓦斯参与突出做功的膨胀能越大，然而吸附瓦斯所产生的膨胀能占突出过程总瓦斯膨胀能不足一半。

基于能量守恒定律，建立突出前后煤体能量动态平衡方程，一方面可以预测和评估突出发生后的可能强度，另一方面则能够对采掘面突出危险性进行预报。即掌握突出发生所需要的能量条件，可为突出防治提供指导作用。具有突出危险性的煤体在突出前所聚集的能量包括煤体的弹性潜能、瓦斯能及煤体重力势能。采动下所吸收能量包括爆破和机械等转移到煤体中的能量、煤层顶底板围岩释放的弹性潜能。煤层因巷道的掘进或采煤面的推进一般在工作面前方形成卸压区、集中应力区和原始应力未扰动区。由于卸压区煤体较为破碎，瓦斯泄漏较为充分，被视为突出危险区的阻挡层，其宽度在一定程度上决定了是否发生突出。应力集中区实际包括两种不同的煤体形态。应力峰值前煤体已发生一定程度破坏，煤体内部出现大量裂纹，煤体中瓦斯缓慢向卸压带渗流；而应力峰值后煤体处于完全的弹性变形状态，煤体中微裂隙及可见孔发生闭合，阻挡该处煤体中瓦斯及原始应力未扰动区煤体中瓦斯向外渗流；原始应力未扰动区的煤体处于煤层形成时期的应力状态，其内部孔隙及微裂隙均未发生状态变化。基于工作面应力分布及煤体赋存状态，李萍丰[32]把具有突出危险性工作面的三个应力区域划分为四个区域，即突出阻碍区、突出控制区、突出能量积累区、突出能量补给区，具体划分如图 1-7 所示，同时指出煤体在破碎时，瓦斯在煤体上的作用力除游离瓦斯压力还有瓦斯膨胀力。吕绍林和何继善[33]提出的关键层-应力墙突出机理中的应力墙概念即是应力峰值附近一定宽度的集中应力区，这和李萍丰[32]提出的突出控制区类似。根据他们提出的工作面煤体区域划分概念，爆破和机械等行为转移到煤体中的能量直接作用于卸压区煤体或波及至集中应力区中的突出控制区或应力墙中的煤体。因此，这些能量为突出发生创造条件，但并没有参与突出过程。

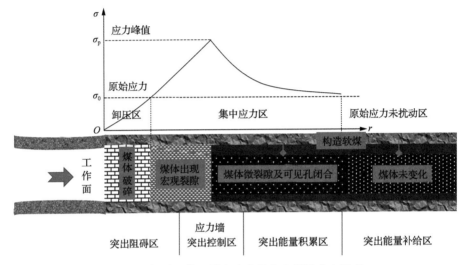

图 1-7 掘进工作面前方应力及突出煤体分布特点

σ 为应力；σ_p 为应力峰值；σ_0 为原始应力；r 为距离

针对顶底板围岩中储存的弹性潜能，一般围岩的弹性模量与突出煤体的弹性模量相比差距较大，故对围岩向突出煤体释放的弹性潜能在一定程度上可忽略。当突出发生时,煤岩的弹性潜能及瓦斯能主要转化为煤岩的破碎功或称为表面能、煤岩体摩擦热、电磁辐射能、声发射能、煤岩的移动功或称为动能、瓦斯气流的剩余瓦斯能等。文光才[34]在不考虑围岩向突出煤体释放的弹性潜能及岩体摩擦热、电磁辐射能、声发射能、瓦斯气流的剩余瓦斯能等能量的前提下，建立了突出发生前后能量积聚及耗散平衡方程，并收集现场突出数据对模型进行验证，结果虽有一定的误差，但亦能在一定程度上分析突出中能量转化的过程。鲜学福等[35]建立突出过程中能量转化关系模型，分析了突出启动速度与瓦斯临界压力的关系并给出了预测延期突出时间的数学模型。王刚等[36]基于能量守恒定律构建了突出发生前后的能量平衡模型，并根据实际的突出事故对模型进行了验证，发现结果较为理想，同时也表明煤岩体摩擦热、电磁辐射能、声发射能在突出总能量中占比很小，在计算中可忽略，同时也证实了围岩弹性潜能对结果的影响很微弱。王汉鹏等[31]在仅考虑突出能量为煤体弹性潜能及瓦斯膨胀能的前提下，同时假定能量损耗主要在煤体的破坏及抛出，建立了突出前后能量平衡方程，结合实验结果得出吸附瓦斯随煤体中瓦斯含量的增加，其参与突出做功的能量增加。

现有研究除探究突出过程中力学作用机制和能量演变过程，也有学者基于突出煤体一般属于强度低的构造软煤体，将突出煤体视为散体结构，运用土力学理论对突出煤体失稳及能量的释放过程进行分析，其研究结果相应解释了一部分突出演化过程。此外，多数突出主要发生在构造带附近或者与构造区域有密切联系，因此大量学者基于突出孕育的地质特点广泛探究了突出发生的地质控制条件。以上突出机理相关研究不论是着重探讨突出过程中能量积聚、转移、释放，抑或是煤岩失稳破坏发生的力学条件，均为深化煤与瓦斯突出机理的认识提供了有力支撑，同时为突出预测及防治工作提供坚实可靠的理论基础。

然而，煤与瓦斯突出机理作为百年世界性难题，其防治在现阶段已进入瓶颈期。面对突出事故的不间断发生，其背后所涉及的众多科学问题仍难以解答，如地应力与瓦斯压力及煤体力学强度在突出孕育过程中的耦合作用及主控阶段性特征尚未能明晰。同时瓦斯能作为突出发生的主要能量来源，实质参与突出过程的瓦斯能属具有膨胀做功能力的瓦斯膨胀能。其初始释放过程中演变规律、主控影响因素及量化特征仍缺乏研究，且瓦斯膨胀能初始释放过程所产生的力学效应、破坏能力等动力学特性尚未明晰。本书基于笔者前期研究，系统性地总结了上述问题相关的最新研究成果，旨在为读者在突出机理的认识上提供帮助。

1.3　煤与瓦斯突出预测技术

煤与瓦斯突出虽为井下发生的一种动力现象，其和煤自燃发火致因类似，即皆因人为采动影响而产生。若人类不对原始赋存煤体进行采掘活动，则除煤层露头外的煤体将永远赋存于地层，几乎不会发生突出灾害。因此，为有效防治突出灾害，除分析突出发生的条件和成因外，关键在于预测出它将要发生前的存在状态及位置，进而采取相应消突措施把它扼杀在摇篮之中。目前突出预测技术按是否通过在工作面施工钻孔测定预测指标方式，其可分为非接触式和接触式预测方法，也可分为静态和动态预测技术。此外，预测指标也可划分为煤体瓦斯解吸特点指标、煤体破坏及能量释放特点指标。目前有几十种工作面突出预测指标和技术被提出，如：①瓦斯解吸指标——Δh_2、K_1 值、钻孔瓦斯涌出初速度 (q)、V_{30}、K_v 值、瓦斯含量等；②能量释放指标——钻屑量 (S)、声发射、电磁辐射、微震等物探技术等。

1.3.1　常规静态预测技术

煤巷掘进由于工期长、暴露煤体面积小、易形成应力集中等特点致使大多数突出事故均发生在煤巷掘进工作面。根据突出机理的"综合假说"，突出是地应力、瓦斯压力及煤体力学强度综合作用结果，因此一个科学合理的突出预测指标应能综合反映三者的变化。一旦煤体产生自由面，自由面煤体即产生一定位移和变形量，通过在工作面施工预测钻孔收集钻孔孔壁切割下的煤体量可预知煤体的突出危险性，进而提出了预测指标——钻屑量(S)。由于突出主要发生于构造煤体，它与原始赋存未经构造应力破坏的煤体(非构造煤体)相比，力学强度较低，按破坏类型，突出煤体一般划分为Ⅲ类、Ⅳ类、Ⅴ类。同时与非构造煤体相比，构造煤体瓦斯解吸初速度大，可达数倍于非构造煤体。因此，从煤体瓦斯解吸特点出发提出了钻屑瓦斯解吸指标、钻孔瓦斯涌出初速度(q)等预测指标。

此外，煤体吸附-解吸瓦斯属动态平衡过程，煤体吸附瓦斯会引起煤体温度升高，而解吸瓦斯会造成煤体温度降低。基于此，苏联和波兰学者经过研究煤体解吸过程的温度，提出了利用温度预测工作面煤体的突出危险性；湖南矿务局针对钻屑温度及煤壁温度测定煤体突出危险性的可行性开展了系列研究，并在现场进行了应用。澳大利亚常用瓦斯含量预测工作面的突出危险性，虽然在我国一般利用瓦斯含量鉴定煤层或区域的突出危险性，但仍有现场案例表明其可应用于工作面突出危险性预测。

1.3.2　动态预测及预警方法

突出现象归根结底是突出危险性煤体发生失稳破坏的过程，因此具有突出危险的煤体在发动突出前，其破坏过程中煤岩的弹性潜能会有一部分能量转化为声能和电磁辐射能。基于此，研究发现具有突出危险性的煤体和无突出危险性的煤体破坏后，产生的声能和电磁辐射能特征具有明显差别。通过实时监测工作面前方煤体中的声能和电磁辐射能可预测工作面前方煤体突出危险性。近年来，突出防治的地球物理监测预警方法发展迅猛，主要包括微震、声发射、电磁辐射、地质雷达和震动波 CT 等技术手段。此外，也有学者提出煤层瓦斯氡浓度及红外辐射等预测指标。长期以来，煤巷掘进方式一般为炮掘和综掘。而不同掘进方式对工作面煤体的扰动能力不同，研究表明不同掘进方式所引起的煤巷中瓦斯涌出量不同，而且具有突出危险性的工作面在掘进后巷道中瓦斯涌出量会发生突然增大。一般当工作面具有突出危险性时，为安全考虑均采取炮掘，因此德国学者通过研究炮掘工作面在放炮 30min 后的瓦斯涌出量，提出了一个预测指标 V_{30}。俄罗斯矿业研究院根据落煤后的瓦斯涌出量，得到瓦斯涌出变动系数 K_v 值，它可敏感地反映出瓦斯涌出的异常变化，并将其作为煤巷掘进工作面的一个突出预测指标。

因为不同预测指标均属考虑煤体某些和突出危险性密切相关的因素而提出，所以利用单个指标对工作面进行突出危险性预测时难免出现预测不准的情况，故目前进行工作面突出危险性预测普遍采用多个指标相互补充测定，以做到能够反映影响突出危险性的地应力、瓦斯压力及煤体力学强度三个主要因素。《防治煤与瓦斯突出细则》[37]中把不同预测指标间的组合方式称为钻屑指标法、复合指标法及 R 值指标法。我国井下最常用的方式为在工作面施工预测钻孔，测定预测指标的数值，这些指标一般包括钻孔瓦斯涌出初速度（q）、钻屑量（S）及钻屑瓦斯解吸指标。由于这些常用预测指标会忽略煤体初始破坏的数据，且多属于阶段性、非连续性的点预测技术，从指标数值上并不能很敏感或连续地反映工作面前方煤体性质的变化。近年来，针对这两方面的问题，中国矿业大学蒋承林教授团队提出了钻孔初始瓦斯流量预测指标。这些预测技术的提出使工作面突出事故得到了有效的控制，但近几年突出事故的不间断发生依然暴露了目前突出防治工作存在很多不足之处。笔者通过查阅近三年突出事故调查报告，发现事故发生的原因归结为消突措施的效果不理想、预测指标的选择及临界值确定缺乏准确性、根据预测钻孔发生的动力现象未能有效辨别煤体的突出危险性，以及预测钻孔未能真正钻进具有突出危险性的煤体等。工作面突出预测结果的准确性及可信性依赖于预测指标选择的合理性及其临界值确定的可靠性、预测钻孔布局的科学性以及钻孔动力现象表征突出危险性辨识的准确性。

参 考 文 献

[1] 王旭东. 我国煤炭行业高质量发展指标体系及基本路径研究[J]. 中国煤炭, 2020, 46(2): 22-27.

[2] Wang X F, Chen L, Liu C G, et al. Optimal production efficiency of Chinese coal enterprises under the background of de-capacity-Investigation on the data of coal enterprises in Shandong Province[J]. Journal of Cleaner Production, 2019, 227: 355-365.

[3] Franco A, Diaz A R. The future challenges for "clean coal technologies": Joining efficiency increase and pollutant emission control[J]. Energy, 2009, 34(39): 348-354.

[4] 刘峰, 曹文君, 张建明, 等. 我国煤炭工业科技创新进展及"十四五"发展方向[J]. 煤炭学报, 2021, 46(1): 1-15.

[5] 王超杰, 杨洪伟, 李晓伟, 等. 深部高突煤层压–冲接替式强化增透技术及实践[J]. 矿业安全与环保, 2022, 49(5): 53-58.

[6] 国家能源局. 国家能源局公告 2019 年第 2 号. http://zfxxgk.nea.gov.cn/auto85/201903/t20190326_3637.htm.

[7] 王恩元, 张国锐, 张超林, 等. 我国煤与瓦斯突出防治理论技术研究进展与展望[J].煤炭学报, 2022, 47(1): 297-322.

[8] 梁运培, 郑梦浩, 李全贵, 等. 我国煤与瓦斯突出预测与预警研究综述[J/OL]. 煤炭学报, 2023, (8):1-24.

[9] 张超林, 王恩元, 王奕博, 等. 近 20 年我国煤与瓦斯突出事故时空分布及防控建议[J]. 煤田地质与勘探, 2021, 49(4): 134-141.

[10] 王超杰. 煤巷工作面突出危险性预测模型构建及辨识体系研究[D]. 徐州: 中国矿业大学学位论文, 2019.

[11] Farmer I W, Pooley F D. A hypothesis to explain the occurrence of outbursts in coal based on a study of West Wales outburst coal[J]. International Journal of Rock Mechanics and Mining Science & Geomechanics Abstracts, 1967, 4: 189-193.

[12] 李中成. 煤巷掘进工作面煤与瓦斯突出机理探讨[J]. 煤炭学报, 1987, (1): 17-27.

[13] 周世宁, 何学秋. 煤和瓦斯突出机理的流变假说[J]. 中国矿业大学学报, 1990, (2): 4-11.

[14] 梁冰, 章梦涛, 潘一山, 等. 煤和瓦斯突出的固流耦合失稳理论[J]. 煤炭学报, 1995, (5): 492-496.

[15] 蒋承林, 俞启香. 煤与瓦斯突出机理的球壳失稳假说[J]. 煤矿安全, 1995, (2): 17-25.

[16] 郭德勇, 韩德馨. 煤与瓦斯突出粘滑机理研究[J]. 煤炭学报, 2003, (6): 598-602.

[17] 赵志刚, 谭云亮, 程国强. 煤巷掘进迎头煤与瓦斯突出的突变机制分析[J]. 岩土力学, 2008, (6): 1644-1648.

[18] 胡千庭, 周世宁, 周心权. 煤与瓦斯突出过程的力学作用机理[J]. 煤炭学报, 2008, 33(12): 1368-1372.

[19] 张均锋, 韩小波. 煤与瓦斯突出的初次破坏特征分析[J]. 科技导报, 2008, (16): 55-59.

[20] Chen K P. A new mechanistic model for prediction of instantaneous coal outbursts-Dedicated to the memory of Prof. Daniel D. Joseph[J]. International Journal of Coal Geology, 2011, 87: 72-79.

[21] Jin H W, Hu Q T, Liu Y B. Failure mechanism of coal and gas outburst initiation[J]. Procedia Engineering, 2011, 26: 1352-1360.

[22] Song Y J, Cheng G Q. The mechanism and numerical experiment of spalling phenomena in one-dimensional coal and gas outburst[J]. Procedia Environmental Sciences, 2012, 12: 885-890.

[23] 马念杰, 赵希栋, 赵志强, 等. 掘进巷道蝶型煤与瓦斯突出机理猜想[J]. 矿业科学学报, 2017, 2(2): 137-149.

[24] 蒋承林, 俞启香. 煤与瓦斯突出的球壳失稳机理及防治技术[M]. 徐州: 中国矿业大学出版社, 1998.

[25] 郑哲敏. 从数量级和量纲分析看煤与瓦斯突出的机理[C]//郑哲敏文集. 中国力学学会, 2004: 382-392.

[26] Valliappan S, Zhang W H. Role of gas energy during coal outbursts[J]. International Journal for Numerical Methods in Engineering, 1999, 44(7): 875-895.

[27] 张我华, 金黉, 陈云敏. 煤/瓦斯突出过程中的能量释放机理[J]. 岩石力学与工程学报, 2000, (S1): 829-835.

[28] Wang C J, Yang S Q, Li J H, et al. Influence of coal moisture on initial gas desorption and gas-release energy characteristics[J]. Fuel, 2018, 232: 351-361.

[29] 李成武, 解北京, 曹家琳, 等. 煤与瓦斯突出强度能量评价模型[J]. 煤炭学报, 2012, 37(9): 1547-1552.

[30] 罗甲渊. 煤与瓦斯突出的能量源及能量耗散机理研究[D]. 重庆: 重庆大学, 2016.

[31] 王汉鹏, 张冰, 袁亮, 等. 吸附瓦斯含量对煤与瓦斯突出的影响与能量分析[J]. 岩石力学与工程学报, 2017, 36(10): 2449-2456.

[32] 李萍丰. 对煤与瓦斯突出机理的探讨[J]. 煤炭科学技术, 1988, (3): 17-18, 63.

[33] 吕绍林, 何继善. 关键层-应力墙瓦斯突出机理[J]. 重庆大学学报(自然科学版), 1999, (6): 80-84.

[34] 文光才. 煤与瓦斯突出能量的研究[J]. 矿业安全与环保, 2003, (6): 1-3, 9.

[35] 鲜学福, 辜敏, 李晓红, 等. 煤与瓦斯突出的激发和发生条件[J]. 岩土力学, 2009, 30(3): 577-581.

[36] 王刚, 武猛猛, 王海洋, 等. 基于能量平衡模型的煤与瓦斯突出影响因素的灵敏度分析[J]. 岩石力学与工程学报, 2015, 34(2): 238-248.

[37] 国家煤矿安全监察局. 防治煤与瓦斯突出细则[M]. 北京: 煤炭工业出版社, 2019.

第2章　煤与瓦斯突出主控因素及控因间关联

学术界开展煤与瓦斯突出灾害防治研究已长达 180 余年，取得了众多重大突破。然而目前对地应力与瓦斯压力在突出灾变过程中的认识不尽相同，由于灾变过程地应力与瓦斯压力共存，探究孕突过程不能严格区分或定义某主控因素在前，它们呈互馈协作状态。孕突过程各主控因素间的量化作用，尤其是煤岩赋存特性下，主控因素量化贡献的演变机理仍不明确，已成为业内的共识。如突出孕育过程中地应力与瓦斯压力互馈下的关键作用点及量化关联；煤体力学强度作为阻挡力，其阻挡能力与地应力及瓦斯压力间的响应机制等科学问题尚有待回答。因此，对突出灾害主控机制及控因间定量化研究依然认识匮乏。

为此，本章基于含瓦斯煤体孕突过程应力演化特征，以三向应力渐变或突变为孕灾过程力学再现背景，通过多元动态信息聚合手段，阐明煤体损伤直至失稳过程中，地应力诱使煤体初始破坏动态响应机制，以及瓦斯压力动力学特征。结合煤体裂纹发育特征，揭示孕突过程主控因素作用机制。在突出相似模拟实验的基础上，明晰多因素下突出危险性演化规律，并进一步提出突出强度定量预测方法，明确主控因素对突出过程的贡献。

2.1　煤与瓦斯突出主控因素影响规律

煤巷掘进工作面由于施工时间长，揭露煤体面积小，易造成应力集中等特点，是井下突出发生最频繁的地点，我国乃至世界第一次有记载的突出均是发生在煤巷掘进工作面。长期以来，众多学者已建立煤巷工作面突出准备、发动、发展及终止过程能量积聚、异常释放相关理论，同时开展了相应突出子阶段的力学作用机制研究。煤与瓦斯突出的"球壳失稳"机理是目前突出机理研究中经典的理论之一，本节以"球壳失稳"机理为理论基础，阐述突出危险性的主要影响因素，并揭示其影响成因和作用规律[1]。

2.1.1　工作面突出发生规律

突出发生规律是突出发生所受影响因素与突出之间的关联性，包括突出发动位置规律及发生的地质条件分布规律、突出发生的诱导因素、突出煤体宏观-微观结构、瓦斯赋存及解吸特性等规律。

1. 发动的位置

现场突出主要发生在采掘工作面的上方和上隅角。郭臣业等[2]研究表明，突出发动位置分布规律主要由高应力形成断裂破坏区引起。由于煤巷工作面边角更易产生应力叠加，进而造成应力集中、局部压力增加，再因煤体重力影响，采掘工作面上隅角煤体更易率先发生失稳破坏，如若此处有利于高压瓦斯积聚，则易发动突出。

2. 发生的地质条件

现场大量的突出事故表明，突出更易发生在断层、褶皱、岩浆岩侵入点、煤包、煤厚变化带、煤层分岔处等局部地质构造带附近，且突出区域仅占整个煤层面积的 8%～10%，最大不超过 20%～30%。Skoczylas 等[3]通过对突出发生地点调查发现突出主要发生在地质构造区内。之后 Cao 等[4]对平顶山煤田内四个煤矿发生突出事故的地点特征进行了统计分析，研究得出突出主要发生在地质构造区，且逆断层附近发生的突出一般坐落在下盘。

统计表明突出发生的次数和强度一般随开采深度的增加而增加。对一个矿井而言，并非刚实施采掘作业即会引发突出，而是采掘到一定深度，突出才会发生，这个最初发生突出的采掘深度称为始突深度。在我国矿井的始突深度一般在 100m以上，但也有一些地区不足 100m，如湖南邵阳地区，始突深度一般在 80m 左右，最浅的仅 45m；广东煤田、湖南红卫及重庆南桐等矿井，一般始突深度为 70～80m。而日本矿井的始突深度一般在 300m 左右。突出发生的次数和强度与采深并不具有绝对的线性关系，由于集中应力分布属于引发突出的主控因素，而随采深增加，水平应力和垂直应力的分布及大小逐渐接近，相应造成集中应力分布特点变化，进而引起煤体破坏形态和条件发生变化，影响突出发动。

3. 发生的诱导因素

如前所述，如若人们不进行煤炭采掘活动，既不存在突出灾害的发生，因此绝大多数突出均由井下作业活动所诱发。我国一半以上的突出事故由放炮引起，且突出平均强度最大。其次，其他作业方式如风镐、手镐、打钻等也会诱发突出，且在苏联顿涅茨克矿区曾是诱发突出的主要作业方式。

4. 突出煤体结构及瓦斯赋存

作为突出发生的媒介，煤体特性对突出的影响一直以来均属于研究热点。为便于区分具有突出危险性煤体与无突出危险性煤体特性之间的差别，一般从煤体力学强度和瓦斯吸附-解吸能力来区分。具有突出危险性煤体一般属于经过地质构造应力破坏后赋存在原始未变形煤体中，其力学强度低，称为构造变形煤或变形煤。其破坏类型一般为Ⅲ类、Ⅳ类、Ⅴ类，坚固性系数 f 值小于 0.5。

构造变形煤和原始未变形煤除力学强度相差较大外，煤体微宏观结构亦存在显著差异。构造煤主要是经过脆性、韧性、脆性-韧性变形而成，在其形成过程中，煤体的大分子结构发生了极大的变化，产生了大量的亚微孔及超微孔，极大地增大了瓦斯吸附空间。此外，构造煤内中孔及大孔容积明显增加，为瓦斯运移提供了通道。有学者开展了构造煤和非构造煤瓦斯吸附解吸实验，研究表明构造煤的瓦斯吸附总量远远大于非构造煤，且与非构造煤相比，构造煤瓦斯解吸初期速率更大，可达数倍于非构造煤。同时解吸速率随粒径的增大而减小，而在极限粒径以上的煤体粒径对瓦斯初期解吸速率影响较小，前 60s 瓦斯解吸速率规律适合用文特式表示。

2.1.2 突出危险性水平影响规律

1. 突出危险性理论基础

目前在研究突出机理的相关理论中，"球壳失稳"[5]机理给出了突出发动、发展及终止整个过程的详细阶段特征，以及需满足的力学条件。基于该理论，蒋承林和俞启香[5]研究得出，初始释放瓦斯膨胀能是瓦斯参与煤体失稳破坏、抛出过程的实际瓦斯能量，目前已到普遍认可。

"球壳失稳"机理认为工作面前方具有突出危险性的煤体在未受到采动影响前，煤体处于原始应力状态；而后因采掘扰动，煤体内产生集中应力，当集中应力超过煤体破坏所需的应力条件，煤体开始发生破坏产生裂纹；之后裂纹周围煤体中瓦斯快速向裂纹内解吸，当裂纹内积聚的瓦斯压力超过裂纹扩展所需的应力强度，裂纹便开始扩展进而撕裂煤体；最终煤体在地应力及瓦斯压力的作用下被破坏成球壳状层裂体，并在其前后瓦斯压力差的作用下发生失稳，抛向工作面采掘空间。煤体失稳破坏至被抛出的整个过程可分为六个阶段，如图 2-1 所示，并满足三个力学条件。

1) 含瓦斯煤体的初始破坏

煤体赋存在一定深度的地层下承受着三向应力状态，且煤体的初始破坏也多以三向应力状态下的破坏类型为主。煤体在三向应力加载模式下发生破坏一般以剪切破坏为主，在众多煤体破坏强度准则中，莫尔-库仑准则可较好地描述了煤体在剪切应力破坏下的应力条件。基于此，"球壳失稳"机理给出煤体在地应力初始破坏过程产生新裂纹所需的力学条件如式(2-1)所示：

$$\sigma_\theta'' \geqslant \frac{1+\sin\varphi}{1-\sin\varphi}\sigma_r'' + \frac{2f_c\cos\varphi}{1-\sin\varphi} \tag{2-1}$$

式中，υ_θ'' 为含瓦斯煤体破坏前所受的切向应力，MPa；σ_r'' 为含瓦斯煤体破坏前所受的径向应力，MPa；f_c 为含瓦斯煤体的内聚力，MPa；ψ 为含瓦斯煤体的内摩擦角，(°)。

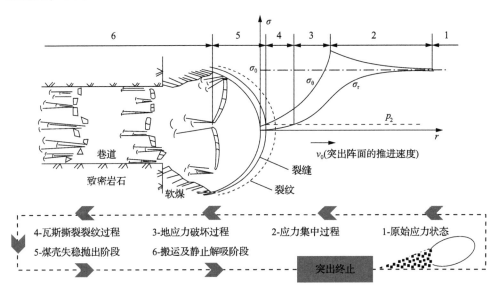

图 2-1　突出过程中煤体经受的六个阶段

2) 煤体内产生的新裂纹在高压瓦斯作用下进一步扩展

煤体在地应力作用下产生新裂纹后，裂纹周围煤体内游离瓦斯及吸附瓦斯会快速向裂纹空间运移。当裂纹内积聚的瓦斯压力使裂纹两侧承受的瓦斯压力差超过裂纹扩展的应力强度，裂纹便发生进一步扩展。形成的大裂纹通过与原始煤体中微裂纹、层理、节理连通把煤体撕裂成大块状，即称为球壳状层裂体。根据断裂力学理论，裂纹进一步发生扩展需满足式 (2-2)：

$$p_i - p_0 \geqslant M \frac{K_c \sqrt{\pi}}{2\eta \sqrt{r}} \tag{2-2}$$

式中，p_i 为裂纹中积聚的瓦斯压力，MPa；p_0 为巷道中的大气压力，MPa；K_c 为煤体的断裂韧性，MN/m$^{2/3}$；r 为裂纹的半径，m；η 为裂纹的影响系数；M 为随 a/h 的增加而增大的影响系数，其中 h 为裂纹距暴露面的距离，m。

3) 形成的球壳状层裂体在其前后瓦斯压力差作用下发生失稳破坏

煤体一旦被地应力和瓦斯压力共同作用形成一层层球壳状层裂体，该层裂体即已基本与原始煤体发生分离，类似于形成一个个厚度很薄的半圆形薄板，其在前后形成的瓦斯压力差作用下发生失稳破坏，进而被高压瓦斯气流抛向采掘空间，发动突出。而球壳状层裂体发生失稳的条件满足式(2-3)所示：

$$p - p_0 = \left[1 - 0.00875(\varphi_i - 20°)\right]\left(-0.000175\frac{R_i}{t_i}\right)\left(0.3E\frac{t_i^2}{R_i^2}\right) \tag{2-3}$$

式中，p 为层裂煤体后的瓦斯压力，MPa；p_0 为巷道大气压，MPa；φ_i 为球壳状煤体边缘与中心形成的中心角的一半，(°)；E 为煤体的弹性模量，MPa；t_i 为层裂煤体的厚度，m；R_i 为层裂煤体的曲率半径，m。

　　基于现场突出以及突出模拟实验表明，突出煤体在地应力及瓦斯压力的作用下均会形成一定厚度的众多层裂体而后被抛向巷道。而对于层裂体发生失稳的力学条件能否直接用式(2-3)中球形壳体进行理想下的简化分析是有必要探讨的问题。层裂体的具体形状与失稳前的受力形式密切相关。如果突出煤体在被地应力破坏时，所受应力始终垂直于受力面，则形成的是薄板式层裂煤体，如图 2-2(a)所示。然而随工作面推进，一般顶板会发生一定下沉，最终会向突出煤体施加斜向下的应力 σ_1。由材料力学可知，σ_1 会以 O 点向层裂煤体产生弯矩作用，进而变成了具有一定弧度的层裂煤体，或称为类球壳状煤体，如图 2-2(b)所示。因此由于初始抛出的煤体是类球壳状，进而形成球形的孔洞，这种形状本身亦有利于后面煤体破坏成类球壳状煤体。因此突出过程形成的弧形层裂体在突出发动前失稳可按理想的球壳失稳条件进行描述，满足式(2-3)。

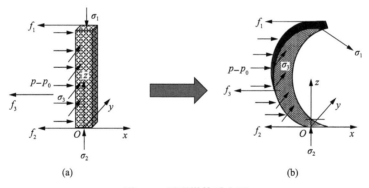

图 2-2　层裂煤体受力图

　　由上可知，以"球壳失稳"机理为理论基础，阐述煤与瓦斯突出主控因素作用规律，只需明确影响其三个力学条件临界状态的因素。即根据三个力学条件中的参数以及影响参数变化的因素来探究其对煤体突出危险性水平的影响。

2. 突出危险性影响因素

　　在实际煤巷工作面掘进时影响突出危险性的因素多达 30 个，包括地应力、瓦斯压力、煤体力学强度、煤体水分、煤体吸附-解吸瓦斯能力、煤体温度、软煤厚度(构造煤厚度,特别是煤层厚度突然变化处)、煤层透气性(尤其是突出倾向煤体前阻挡层的透气性系数)、地质构造及开采方式等相关。

这些因素对突出危险性水平的影响又相互关联。例如,增加煤体水分能够消除或降低煤体突出危险性,其作用机制是煤体水分增加改变了煤体力学强度并降低了煤体解吸瓦斯的能力。现场大量突出事故已表明,突出主要发生在构造带附近,该区域与其他煤体赋存稳定的区域相比,具有煤体力学强度较低,瓦斯压力(瓦斯含量)较大,以及煤体初始解吸瓦斯能力更强等特征。此外,不同开采方式对突出发生的影响主要体现在开采方式对具有突出危险性煤体前阻挡层的厚度及透气性的影响。根据对煤巷工作面推进过程中煤岩体受地应力状态、瓦斯压力及煤体透气性系数的研究,煤巷掘进工作面前方煤体承受地应力、瓦斯压力、透气性系数,以及煤体特征主要分布规律如图 2-3 所示。

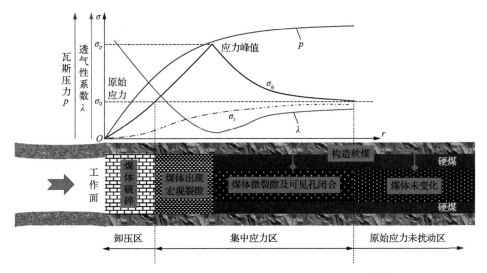

图 2-3 煤巷工作面前方煤体应力、瓦斯压力及透气性系数及煤体特征分布

虽然突出煤层并非处处具有突出危险性,而一般具有突出危险的煤体区域面积占整个煤层面积 8%~10%,最大不超过 20%~30%,其长度一般为 10~100m,分布也极不均匀,相距很近区域约几米或几十米,而较远区域可达 1000m 以上。因此,对于一个实际赋存稳定的煤层,可以假设煤层中突出煤体属分段、均匀分布,且煤质均匀、各向同性。由于一次突出的发生,其影响因素极其复杂,且因素间又呈非线性关系,但根据影响因素属性可分为自然因素和人为因素。同时,众多因素对煤体突出危险性水平的影响权重相差较大,故只需分析影响突出危险性水平的主要因素即可。根据"球壳失稳"机理,一些主控自然因素及人为因素对突出发动和危险性水平的影响可归纳为以下解释。

1) 自然因素对突出危险性水平的影响

(1) 地应力。

地应力作为突出煤体初始破坏启动的作用力, 其值越大, 含孔隙-裂隙双重介质煤体内微裂纹受到剪切应力越大, 式(2-1)越易满足, 裂纹越易发生扩展。同时, 也易在煤体弱面产生更多新裂纹, 而相应裂纹周围瓦斯解吸量越多, 进而突出煤体更易被破坏成层裂煤体。最终为突出发生提供更便利的条件。

(2) 瓦斯压力。

突出煤体原始瓦斯压力在一定程度上决定了煤体中瓦斯含量大小。瓦斯压力越大, 煤体内裂纹中积聚瓦斯压力越大, 式(2-2)越易满足, 进而越利于裂纹扩展与连通, 形成层裂煤体。同时形成的层裂煤体前后瓦斯压力差越大, 当煤体突然被暴露时, 式(2-3)越易满足, 进而越易使层裂煤体发生失稳, 且亦有利于煤体进一步破碎和粉化。

(3) 煤体力学强度。

煤体力学强度一般可用坚固性系数 f 值来间接反映, 在现场具有突出危险性的煤体, 其 f 值一般小于 0.5。也可用破坏类型间接表示, 破坏类型为Ⅲ类、Ⅳ类、Ⅴ类的煤体属于具有突出危险性煤体。煤体作为突出过程中地应力、瓦斯压力破坏的载体, 其力学强度极大地影响了突出发生的难易程度。煤体力学强度越大, 相应煤体内聚力、内摩擦角、断裂韧性越大, 受同样的地应力越不易发生破坏, 式(2-1)越不易满足; 或产生的新裂纹越少, 在相同压力的瓦斯作用下越难以形成层裂煤体或越不易使层裂煤体发生失稳破坏, 越难满足式(2-2)和式(2-3)所需的临界条件, 易不利于煤体的进一步破碎和粉化。在一定程度上煤体力学强度决定了突出发生的瓦斯压力等参数临界值。从图 2-4 可知, 煤体力学强度越小、瓦斯

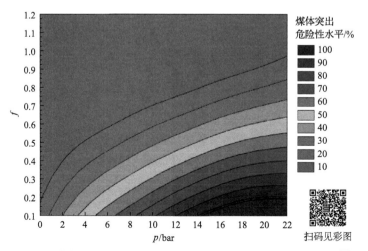

图 2-4 　 煤体突出危险性与瓦斯压力及煤体力学强度之间的关系[6]

压力越大,煤层的突出危险性越大。

　　因煤体赋存条件差异,各国规定煤层具有突出危险性的瓦斯压力临界值也差别明显。在捷克,认为瓦斯压力超过 0.15MPa 时,煤层具有突出危险性,而压力超过 0.25MPa 时,煤层具有强突出危险性。我国现行的《防治煤与瓦斯突出细则》[7]认为,瓦斯压力超过 0.74MPa,煤层有突出危险性,虽然现场表明瓦斯压力低于0.74MPa 也会发生突出。因此,《防治煤与瓦斯突出细则》[7]给出了瓦斯压力临界值的判定,应结合煤体力学强度分类而定。而在俄罗斯,瓦斯压力超过 1MPa,才认为煤层具有突出危险性。

　　(4)煤体瓦斯解吸能力。

　　煤体瓦斯的解吸能力实质上决定了煤体在地应力下发生初始破坏后是否能够连续地发生失稳形成层裂煤体。由于突出过程一般仅数十秒,因此瓦斯初期解吸速率与突出的发生密切相关。以往研究表明,构造煤瓦斯吸附总量远远大于非构造煤,且与非构造煤相比,构造煤瓦斯解吸初期速度更大,可达数倍于非构造煤。同时解吸速率随粒径增大而减小,但在极限粒径以上煤体粒径对瓦斯初期解吸速率影响较小。煤体解吸能力越大,裂纹中积聚的瓦斯压力越大,式(2-2)越易满足,越有利于裂纹扩展及进一步撕裂煤体,使层裂煤体失稳发动突出。针对突出一般仅持续数十秒,且突出过程所需的能量主要为瓦斯能,笔者对原始未变形煤及构造变形煤的最初十几秒瓦斯解吸规律及瓦斯能量释放特征进行了探究,结果表明瓦斯解吸过程中构造煤的瓦斯压力降低速率慢于非构造煤,且瓦斯解吸速率比非构造煤大,在最初的几秒,两种煤样中绝大部分可做功的瓦斯均已释放出来。不论构造煤还是非构造煤,煤体释放出 90%的总瓦斯膨胀能所需时间小于释放 90%的总瓦斯能所需时间。不同瓦斯压力下,两种煤样释放的总瓦斯膨胀能占总瓦斯能的 14%~16%。瓦斯压力越大,煤样释放的总瓦斯膨胀能越大,且总瓦斯膨胀能占总瓦斯能的比例越大。不同瓦斯压力下,构造煤释放的总瓦斯膨胀能占总瓦斯能的比例均小于非构造煤。然而构造煤释放的总瓦斯膨胀能约是非构造煤释放总瓦斯膨胀能的 3 倍。

　　(5)构造软煤的厚度。

　　突出主要发生在构造软煤中,其厚度在一定程度上决定了煤体破坏后裂纹中积聚瓦斯量的多少。由于现场突出煤体破坏过程中一般呈类球壳状形成并被失稳抛出,球壳状煤盘的曲率半径和中心角与软煤厚度的关系如图 2-5 所示,可用式(2-4)表示:

$$H = 2R_i \sin \varphi_i \qquad (2\text{-}4)$$

式中,H 为软煤厚度,m;φ_i 为球壳状煤体边缘与中心形成的中心角的一半,(°);

R_i 为层裂煤体的曲率半径，m。

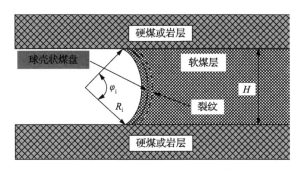

图 2-5　球壳状煤盘的曲率半径和中心角与软煤厚度的关系

由式(2-4)可知，软煤厚度越大，所形成煤盘的曲率半径 R_i 与对应的中心角 φ_i 均会增大，进而式(2-3)越容易被满足，相应煤盘越易生成及被破坏，突出越易向煤层内部发展。

(6)煤体的透气性系数。

煤体的透气性关乎到工作面前方煤体压力梯度和卸压区域大小。透气性系数越小，瓦斯向巷道空间运移能力越差，其运移量越小，使突出煤体中保存的瓦斯压力越高。当煤体突然暴露时，产生的瓦斯压差越大，式(2-2)越易满足，进而煤体越易在瓦斯压力的作用下发生失稳破坏，激发突出。如图 2-5 所示，由于工作面前方卸压带中煤体较为破碎，煤体受到应力峰破坏达到屈服极限，处于完全的塑性变形阶段，并产生了大量已贯通裂隙，煤体透气性较大，约为原始煤层透气性的几十倍，瓦斯大量地向工作面方向渗流。在应力峰值前的集中应力区，部分煤体承受应力峰作用，达到屈服极限，整体处于不完全的塑性变形阶段，部分煤体微裂隙有所扩展但连通性不好，若应力消失，会有残余变形。随着进一步深入煤体，微裂隙有闭合迹象，透气性逐渐降低并达到最小值。在应力峰值后的集中应力区，煤体受到应力作用处于弹性阶段，微裂隙及孔隙大量闭合，透气性较低。进一步深入煤体，煤体承受应力逐渐接近原始应力，透气性逐渐增大至初始值。因此在卸压带和应力峰值前的集中应力区交接处容易形成高瓦斯压力梯度，当裂隙和孔隙内瓦斯压力较大时，则开始扩展，发生扩展的条件如式(2-5)所示：

$$p_f - \sigma_r > \frac{K_c \sqrt{\pi}}{2\sqrt{a}} \tag{2-5}$$

式中，p_f 为裂纹内的瓦斯压力，MPa；σ_r 为单元煤体上的径向应力，MPa；K_c 为煤体的断裂韧性，MN/m$^{3/2}$；a 为裂纹的半径，m。

新扩展裂纹和已产生孔隙和裂隙连通起来，进一步增大裂纹空间，相应的小孔隙和小裂隙内游离瓦斯及通道表面吸附瓦斯向大裂纹内释放，进而大裂纹中积聚一定压力的瓦斯，压力足够大或者煤体阻挡力较小时，瓦斯撕裂煤体满足式(2-2)和式(2-3)，诱发突出。

(7)煤体温度。

随深部开采逐渐常态化，煤层温度逐渐增加，煤体中瓦斯热运动及煤体骨架受力会被改变，进而会影响瓦斯运移能力。原始煤体温度越高，煤体中瓦斯分子的活性势能必会增加，进而增大煤体失稳破坏前释放的瓦斯膨胀能，为突出发动提供更多瓦斯能。煤体温度对突出危险性水平的影响归根体现在对瓦斯压力的影响，而瓦斯解吸量又与突出危险性煤体的厚度关系密切。笔者基于不同地应力、瓦斯压力、煤厚及温度下的突出模拟实验(见第4章)，得到突出强度与瓦斯压力、煤层厚度、温度之间的拟合关系式，见式(2-6)：

$$T = 1.00832p + 0.14844H + 0.02213K_t + 0.05338, \qquad R^2 = 0.8088 \qquad (2\text{-}6)$$

式中，T为相对突出强度，%；H为软煤厚度，m；p为瓦斯压力，MPa；K_t为温度，℃。

从式(2-6)中可以看出，突出强度与煤厚及温度呈正相关。由它们的权重系数可知，煤厚及温度相对瓦斯压力对突出强度的影响程度减弱，且温度对突出强度的影响程度最小。

式(2-6)表明，瓦斯膨胀能与瓦斯压力关系密切，而温度对瓦斯膨胀能的影响相对明显弱化。即原始煤体在形成过程中，其温度增加并不能过多增加煤体破坏后产生裂纹内的瓦斯量，进而仅能满足式(2-2)和式(2-3)处于临界状态，难以大幅度增大突出强度。

(8)煤体水分。

现有研究已证实，随煤体原始水分增加，煤体发生突出后的强度相应减小。目前，开展差异化水分煤体瓦斯吸附解吸研究主要通过两种途径，即煤体吸附瓦斯后开展浸水润湿过程(与实际煤层注水机制对应)和吸附瓦斯前原始煤体浸水，也称为后置液体和前置液体注水方式。而由于后者较易实现，相关研究成果较多。现有研究针对煤体水分影响瓦斯扩散、运移能力细宏观成因已做大量报道。基于前者，研究发现煤体吸附水分子能力强于甲烷，出现水驱气现象，因此煤层注水前期会促进瓦斯解吸，后期因产生的水楔、水解、水化等水锁作用阻碍瓦斯运移，导致瓦斯被原位限制。基于后者，研究得出煤体内水分子因强附着能力，抢先占据吸附位限制瓦斯吸附，同时得出由于孔裂隙中水体发生渗流及毛细管力作用等水锁效应堵塞运移通道，使瓦斯解吸能力明显受限。笔者通过实施不同含水率煤体的吸附解吸实验(见第4章)，获知原始水分越大的煤体，其吸附同等瓦斯平衡压力后，在同等瓦斯解吸时间下，瓦斯解吸量减少。同时当煤体水分达到一定值后(平衡水分)，继续增加煤体水分将对瓦斯吸附能力产生较小的影响。

　　具有突出危险性的煤体在地应力作用下发生初始破坏产生裂纹后，水分含量较高的煤体相应解吸量变少，最终使式(2-2)及式(2-3)难以得到满足，这相应导致煤体的突出危险性大小降低甚至消除。以往研究多是基于数十分钟或数小时内的瓦斯解吸数据，而现场绝大多数的突出从触发到终止的整个过程一般持续时间短则数秒，长则数十秒。因此，笔者探究了不同含水率构造煤体在最初十几秒瓦斯解吸规律及瓦斯能量释放特征，结果表明瓦斯解吸过程，随煤体水分增加，瓦斯压力下降速率增大，而相应的瓦斯解吸总量及瓦斯解吸质量流量随之减小，同时解吸时的瓦斯速度逐渐减小。不同瓦斯压力下，随水分含量增加，煤样释放的总瓦斯膨胀能及总瓦斯能减小，相应的释放出 90%的总瓦斯膨胀及总瓦斯能所需时间越少。含水量增加 1%，煤样的总瓦斯膨胀能约减小 11%。

　　此外，随水分含量增加，煤体释放的总瓦斯膨胀能占总瓦斯能的比例有增大趋势。对于不同含水率、不同瓦斯压力下的煤样，其释放的总瓦斯膨胀能均占总瓦斯能的 14%~16%。同时，煤体水分增加相应进一步提高煤体的坚固性系数 f 值，即煤体脆性减弱，塑性增强。这增加了同等条件下地应力破坏煤体的难度，减少了煤体被破坏后裂纹数，相应减少了瓦斯释放量。最终导致裂纹在一定的瓦斯压力作用下不易发生扩展，即式(2-2)不易满足。

　　(9)构造区域特点。

　　原始煤层经过地质构造作用，煤体力学强度变低，煤体的透气性系数减小，而暴露后瓦斯解吸速率较大，因此现场大多数突出主要发生在构造带附近。除其特性与原始未被构造破坏的煤体特性不同外，由于地质构造运动，这些地区往往更易产生应力集中，这也是易发生突出的原因之一。但并非构造带都有利于突出发生，构造类型众多，如断层、褶皱、向斜、背斜等。突出过程主要的能量提供者是瓦斯能，因此关键在于构造区域是否能够有利于瓦斯保存。利于瓦斯保存的构造带则在煤体经地应力破坏后，会向裂纹释放更多瓦斯，进而使式(2-2)及式(2-3)更易满足发生突出。一般压扭性构造有利于煤体瓦斯保存，对于张开型构造则会为瓦斯运移提供便利通道，因此难以引发突出。由此可知，在逆断层附近发生的突出一般坐落在下盘；由于向斜的轴部更有利于瓦斯保存，是突出发生的主要区域；而对于背斜，由于其轴部一般受拉应力影响，不利于瓦斯保存，而两翼则是突出危险性水平较高的区域。

　　2)人为因素对突出危险性水平的影响

　　(1)等待时间。

　　在一般工作面两次连续掘进交替过程中，通常会进行支护与煤体清理作业。这段时间被称为等待时间。在煤巷工作面推进过程中，随着掘进的进行，煤体应力、瓦斯压力及煤体状态分布特征如图 2-3 所示。一般而言，工作面前方煤体内应力卸压带宽度为 2~4m，因此等待时间的长短对应力卸压带宽度影响不大。而等待时间越长，向工作面暴露面渗流的瓦斯量越大，瓦斯压力分布越低，在煤体中形成的裂纹越不易扩展[见式(2-2)]，相应进一步阻碍裂纹周围煤体中瓦斯的运移，进而防止突出发生。如若突出煤体暴露激发了突出，等待时间较长相应地降低了突出区域整体瓦斯压力，根据式(2-3)可知，则会增加层裂煤体失稳破坏的难度，或者降低层裂煤体破坏的程度，进而抛出煤体能力减弱，进而阻碍后面煤体被抛出，有利于突出终止，降低突出强度。

(2)突出阻碍区的厚度。

如图 2-3 所示，突出阻碍区一般指卸压带和应力集中峰值前部分的总体区域范围。阻碍区厚度即长度越大，虽不利于瓦斯释放，但可减小煤体裂纹所承受的瓦斯压力差，使式(2-2)难以满足，进而不会导致满足式(2-3)的条件，相应可有效防止突出高压区煤体突破阻碍区冲向巷道发动突出。

(3)掘进速度。

目前突出煤层中煤巷工作面的推进速度为 3~5m/d。掘进速度的快慢涉及突出阻碍区的厚度及集应力的分布。由于突出阻碍区一般相差不大，煤巷工作面掘进速度越快，突出阻碍区厚度越小，进而阻挡突出区域煤体的能力越弱，且煤体叠加应力过程复杂。同时，由于掘进速度快，使新暴露的煤体及深部煤体瓦斯释放量减小。突出煤体刚暴露形成的层裂煤体，其前后瓦斯压力差相应增加，更易满足式(2-3)，更有利于突出煤体的失稳抛出，进而发动突出，或更有利于突出的发展延续。

(4)打钻因素。

煤巷工作面前方一般会施工抽放瓦斯钻孔及探测煤体性质的前探钻孔，这些钻孔的实施有利于煤体中瓦斯释放，会降低煤体内瓦斯压力。根据莫尔-库仑强度准则，应力圆会向应力增大的方向移动，进一步远离强度包络线，增加了煤体破坏难度。此外，由于瓦斯压力的降低阻碍了煤体中裂纹的扩展及层裂煤体的失稳抛出[式(2-2)和式(2-3)]，进而有效地阻止突出发动或降低突出强度。然而，如果因钻孔布置不均匀留下突出煤体抽放空白带，一方面易造成局部小区域煤体产生集中应力；另一方面空白带赋存高瓦斯压力，相应有利于突出发动。

(5)掘进方式。

目前煤巷掘进方式可分为综掘和炮掘，不同掘进方式造成的煤体应力和瓦斯压力分布特点不尽相同。而一般炮掘工作面对煤体的破坏程度和范围更大，瓦斯渗流区域更广，因此更易造成煤体的失稳破坏发动突出。此外，如爆破作业，炮眼的布置方式及炸药量的多少直接影响揭露煤体的面积。揭露煤体面积越大，越有利于突出煤体的突然暴露，相应促进高瓦斯压力梯度形成，进而满足式(2-2)和

式 (2-3) 的条件，使突出煤体越易发生失稳破坏，增加突出发动的可能性。

根据以上影响突出危险性水平的众多因素成因，归结起来主要为影响煤体集中应力分布、瓦斯压力分布及煤体力学强度，进而影响突出发动可能性及强度。在突出预测过程中，只有综合考虑这些因素的影响并对其进行量化，才能准确预测实际煤巷工作面的突出危险性水平。然而这显然难以做到，由于部分因素难以量化，如人为因素等。煤体由于受到人为因素等采掘扰动会产生煤体局部应力集中，这更有利于突出的发动，但也会造成煤体中不同程度的瓦斯释放，因此人为因素不会增加突出危险性。对于某一个具有突出危险性的煤巷掘进工作面，原始煤体中如地应力、瓦斯压力、水分等自然因素均稳定存在，在建立突出预测模型时只需尽可能保证和现场情况一致即可。而人为因素主要通过两点影响煤巷工作面前方煤体中的突出危险性水平。①影响煤体中瓦斯赋存，即上述提及的人为因素均会不同程度地促使煤体中瓦斯向采掘空间释放。②影响煤体暴露面积及时间，即上述提及的人为因素可造成煤体暴露面积可大可小或暴露是否具有突然性，能否给煤体中瓦斯向采掘空间的释放提供有效的时间。当煤巷整个断面逐步暴露时，即先暴露煤体中的瓦斯会随断面进一步揭开而逐步释放，最终致使煤体的突出危险性水平降低甚至消除，如掘进方式；反之，如果等待时间较短，突出阻碍区的厚度较小或掘进速度较快，即会迫使具有突出危险性的煤体在瓦斯未得到有效释放前便暴露。相应使初始破坏煤体内部的裂纹更易积聚高压力瓦斯，与煤体暴露面近似大气压的巷道采掘空间形成的瓦斯压力差越大，最终使煤体更易形成类球壳状层裂体进而发生失稳，激发突出。

3. 复杂地质影响规律

实践已表明，煤层的突出危险性受控于地质结构，具有分区、分带特点。以大型断层、褶皱等构造为主控，中型构造调控区域分布，小型构造发育诱发突出等瓦斯地质赋存特征，是我国突出矿井面临的地质现状。地质构造的形成具有创造瓦斯赋存的有利条件、削弱煤体力学强度、易形成高集中应力富集区等特点，为突出的发生提供了良好的孕育环境。地质构造的掌控以多手段物理探测为主，其分布也易于量化。而除地质构造外，岩浆岩活动也是提供突出孕育有利环境的地质因素。研究已表明，岩浆岩侵入煤体后，煤体经原位改性，其变质程度增加、孔裂隙发育、瓦斯储存能力增强、力学强度降低，为突出的发生提供了有利条件。岩浆岩活动与常规地质构造影响不同的方面在于岩浆岩多以岩脉或岩床侵入煤层，不同煤层区域其侵入程度和范围不定。其不仅破坏煤层的连续性，还改变煤层厚度，更易形成硬煤中包裹局部软煤的煤层产状结构。岩浆岩侵入煤体区域也极易以隐伏状赋存在煤层中，这极大地增加了突出防治的困难，对煤炭的安全高效开采造成了显著威胁。

岩浆岩侵入具有一种特有的地质构造形态，研究得出岩浆岩侵入煤体后，会改变煤体的受力作用，破坏煤体的原生结构，使其形成构造煤。同时能使煤体发生二次变质，导致煤的变质程度升高，岩浆侵入区附近煤体吸附瓦斯量增大，再加上岩浆岩的低渗透性会对瓦斯积聚起到很好的圈闭封存作用。因此，岩浆岩侵入区瓦斯赋存、地应力以及煤体结构均发生了极大改变，为煤与瓦斯突出创造了极其有利的条件，增加煤层的突出危险性水平。以往研究大多通过室内实验对比分析受岩浆岩侵入区及未受影响煤层的多元物性参数变化和孔隙特征，阐述岩浆岩对煤层结构、孔裂隙发育、煤体组分和煤质的影响，以此阐释侵入区煤层的突出危险性形成原因。然而，在岩浆岩侵入煤体过程中，高温岩浆导致煤体产生热变质、氧化反应后煤体物性参数的变化，以及突出危险性水平的演化规律尚不明确。为探究岩浆岩侵入后煤体氧化对煤层突出危险性的影响机理，笔者采用多个突出预测指标来评估不同温度及氧浓度下煤体氧化过程导致煤层发生突出危险性的可能性。

作为一种复杂的非均质多孔介质，煤的孔径分布范围广，且发育微观孔隙特征，包括孔隙分布、比表面积、孔容等。煤体内部孔隙规则不一、尺度各异，BET比表面积、孔容作为影响煤样孔隙大小变化的重要因素，影响了煤体低温氧化过程中物理吸附特性和化学结构。根据国际标准 IUPCA 中固体表面孔隙分类标准，煤体孔隙分为三类：微孔（孔径 $d<2$nm）、中孔（2nm$<d<50$nm）、大孔（$d>50$nm）。其中微孔是瓦斯吸附的重要场所，具有较大的比表面积，对瓦斯的吸附能力也较强；中孔和大孔是瓦斯扩散和渗流的主要通道，会对煤体结构强度产生重要影响。图 2-6 为不同氧化环境下煤体孔隙特征的变化趋势图。

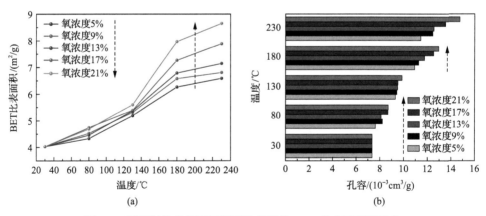

图 2-6   不同氧化条件下不同温阶煤体的 BET 比表面积及孔容

如图 2-6(a)所示，在整个氧化升温阶段，不同氧浓度条件下，煤体 BET 比表面积随氧化温度升高呈现明显上升，且增长趋势基本相同，即增长速率呈现先增大后减缓的变化规律；同时随氧浓度进一步增加，BET 比表面积最终增长量不同，氧浓度越高，BET 比表面积增加量越大。由图 2-6(b) 可知，随氧化温度逐步升高，煤体孔容持续增加；同时随氧浓度增加，氧化升温过程中孔容增加量也有所提升。在低温阶段，氧化反应缓慢，煤体水分蒸发及部分挥发分分解析出，其对微孔的充填作用减弱，从而导致微孔数量有所增加，这相应直接导致煤体 BET 比表面积和孔容的增加；到了氧化后期，氧化速度急剧增加，煤体大分子氧化反应，同时与挥发分的加速分解，共同导致孔隙数量的进一步增加，进而 BET 比表面积和孔容持续增大；但在 180℃后，由于在持续升温过程中，孔隙不断发育，部分微孔连接贯通成中孔，中孔发育成大孔，引起 BET 比表面积和孔容增长速度变缓。

　　实验表明，在整个氧化阶段过程，煤样的水分含量及挥发分发生不同程度变化，对煤体孔隙发育产生显著影响。图 2-7 和图 2-8 为不同氧化条件下不同温阶(阶段Ⅰ、阶段Ⅱ)煤体的水分和挥发分含量分布图。

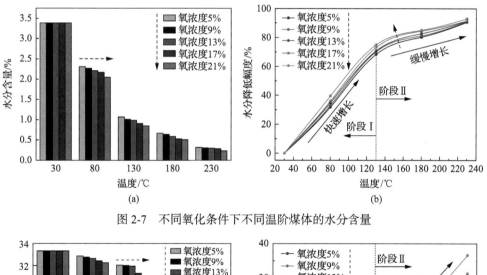

图 2-7　不同氧化条件下不同温阶煤体的水分含量

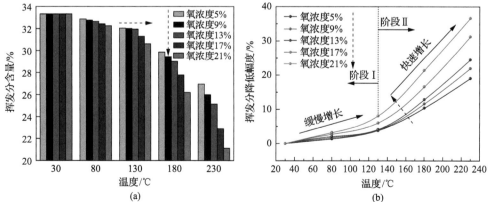

图 2-8　不同氧化条件下不同温阶煤体的挥发分含量

　　由图 2-7 和图 2-8 可看出，水分含量和挥发分含量均发生较大幅度变化。如

图 2-7 所示，煤体在不同氧浓度下的氧化过程中，随温度逐步升高，总体变化趋势相同，水分含量不断减少，呈先急剧减少，而后降幅减小趋势(130～230℃)；且随氧气浓度增加，水分减少量随之增加，但降幅不显著。由图 2-8 可知，随氧化温度逐步升高，煤体挥发分含量持续降低，且降低速率随温度升高而增加。因此，在氧化升温第一阶段(30～130℃)，以物理状态吸附在煤颗粒内部毛细管中和附着在煤颗粒表面的游离水绝大部分受热蒸发，水分含量减少较快，再由于挥发分的部分分解，且随氧气浓度升高，水分和挥发分减少量均增加，从而引起了煤体孔隙发育。而在第二阶段(130～230℃)，以化合方式同煤中矿物质结合的结晶水部分分解析出较为困难，水分减少速度变缓，但随氧气浓度和氧化温度的提高，煤体氧化速率不断加快，挥发分的受热分解速度也随之加快，成为该阶段煤体孔隙变化的主导因素。

选择瓦斯放散初速度指标 Δp、坚固性系数 f 值以及综合指标 $K=\Delta p/f$ 来综合反映岩浆岩侵入煤层过程中煤体的突出危险性水平。图 2-9 展示了煤体 Δp、f 值和 K 值在不同程度岩浆岩侵入模拟过程中的变化趋势。

由图 2-9(a)可知，在整个氧化升温区间内(30～230℃)，Δp 随温度上升呈指数函数增长，且增幅在氧浓度 13%和 17%之间存在明显差异。由拟合公式可知，当氧浓度≤13%时，指数项系数均较小，因此整个过程 Δp 增长较为缓慢；但当氧浓度≥17%时，指数项系数突然增大，Δp 增长速度显著加快；且氧浓度越大，增幅越大，230℃时，氧浓度为 5%和 21%的条件下，Δp 分别上升了 40.3%和 69.4%。

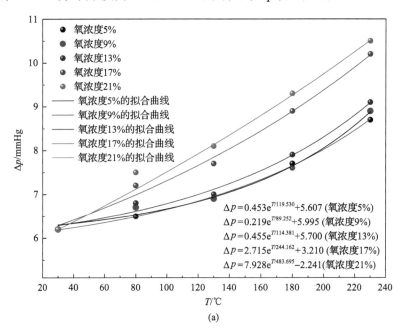

$$\Delta p=0.453e^{T/119.530}+5.607\ (氧浓度5\%)$$
$$\Delta p=0.219e^{T/89.252}+5.995\ (氧浓度9\%)$$
$$\Delta p=0.455e^{T/114.381}+5.700\ (氧浓度13\%)$$
$$\Delta p=2.715e^{T/244.162}+3.210\ (氧浓度17\%)$$
$$\Delta p=7.928e^{T/483.695}-2.241\ (氧浓度21\%)$$

图例：氧浓度5%、氧浓度9%、氧浓度13%、氧浓度17%、氧浓度21%；氧浓度5%的拟合曲线、氧浓度9%的拟合曲线、氧浓度13%的拟合曲线、氧浓度17%的拟合曲线、氧浓度21%的拟合曲线

$T/℃$

(a)

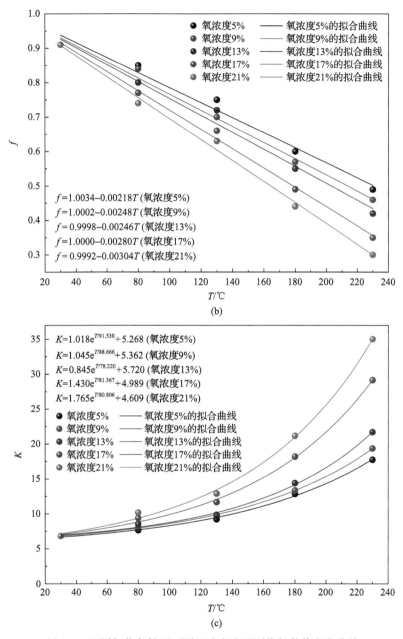

图 2-9　不同氧化条件下不同温阶突出预测指标数值变化曲线

由图 2-9(b)可知，煤体 f 值总体变化呈线性降低趋势，各拟合公式斜率绝对值随氧气浓度升高而增加。这表明在煤体氧化升温过程中，氧浓度越高，f 值降低越快。整个升温区间内(30～230℃)，在氧浓度为 5% 和 21% 的情况下，f 值降低量分别为 46.2% 和 67.0%。

图 2-9(c)说明了 K 值随氧化温度的升高，总体呈现持续增长趋势，且氧浓度越大，增长速度越快，其增长量越大，氧浓度 13%和氧浓度 17%的增幅差距明显增大。在煤体氧化升温初期(30~130℃)，K 值增长较为缓慢，待氧化温度超过 130℃后，K 值由缓慢增长阶段进入加速增长阶段。同时从图中可得出，此时 K 值大幅增长主要由 Δp 的增长引起。通过对煤与瓦斯突出综合指标 K 值分析可知，在煤体整个氧化过程中，发生突出灾害的可能性持续增加，尤其是在氧化条件达到适合(氧浓度>13%)条件和煤体氧化温度达到 130℃后，发生突出灾害的概率会大幅增加。

煤与瓦斯突出是地应力、瓦斯压力及煤体力学性质等多种因素共同作用的结果。突出危险性水平随煤体力学强度降低而增大，同时煤体吸附-解吸瓦斯能力越强，煤体的突出危险性水平越高。上述所进行的实验，通过测得煤体 f 值、BET 比表面积和孔容、瓦斯放散初速度等参数，f 值表征了煤体自身力学强度，比表面积和孔容特征体现煤体吸附瓦斯能力，同时关系到煤体中瓦斯气体的吸附-解吸特征及其在煤层中的运移规律，而 Δp 能反映煤的放散瓦斯能力，同时反映了瓦斯渗透和流动的规律。将三者数据综合分析，得出相互关系。结果表明，随 BET 比表面积及孔容增加，煤体内瓦斯吸附位增加，孔隙发育增强了煤体吸附瓦斯的能力，同时这相应引起煤体结构强度的不断减小以及 Δp 的不断增加。其成因在于孔隙发育过程中，整体比表面积增加的同时，存在微孔扩张形成中孔，中孔扩张形成大孔情况，煤体内部结构发生改变，强度大幅度降低。同时孔隙的发育也增加了瓦斯放散通道，导致瓦斯放散初速度大幅度升高。这三者综合作用使煤体突出危险性水平增加，也致使突出预测综合指标 K 值增加。

岩浆侵入煤层后，导致岩浆直接接触的煤体以及近距离煤体受热力和应力作用，促进煤的变形-变质进程。

岩浆侵入过程(图 2-10)，除近距离煤体温度瞬间升高，由高温烘烤作用致使煤体变质程度升高，瓦斯含量增加，同时引起煤体孔裂隙发育。对于离岩浆岩较

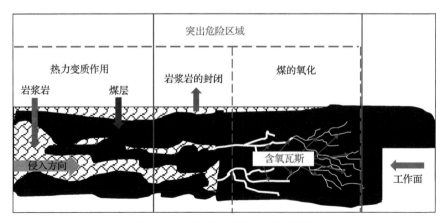

图 2-10　岩浆侵入煤层过程示意图

远煤体,其温度存在逐渐上升的过程,受热变质作用影响较小。然而,由于热胀冷缩作用,煤体会受热发生膨胀,从而形成较大且连通的裂隙通道。这些裂缝通道显著提高了煤体的导流能力,有利于瓦斯运移。而在成煤时期遗留的含氧气体以及地壳运动导致地表空气涌入地下富集,在致密的煤体出现裂隙后,含氧气体通过大量裂隙与煤体接触,煤体会与氧发生氧化反应。随氧化温度升高,生成大量 CO、CO_2、CH_4 等产物,增加了煤层中的瓦斯含量。同时导致煤体孔裂隙发育,提高煤体放散瓦斯能力,降低煤体结构强度。相应引起煤层突出危险性水平呈分区、分带、局部灾变特征。

2.2　孕突过程中主控因素间关联性

针对上述提出的突出孕育过程中地应力与瓦斯压力互馈下的关键作用点及量化关联,煤体力学强度作为阻挡力,其阻挡能力与地应力及瓦斯压力间的响应机制等科学问题尚有待回答。本节通过推演典型突出事故诱发的力学加卸载路径,在此基础上开展含瓦斯煤体损伤失稳物理实验,同时结合数值仿真手段,以煤体初始破坏特征为切入点,研判地应力与瓦斯压力互馈响应机制。再者结合煤体扩容特征,阐明地应力与瓦斯压力及煤体力学强度在突出孕育过程中的耦合作用,揭示孕突过程力学主控作用机制。

2.2.1　地应力诱使煤体初始破坏动态响应机制

突出孕育与发动过程关键在于突出煤体的适时揭露。因采掘扰动,工作面前方突出煤体在未揭露前必然受到集中应力作用,随应力推移和瞬态平衡,在残余应力作用下引发持续性损伤失稳。因此,地应力在采动下引发煤体损伤失稳作为突出发生的必要条件,煤体损伤失稳程度对突出强度分布具有关键作用。如相对于煤巷或采煤工作面,突出发生在石门揭煤时,突出强度普遍较大。部分原因归结于突出煤体揭露前瓦斯赋存扰动小,而另外则由于揭煤工艺致使突出煤体残余应力赋存大,进而引发煤体损伤失稳程度高,为后续瓦斯做功提供便利。

本节基于突出煤体孕突过程应力演化特征,以三向应力渐变或突变为孕灾过程力学再现背景,旨在揭示采掘工作面孕突过程地应力诱使煤体初始破坏动态响应机制[8]。研究成果为阐明煤岩瓦斯动力灾害孕育过程细-宏观动态力学行为提供理论基础。

1. 采掘工作面孕突应力场特征与模型

1) 采动煤岩体多变力学特征

突出主要发生在煤巷、回采和石门揭煤工作面,根据其触发时间属性分为瞬时突出和延期突出。由掘进特点可归类为掘进时工作面前方发生瞬时/延期突出、掘进后工作面前方/后方煤壁发生延期突出。因此，采动煤岩体应力路径演化过程属突然和渐进加卸载行为。若突出发生在采掘工作面前方，根据突出时间属性，会伴随沿工作面掘进方向煤岩体应力突然或渐进卸载过程，相应简化为最小主应力突然或渐进卸载路径；若突出发生在采掘工作面后方煤壁，根据突出时间属性，会伴随在沿采掘空间方向一定残余应力下，另外两方向应力出现应力集中，相应简化为最小主应力以一定应力伺服，最大与中间主应力渐进加载路径。如 2010 年寺河煤矿"9·16"突出事故(掘进后工作面前方发生延期突出)、2021 年山西石港"3·25"突出事故(掘进时工作面前方发生瞬时突出)、2020 年陕西燎原煤业"6·10"突出事故(掘进时工作面前方发生瞬时突出)、2017 年薛湖煤矿"5·15"突出事故(掘进后工作面后方煤壁发生延期突出)。故而，突出发生伴随突出煤体在三向受力下突然或渐进加卸载过程，其加卸载方向及速率截然不同。因此，基于上述四类典型突出事故，采动煤岩体孕突过程残余应力加卸载路径可简化为四种力学类型，如图 2-11 所示。

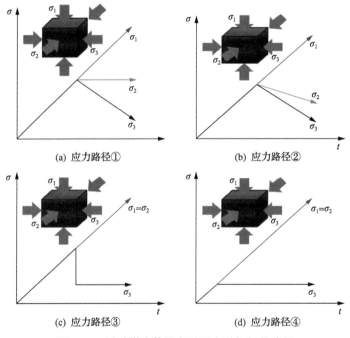

图 2-11　采动煤岩体孕突过程力学加卸载路径

2)采动煤岩体损伤失稳数值模型

采动煤岩体损伤失稳过程属动态行为，基于常规室内实验难以捕捉损伤失稳细观过程。目前，众多研究均已表明利用数值仿真手段不仅可表征实际煤岩体破坏过程，更便于从细-宏观角度综合剖析煤岩体损伤直至失稳阶段性特征。因此，笔者基于离散元颗粒流软件 PFC3D，开展如图 2-11 所示的不同力学路径下煤岩体损伤失稳过程模拟。PFC3D5.0 软件中模型建立是将实际问题迁移至数值模拟中演算解决的重要步骤。

模型建立过程由以下几步组成：设置模型计算区域、设置 clean 命令、创建粒子集、设定边界条件、设置初始条件与接触模型以及给定粒子参数。以煤样损伤失稳实验为基础，本节模拟采用平行黏结接触模型，构建了与实验等效的长宽高为 100mm×50mm×50mm 标准煤岩体试件，如图 2-12 所示。

图 2-12　煤岩体试件颗粒化模型

因突出煤体在现场采样难以成型，基于文献[9]，开展了实际构造煤体的型煤仿制实验，在三轴压缩与巴西劈裂等物理力学性能测试实验后得到实际型煤试样力学参数如表 2-1 所示。

表 2-1　型煤试样力学参数

样品	视密度 /(kg/m³)	抗拉强度 /MPa	抗压强度 /MPa	弹性模量 /MPa	泊松比	内聚力 /MPa	内摩擦角 /(°)
型煤	1390	0.74	5.02	140.4	0.41	1.67	39

依据型煤试样力学参数与应变特性进行模拟模型试样参数标定，经 100 组参数标定得到模型细观参数如表 2-2 所示。模型试样与实际试样单轴压缩后应力-应变及破坏形态对比如图 2-13 所示。由图可知，模拟所构建模型与实际型煤抗压强度均为 5.02MPa。峰值处应变的模拟结果为 1.6%，实验结果为 2.2%，二者相差 0.6%；弹性模量的模拟结果与实验结果分别为 388MPa、346MPa，二者误差在 10% 以内。在受压破坏各阶段特性表现均接近，且均在相同部位发生单斜面剪切破坏，

二者间具有较好的相似性。

表 2-2　数值模型细观参数

模型单元	参数	参数值
颗粒	颗粒数 N/个	11617
	直径 d/mm	1~2
	密度 ρ/(kg/m^3)	1390
	孔隙率 φ/%	10
接触	弹性模量 E/Pa	$2.09×10^8$
	刚度比 K^*	2.5
	法向抗拉强度 σ_c/Pa	$9.35×10^6$
	内聚力 c/Pa	$5.35×10^6$
	摩擦系数 μ_c	0.4
	摩擦角 ϕ/(°)	30
	胶结间距 g_c/mm	0.1

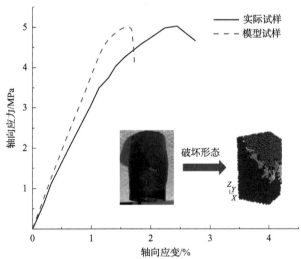

图 2-13　模型试样与实际试样单轴压缩后应力-应变及破坏形态对比图

2. 应力加卸载模式

基于图 2-13，为综合反映采动煤体诱发突出力学过程，本节不仅考虑应力加卸载路径，同时考虑路径下应力加卸载速率的影响。共设计 10 种应力加卸载模式，如表 2-3 所示。

表 2-3　应力加卸载模式

应力加卸载路径	加卸载速率		
	Z 轴(最大主应力 σ_1)	Y 轴(中间主应力 σ_2)	X 轴(最小主应力 σ_3)
路径①	以 8mm/s 速率进行加载	以 3MPa 压力伺服	以 1mm/s 速率进行卸载
			以 4mm/s 速率进行卸载
			以 8mm/s 速率进行卸载
路径②	以 8mm/s 速率进行加载	以 1mm/s 速率进行卸载	以 8mm/s 速率进行卸载
		以 8mm/s 速率进行卸载	以 8mm/s 速率进行卸载
路径③	以 8mm/s 速率进行加载	以 8mm/s 速率进行加载	突然卸载至 1MPa
			突然卸载至 0.01MPa
路径④	以 1mm/s 速率进行加载	以 1mm/s 速率进行加载	以 1MPa 压力伺服
	以 8mm/s 速率进行加载	以 4mm/s 速率进行加载	
	以 8mm/s 速率进行加载	以 8mm/s 速率进行加载	

3. 采动煤体损伤失稳动态响应规律

1)煤体损伤失稳特征

四种力学路径载荷下煤体发生损伤直至失稳破坏过程细宏观形态如图 2-14～图 2-17 所示。

由图 2-14 可知，在最小主应力渐进卸载过程，采掘面煤体在卸载方向发生明显扩容现象。随卸载速率增加，煤体初始损伤位置由端部转变为中部。同时煤体破断面扩展范围逐步增大，破坏类型由单斜面剪切破坏转变为共轭剪切面破坏。

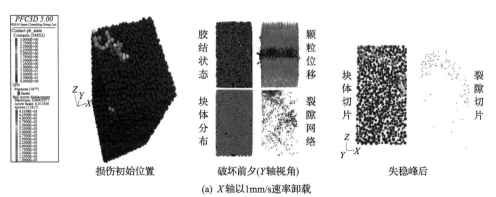

损伤初始位置　　破坏前夕(Y轴视角)　　失稳峰后

(a) X轴以1mm/s速率卸载

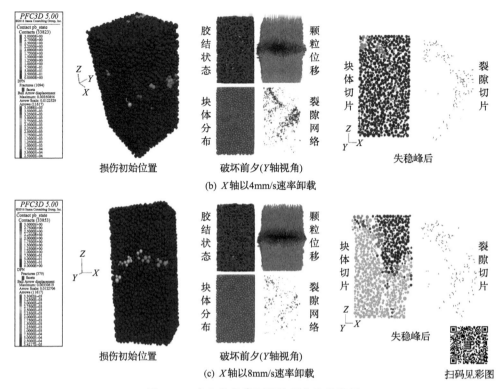

图 2-14　应力路径①下煤体损伤失稳特征

图 2-15 表明，在最小主应力和中间主应力均渐进卸载过程，采掘面煤体在卸载方向发生明显扩容现象，初始损伤在煤体端部及中部均会发生。随中间主应力卸载速率的增加，煤体破断面扩展范围逐步增大，破坏类型呈现由单斜面剪切破坏转变为共轭剪切面破坏趋势。

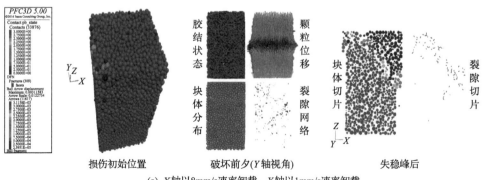

(a)　X 轴以8mm/s速率卸载、Y 轴以1mm/s速率卸载

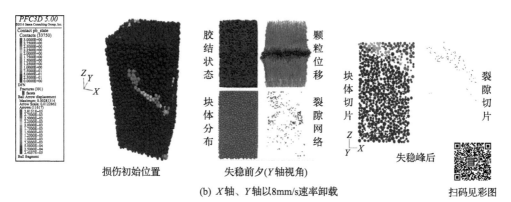

(b) X 轴、Y 轴以8mm/s速率卸载

扫码见彩图

图 2-15 应力路径②下煤体损伤失稳特征

从图 2-16 可看出，在最小主应力突然卸载过程，采掘面煤体在卸载方向发生明显扩容现象，初始损伤在煤体端部及中部均会发生。随最小主应力残余应

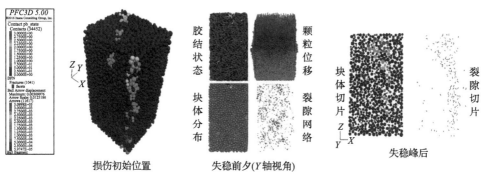

(a) Z 轴、Y 轴8mm/s速率加载，X 轴卸载到1MPa

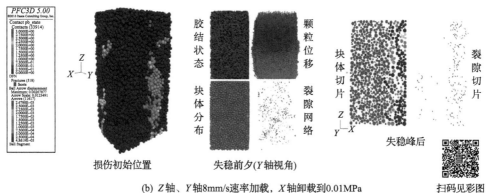

(b) Z 轴、Y 轴8mm/s速率加载，X 轴卸载到0.01MPa

扫码见彩图

图 2-16 应力路径③下煤体损伤失稳特征

力值降低，煤体破断面扩展范围逐步增大，宏观破断面由与最小主应力方向呈一定夹角逐步发展成其法向方向，与中间主应力方向平行，表明煤体呈现拉张破坏过程。

图 2-17 表明，在最小主应力保持一定残余应力过程，采掘面煤体在最小主应力方向发生明显扩容现象，初始损伤发生在煤体端部及中部。最大主应力与中间主应力加载速率相同，类似于文献[10]中的双围压加载状态，宏观破断面与中间

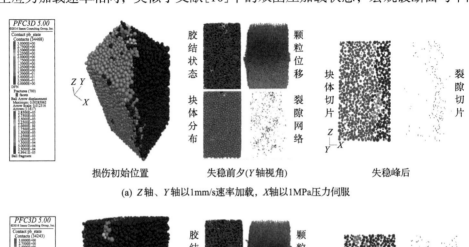

(a) Z轴、Y轴以1mm/s速率加载，X轴以1MPa压力伺服

(b) Z轴以8mm/s速率加载，Y轴以4mm/s速率加载，X轴以1MPa压力伺服

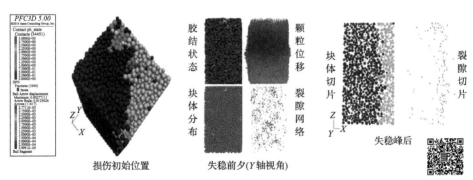

(c) Z轴、Y轴以8mm/s速率加载，X轴以1MPa压力伺服

扫码见彩图

图 2-17　应力路径④下煤体损伤失稳特征

主应力方向平行，煤体出现拉张破坏。同时可得出围压一旦满足煤体破坏力学强度，围压应力载荷大小对煤体破坏形式无影响。最大主应力与中间主应力加载速率不同，煤体呈现共轭剪切破坏过程。

2) 声发射响应特征

煤岩体受力破坏过程伴随声发射事件的产生，即存在瞬态弹性应力波释放现象，这与其内部微小裂纹的出现有直接联系。在 PFC 数值仿真中颗粒间的胶结破坏同样存在应变能的释放，即每个微裂纹的出现表征着一次声发射事件的发生。通过实时监测微裂纹出现的数量即可模拟得到煤岩体破坏过程中的声发射特性。通过煤体在不同应力加卸载模式下声发射(AE)事件计数，分析煤体损伤失稳过程阶段性特征已成为揭示采动煤体动态响应规律的主要手段。图 2-18 为四种应力路径下煤体损伤失稳过程最大主应力与声发射事件数时域特征。

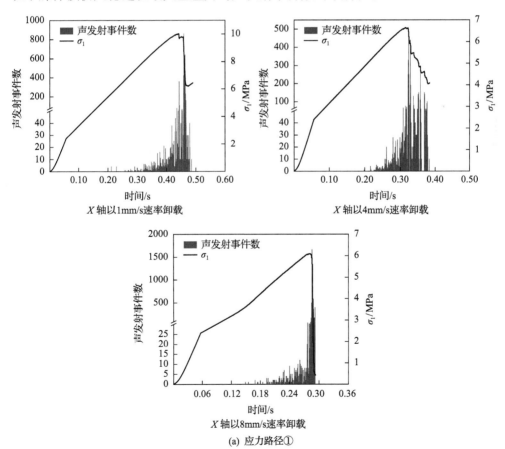

(a) 应力路径①

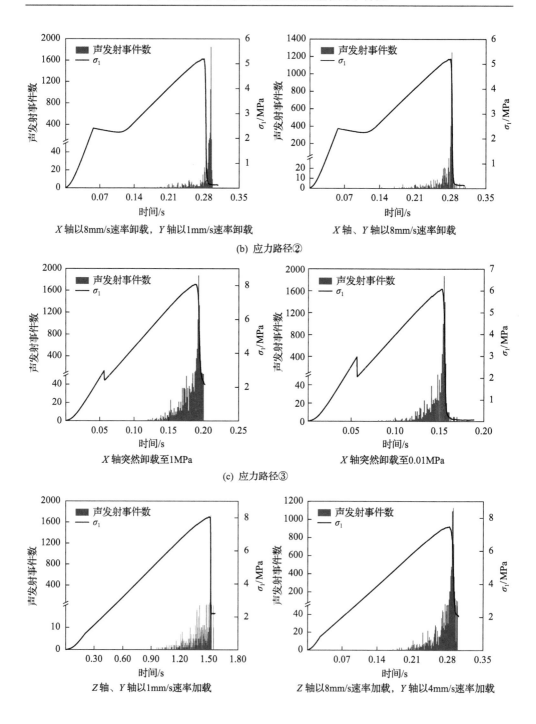

(b) 应力路径②

(c) 应力路径③

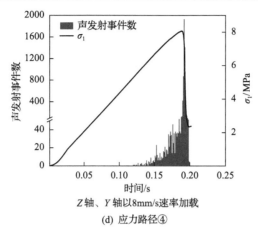

Z 轴、Y 轴以8mm/s速率加载

(d) 应力路径④

图 2-18　不同应力路径下煤体应力与声发射事件数时域特征

图 2-18 中反映了采动煤体在弹性阶段，并无声发射信号激发，随煤体进入塑性破坏阶段，声发射事件响应逐步增强。应力峰值附近，声发射事件数达到最高峰，且声发射事件数峰值出现时刻稍滞后于应力峰值出现时刻。该现象可归结于煤体发生瞬间破坏后，煤体内部在残余应力下仍会出现持续性损伤的结果。同时可看出在最小主应力渐进卸载过程，随卸载速率增加，声发射事件数峰值出现得越早，表明煤体越易发生失稳破坏。同理，在最小主应力和中间主应力均渐进卸载过程，声发射事件数随中间主应力卸载速率的增加，峰值出现时刻越靠前。在最小主应力突然卸载过程，随最小主应力残余应力值降低，声发射事件数峰值出现得越早。而最小主应力保持一定残余应力过程，随中间主应力加载速率增加，声发射事件数峰值出现时刻越提前。针对四种应力路径下声发射事件数峰值出现时刻，满足如下关系：应力路径③（0.15~0.2s）＜应力路径②（0.28~0.3s）＜应力路径①（0.3~0.5s）＜应力路径④（0.2~1.5s）。

不同应力加卸载模式下煤体最大主应力与声发射事件累计计数之间的规律，如图 2-19 所示。由图可知，随煤体破坏强度提高，声发射事件累计计数整体呈增大趋势。如应力路径①和路径②，随最小主应力和中间主应力卸载速率增加，煤体破坏强度降低，声发射事件累计计数减小。应力路径③下，随最小主应力残余应力值减小，煤体破坏强度降低，声发射事件累计计数减小。而针对应力路径④时，随中间主应力加载速率增加，煤体破坏强度增大，声发射事件累计计数略微下降。这极有可能由破坏类型的差异引起煤体内部损伤点发育量差别所致，图 2-20~图 2-22 裂隙分布特点对此有所体现。因此，不同应力加卸载模式下煤体抗压强度越大，其在失稳破坏前所积蓄的应变能越大，进而引发煤体失稳破坏时转变成声发射能量越高，内部产生损伤破裂点越密集，图 2-14~图 2-17 中煤体失稳前夕（Y 轴视角）破裂点分布图对此亦有所表征。

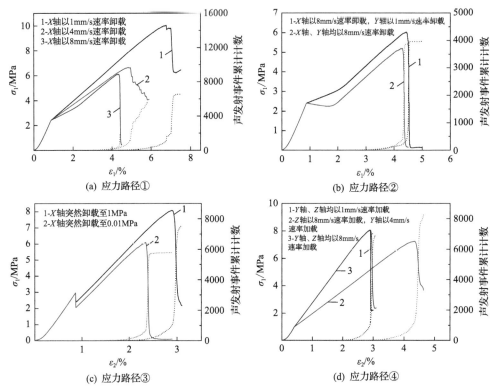

图 2-19　不同应力路径下煤体应力与声发射事件累计计数演化特点

各小图虚线表示声发射事件累计计数数据

3) 采动煤体裂纹动态演变行为

(1) 裂纹动态演变时域特征。

采动煤岩体产生局部损伤演变为失稳破坏过程，伴随着煤岩体颗粒的位错、断裂进而发育微裂纹，以及裂纹的扩展、贯通并撕裂煤岩体形成宏观破断面。因此，裂纹动态演变过程不仅可量化分析煤岩体损伤程度，同时可供剖析失稳破坏过程力学作用机制。图 2-20 为不同应力路径下煤体损伤过程拉张裂纹和剪切裂纹量化特征与演化规律。由图可知，煤体破坏过程最初发生剪切损伤，而后伴随拉张裂纹出现产生拉张损伤。且裂纹整体扩展趋势呈间歇性、渐进性和阵发性复合特征。裂纹发育过程分为四个阶段：一个突增阶段、两个慢增阶段、一个骤增阶段。这相应体现了采动下煤岩体发生局部损伤、大面积破坏、整体性失稳过程，也表征煤体初期新裂纹的出现(间歇性—突增阶段)、裂纹的扩展(渐进性—慢增阶段)以及贯通并扩展(阵发性—慢增阶段)、整体撕裂煤体过程(骤增阶段)。

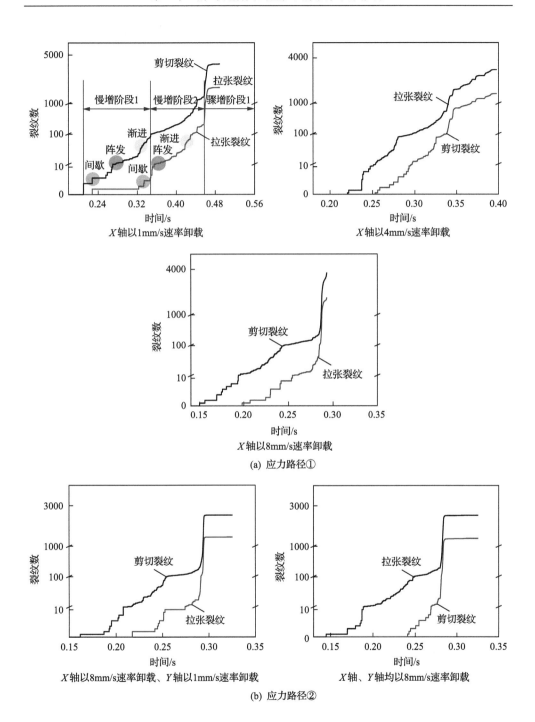

(a) 应力路径①

(b) 应力路径②

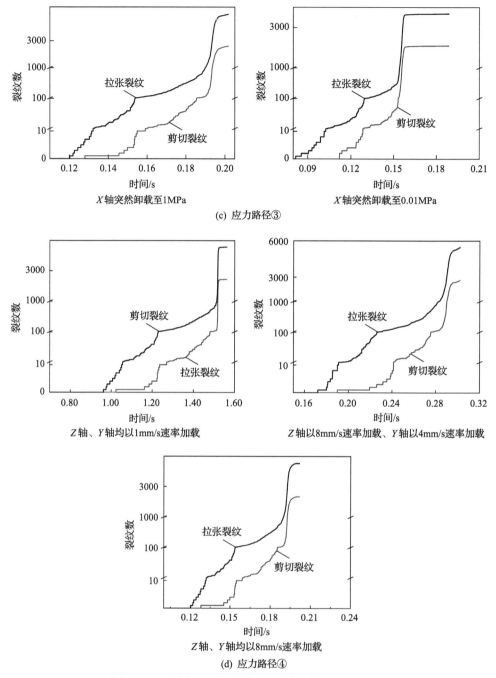

图 2-20　不同应力加卸载模式下煤体裂纹发育量分布

为简洁解读，上述特征标注仅在图 2-20(a)中的 X 轴以 1mm/s 卸载应力模式下展示。应力路径①下，随最小主应力卸载速率增加，煤体抗压强度降低，煤体内部率先出现损伤，呈现裂纹出现得越早。同理，针对应力路径②，随中间主应力卸载速率增加，呈现裂纹出现得越早。应力路径③，随最小主应力残余应力值降低，裂纹出现得越早。针对应力路径④，随中间主应力加载速率增加，即使煤体抗压强度无变化，裂纹出现时刻相应越提前。裂纹出现时刻和声发射事件峰值出现时刻有相似规律，即满足如下关系：应力路径③（0.075～0.12s）＜应力路径②（0.14～0.15s）＜应力路径①（0.15～0.21s）＜应力路径④（0.12～0.9s）。

不同应力路径下煤体剪切和拉张裂纹发育变化速率如图 2-21 所示。图 2-21 表明裂纹发育速率分为缓慢增加阶段、快速增加阶段、快速衰减阶段。整体而言，缓慢增加阶段所耗时间最长，快速衰减阶段次之，快速增加阶段最短。这相应表明采动煤岩体损伤具有时效性，但其失稳破坏过程属于快速行为。由突出灾变的阶段性特征可知，裂纹发育速率缓慢增加和快速增加阶段对应突出的准备阶段，

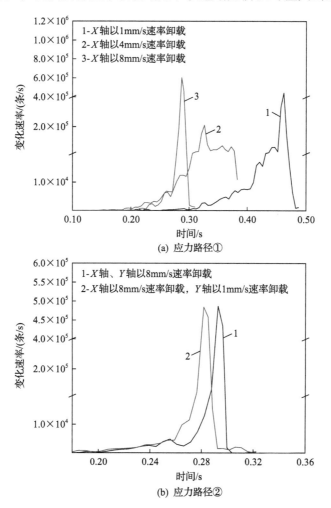

(a) 应力路径①

(b) 应力路径②

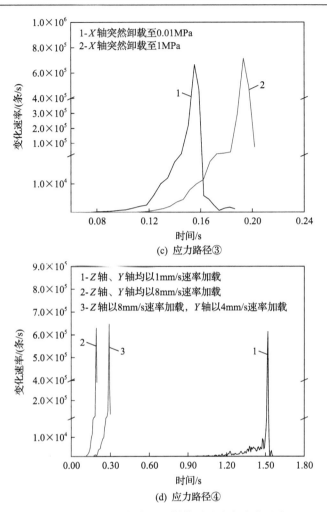

图 2-21　不同应力路径下煤体裂纹发育变化速率

而快速衰减阶段则预示着若瓦斯作用条件满足可发动突出。同时，阶段的时效差异性也体现了灾害在准备阶段可预先监测。

　　如上述分析，同理得出表征煤体抗压强度越低的应力加卸载模式，其引发煤体裂纹发育速率相应率先达到峰值。表明煤体即将产生宏观破断面，诱发失稳破坏。然而，在应力路径④下，随应力加载速率增加，裂纹发育速率与煤体力学强度无明显关系，与中间主应力加载速率呈显著正相关关系。

　　(2)裂纹动态演化规律。

　　图2-22为采动煤体不同损伤阶段裂纹玫瑰云图,云图法向为(0,0,1)。由图2-22(a)可知，应力路径①下，随最小主应力卸载速率增加，煤体裂纹扩展方向较为集中。裂纹扩展过程呈现由沿中间主应力方向逐步向最小主应力方向扩展。图2-22(b)表明

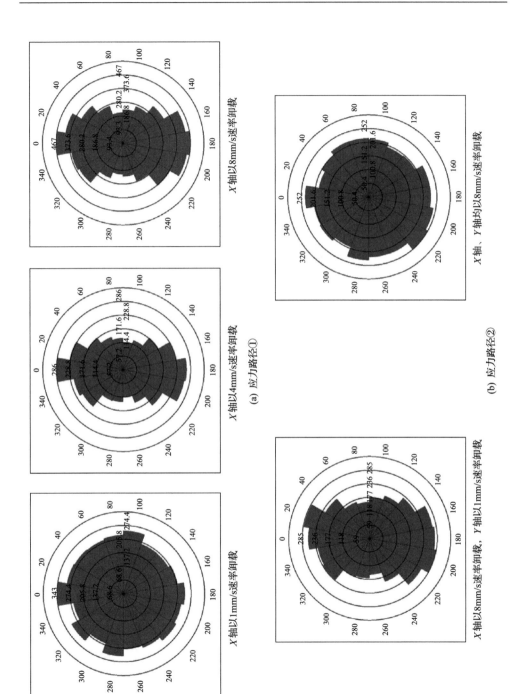

(a) 应力路径①

(b) 应力路径②

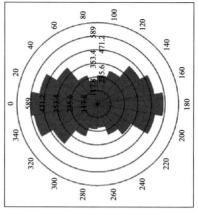

Z轴、Y轴均以8mm/s速率加载

(d) 应力路径④

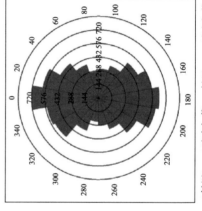

Z轴以8mm/s速率加载，Y轴以4mm/s速率加载

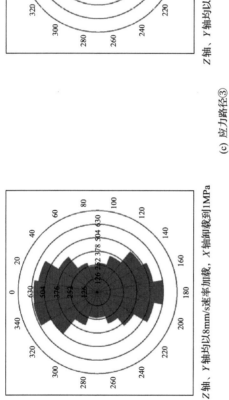

Z轴、Y轴均以8mm/s速率加载，X轴卸载到0.01MPa

(c) 应力路径③

Z轴、Y轴均以8mm/s速率加载，X轴卸载到1MPa

Z轴、Y轴均以1mm/s速率加载

图 2-22 不同应力路径下煤体裂纹玫瑰云图 [单位：(°)]

随中间主应力卸载速率增加，煤体裂纹扩展方向较为分散，沿中间主应力方向与最小主应力方向同步扩展。从图 2-22(c) 可看出，针对应力路径③，煤体裂纹主要由沿中间主应力方向逐步向最小主应力方向扩展。最小主应力残余应力值的变化对裂纹扩展方向影响不大。图 2-22(d) 表明，在不同中间主应力加载速率下，煤体裂纹主要由沿中间主应力方向逐步向最小主应力方向扩展。当最大主应力和中间主应力加载速率不同时，裂纹扩展方向相对分散。

同时，结合图 2-14～图 2-17 采动煤体损伤失稳特征，可得出应力路径①和路径②下采动煤体主要发生单斜面和共轭面剪切破坏。观察图 2-22 可知，煤体损伤失稳后裂纹分布形态较为分散。而应力路径③和路径④下采动煤体主要呈现近似平行于中间主应力方向的破断面，煤体损伤失稳后裂纹分布形态分散程度较弱。

2.2.2　采动煤体瓦斯压力演化规律及动力学响应

针对孕突过程，在采动行为下地应力与瓦斯压力互馈协同诱发裂纹扩展，进一步发展形成层裂煤体过程中所扮演的作用仍认识不一，主要可归为两类：①地应力首先造成含瓦斯煤体的初始破坏，破坏模式为拉伸或剪切型(多认为剪切型)，而后瓦斯压力推动裂纹的进一步扩展，并撕裂煤体发展为层裂体；②地应力与瓦斯压力全过程同步协作造成含瓦斯煤体的初始破坏，并推动裂纹的进一步扩展，以及后期发展为层裂体。因此，明确含瓦斯煤体在采动力学行为下，地应力与瓦斯压力在裂纹扩展直至层裂体形成过程中关键阶段性特征及量化作用，对揭示突出过程主控机制尤为重要。瓦斯压力作为突出孕育、发动的一主控因素，采动下含瓦斯煤体损伤直至失稳过程中，瓦斯压力演变规律及呈现的动力学效应依然未能系统揭示。尤其煤体在采动应力作用下发生初始破坏过程中，瓦斯压力作用特征尚不明确。限制了孕突过程中瓦斯压力微宏观作用机制的揭示，这相应限制了孕突过程主控因素量化作用机制的揭示，极大制约了灾变过程中的细-宏观动态力学行为的认识。

因此，本节基于含瓦斯煤体孕突过程应力演化特征，以三向应力渐变或突变为孕灾过程力学再现背景，通过实时监测煤体三向应力-应变及煤体瓦斯压力数据，明确煤体损伤直至失稳过程中瓦斯压力演变规律，结合煤体扩容特性及裂纹发育特征，揭示孕突过程中煤体瓦斯压力力学作用机制，进一步明确突出孕育过程中地应力与瓦斯压力耦合作用主控机制。

1. 含瓦斯煤体应力加卸载实验

1) 应力加卸载方案

如 2.2.1 节所述，突出主要发生在煤巷、回采和石门揭煤工作面，根据其触发时间属性分为瞬时突出和延期突出。由掘进特点可归类为掘进时工作面前方发生瞬时/延期突山、掘进后工作面前方/后方煤壁发生延期突山。因此，采动煤岩体应力路径演化过程属突然和渐进加卸载行为。若突出发生在采掘工作面前方，根据突出时间属性，会伴随沿工作面掘进方向煤岩体应力突然或渐进卸载过程，相应简化为最小主应力突然或渐进卸载路径；若突出发生在采掘工作面后方煤壁，根据突出时间属性，会伴随在沿采掘空间方向一定残余应力下，另两方向应力出现应力集中，相应简化为最小主应力以一定应力伺服，最大与中间主应力渐进加载路径。应力加卸载方案见表 2-4 所示。

表 2-4 应力加卸载方案

应力路径	应力路径示意图	瓦斯压力/MPa	加卸载方式
路径①		0.55	σ_1 以 0.3MPa/min 速率加载，σ_2 以 3MPa 压力伺服，σ_3 以 0.3MPa/min 速率卸载
路径②		0.55	σ_1 以 0.3MPa/min 速率加载，σ_2 以 0.3MPa/min 速率卸载，σ_3 以 0.3MPa/min 速率卸载
		0.55	σ_1 以 0.3MPa/min 速率加载，σ_2 以 0.3MPa/min 速率卸载，σ_3 以 0.5MPa/min 速率卸载
		0.95	σ_1 以 0.3MPa/min 速率加载，σ_2 以 0.3MPa/min 速率卸载，σ_3 以 0.1MPa/min 速率卸载
		0	
路径③		0.55	σ_1 以 0.3MPa/min 速率加载，σ_2 以 0.3MPa/min 速率加载，σ_3 突然卸载至 0.2MPa
		0.95	
路径④		0.55	σ_1 以 1.5MPa/min 速率加载，σ_2 以 0.3MPa/min 速率加载，σ_3 保持 1.5MPa 压力伺服

2) 实验煤样及装置

(1) 实验煤样。

具有突出危险性的煤体一般为构造破坏后的构造变形煤,其力学强度低,一般难以直接制备成较大尺寸的煤块。大量研究均指出[11]利用破碎后的构造煤,经添加一定的添加剂,制备出成型煤体,可实现对实际井下构造煤体的仿制。

因此,本节通过采集河南薛湖煤矿的构造煤体,在实验室经过添加水、腐殖酸钠等添加剂制备出了具有代表性的型煤试样(煤样长×宽×高为 100mm×50mm×50mm)。型煤力学参数如表 2-5 所示。

表 2-5　型煤力学参数

煤样	弹性模量/MPa	泊松比	内聚力/MPa	内摩擦角/(°)	峰值应变/%	抗压强度/MPa	抗拉强度/MPa
型煤	96	0.27	0.49	35	2.81	2.84	0.35

(2) 实验装置。

实验所用设备 RTR-2000 岩石实验机为美国 GCTS 公司设计制造,该设备为一套数字伺服控制的高温高压煤岩综合测试闭环系统,能实现地层高温高压状态下的岩石单轴、常规三轴与真三轴实验测试,装置如图 2-23 所示。

应力加载室

数据采集系统

图 2-23　真三轴应力加卸载实验装置

(3)实验过程及步骤。

基于表 2-4 设计的四类应力加卸载路径，利用图 2-23 中的实验装置开展含瓦斯构造煤样的真三轴加卸载力学实验。考虑到实际突出煤层中赋存的瓦斯气体具有爆炸风险，基于安全方面考虑，使用浓度 99.99%的高纯度氮气代替甲烷气体。$X(\sigma_3)$、$Y(\sigma_2)$、$Z(\sigma_1)$三轴方向均以 0.3MPa/min 的应力加载速率加载至应力突变点 3MPa，而后进行应力加卸载实验。具体的实验步骤如下：

第一步：记录型煤的原始长、宽、高数据并输入设备系统，加装热缩套并用热风枪吹密实，在试样的顶底通气端加装密封垫片，使用 704 硅橡胶与环氧树脂胶水进行试样的胶装密封。

第二步：将密封好的试样装入实验腔体内，安装位移传感器并进行调试，检查设备的密封性完好后进行抽真空作业，抽真空时间不少于 8h，抽气完成后关闭真空泵。打开真三轴应力加载系统，采用流量控制的方式分三次将试样的三向压力加载至 1.5MPa 并保持伺服。

第三步：打开气源阀门并调至预设瓦斯压力，让试样开始充气吸附不短于 48h，在此期间监测试样内的瓦斯压力变化，直至腔内的瓦斯压力稳定在预设值即可认为通气吸附阶段完成。此时可打开应力加载系统，将三向轴应力以 0.3MPa/min 的速率加载至应力突变点 3MPa，而后按照表 2-4 中实验方案的加卸载路径以应力控制模式进行真三轴加载直至试样失稳破坏。

第四步：记录试样加卸载过程中三个轴向上的应力-应变数据和加载腔体内的瓦斯压力数据，直至煤样失稳破坏后停止加载，拆除加载腔体上的位移传感器后取出破坏后的煤样，拆除热缩套后对煤样的各个破坏面进行拍照记录。设备复位，准备进行下一组实验。

实验流程示意如图 2-24 所示。

2. 瓦斯压力演变规律

现场研究表明，因煤体是否发生扩容现象而呈异步或同步特征，为进一步揭示地应力与瓦斯压力的耦合机制，最大主应力加载过程分为增压—稳压—增压。如图 2-25 为煤体损伤直至失稳过程中瓦斯压力与最大主应力演变曲线。由图 2-25 可知，瓦斯压力随最大主应力增加呈先增加后降低趋势。整个演化过程可分为两个阶段（增加和降低），一般有五个子过程。而不同应力路径与瓦斯压力下演化子过程有差异。应力加载初期（增压时期），瓦斯压力与应力同步增加，瓦斯压力进入快增或缓增过程；而后应力进入稳压时期，瓦斯压力呈现缓增过程。而应力路径③，因瓦斯压力峰值到来，在稳压后期进入下降过程。应力路径④虽未到达瓦斯压力峰值，但稳压后期依然存在进入下降过程。随应力再次进入增压时期，煤体瓦斯压力以快增或缓增过程持续增加到达峰值，而后进入快降或缓降过程。当应力到达峰值后，瓦斯压力发生骤降现象。

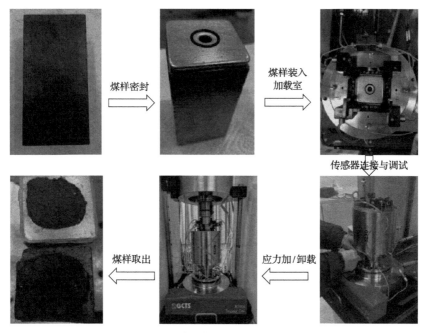

图 2-24　应力加卸载过程示意图

同时由图可看出，瓦斯压力峰值超前于应力峰值。而结合图 2-25(h)可知，瓦斯压力峰值所对应的应力数值大于 74%，此时煤体已然进入大面积破坏阶段。这表明因地应力作用，若煤体未产生与外界相贯通的裂隙，煤体因损伤产生的裂隙空间对瓦斯压力产生的削弱效应，不足以抵消瓦斯的快速解吸以及应力压缩作用

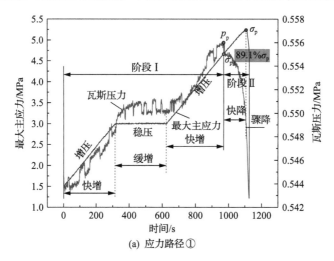

(a) 应力路径①

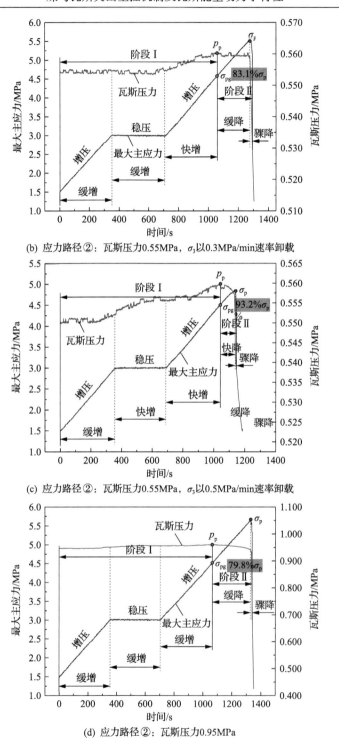

(b) 应力路径②：瓦斯压力0.55MPa，σ_3以0.3MPa/min速率卸载

(c) 应力路径②：瓦斯压力0.55MPa，σ_3以0.5MPa/min速率卸载

(d) 应力路径②：瓦斯压力0.95MPa

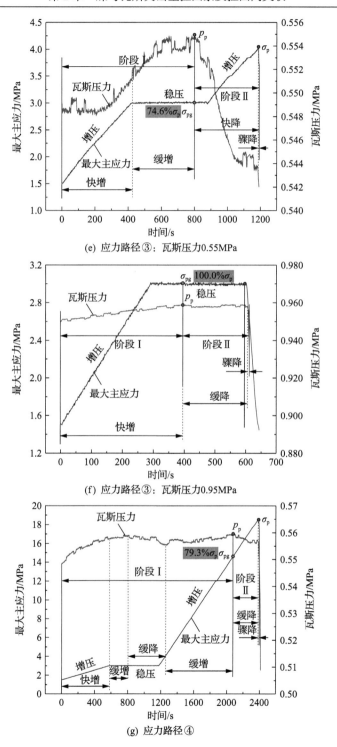

(e) 应力路径③：瓦斯压力0.55MPa

(f) 应力路径③：瓦斯压力0.95MPa

(g) 应力路径④

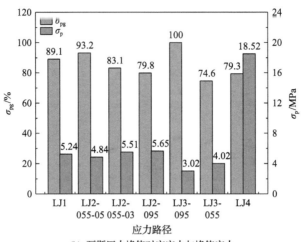

(h) 瓦斯压力峰值对应应力与峰值应力

图 2-25　最大主应力与瓦斯压力随时间演变曲线

p_p 为瓦斯压力峰值；σ_p 为应力峰值；σ_{pg} 为瓦斯压力到达峰值所对应力的应力值。应力路径请参见表 2-4

产生的增强效应。同时由图 2-25 (h) 可知，不同应力路径下煤体最大主应力峰值差异明显，表明煤体破坏的难易程度与应力加卸载路径密切相关。此外，由应力路径②可知 [图 2-25 (h)]，随着卸载速率的增加，煤体最大主应力峰值降低，同时瓦斯压力峰值在最大主应力峰值中占比增加，表明卸载速率有助于降低煤体破坏难度，同时使煤体破坏程度更为迅速。而由图 2-25 (h) 中的应力路径③可知，煤体瓦斯压力增加，煤体最大主应力峰值降低，同时瓦斯压力峰值在最大主应力峰值中占比增加，同样表明瓦斯压力有助于降低煤体破坏难度，同时加速煤体破坏程度。

3. 煤体损伤失稳特征

不同应力路径及瓦斯压力下煤体失稳后的破坏形态如图 2-26 所示。由图 2-26 可知，应力路径②下的应力渐进卸载过程，在 0.3MPa/min 卸载速率下的煤体损伤（取出后有煤粉及部分小碎块出现）集中在煤样的棱角边处，煤样呈现共轭面剪切破坏形态。裂纹集中在煤样的顶底端面出现并向内扩展，裂纹间相互搭接贯通呈"Y"字形或显现出共轭剪切破坏的"X"字形特征。煤样破坏面上的裂纹数量较多但扩展程度较弱，没有贯穿性大裂纹产生。在 0.5MPa/min 卸载速率下的煤体损伤（取出后有较多小碎块出现），集中在煤样的顶部与破坏面的棱边，煤样呈剪切破坏形式，破坏面宏观裂纹数量增多但形态简单，有数条由顶端向内延伸的剪切破坏裂纹，但没有搭接贯通现象发生。由图 2-25 可知，在较快卸载速率下的煤样更快达到峰值强度，没能给内部裂纹的持续扩展与贯通提供充足时间，煤体失稳破坏趋向于突然发生，因此呈现出简单的破坏面裂纹形态。

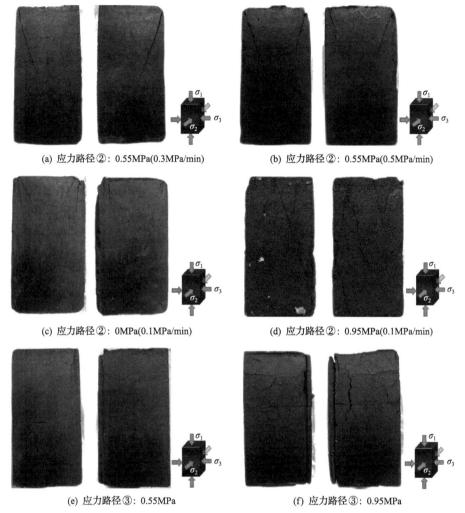

(a) 应力路径②: 0.55MPa(0.3MPa/min)　　　　(b) 应力路径②: 0.55MPa(0.5MPa/min)

(c) 应力路径②: 0MPa(0.1MPa/min)　　　　(d) 应力路径②: 0.95MPa(0.1MPa/min)

(e) 应力路径③: 0.55MPa　　　　(f) 应力路径③: 0.95MPa

图 2-26　不同瓦斯压力下煤体失稳后的破坏形态

　　同时应力路径②下, 在 0MPa 瓦斯压力下, 煤体损伤(取出后整体保持完整, 仅有少量碎块脱落, 基本无煤粉产生)主要集中在煤样的顶底端面。在破坏面的受载端面处产生多条剪切裂纹, 这些裂纹之间有互相搭接现象, 整体呈现"V"字形。沿竖直方向有拉伸裂纹产生, 但未能形成贯穿整个破坏面的大裂纹。在 0.95MPa 瓦斯压力下, 煤样则有沿最小主应力方向贯穿裂缝断裂的趋势(取出时产生大量煤粉与部分碎块)。破坏面上的裂纹形态种类丰富, 裂纹之间相互搭接, 有贯穿整个破坏面的大裂纹产生, 整体形态呈"V"字形、"Y"字形的斜剪破坏或"X"字形的共轭剪切破坏。在破坏面侧端发生劈裂破坏, 有明显的拉张裂纹产生, 并在失稳破坏时伴有声响, 在快速传出几声"劈、啪"后随即失稳破坏。

同时由图 2-26 可看到，应力路径③下煤体损伤面垂直于最小主应力方向。在 0.55MPa 瓦斯压力下的煤体损伤面(取出后整体能保持基本完整，有少量小碎块与部分煤粉产生)集中在最小主应力平行方向上的一对破坏面与煤样顶面。从煤样表面上看未产生剪切裂纹，整体的破坏形式为劈裂破坏，产生一条由顶面延伸至底面的拉张裂纹。在煤体的顶面可观察到沿突然卸载方向出现的数道拉张裂纹，且伴随煤体在该方向的持续扩张出现了层裂现象。在 0.95MPa 瓦斯压力下的煤体(取出后在突然卸载方向有大块掉落的趋势，煤样顶面在应力跌落的瞬间被瓦斯压力崩裂为数个小碎块，形成一个小凹坑并产生许多煤粉)在垂直中间主应力方向上的破坏面损伤程度严重，以劈裂破坏为主，产生了贯穿顶底面的大拉张裂纹。在高瓦斯压力作用下煤样中产生了最小平行主应力方向的拉张裂纹，这些裂纹与竖直向的拉张裂纹互相搭接贯穿形成了相互纵横的裂隙网络。

因此，瓦斯压力对煤样损伤及破坏形态有明显影响。瓦斯压力的增大有助于裂纹的扩展延伸，促进裂纹之间的搭接贯通，形成贯穿整个破坏面的大裂纹，加深失稳煤体的损伤程度，且会使煤样向最小主应力方向发生层裂现象。总之，瓦斯压力的增大削弱了煤体力学强度，影响了煤体的变形特性，使煤样的失稳破坏更为迅速且具有发生突出的倾向。

4. 煤体损伤与瓦斯压力响应规律

煤体扩容现象作为煤体内裂隙演化的一种宏观展示，揭示煤体扩容过程中瓦斯压力的演化规律，有助于明确瓦斯压力在裂隙发展过程中作用机制。图 2-27 为煤体偏应力与瓦斯压力增幅随体积应变的演变曲线。取压应变为正，拉应变为负。由图 2-27 可知，基于煤体瓦斯压力增幅变化，煤体损伤直至失稳过程中瓦斯压力作用能力可分为：强化增强阶段、强化减弱阶段、弱化阶段。而瓦斯压力作用强化增强阶段正好对应煤体扩容转折点前的时期。煤体扩容转折点表明煤体体积达到最小，而后体积应变速率逐步增大，煤体裂纹进入加速扩展时期。由此，随裂纹加速扩展，煤体瓦斯压力作用进入强化减弱阶段。而该阶段即可在应力峰值前完成[图 2-27(c)～(e)]，亦会持续到应力峰值后一段时期[图 2-27(a)、(b)，图 2-27(f)、(g)]。峰值应力的到来表明煤体在应力主控下的初始破坏已发生。由图 2-27(c)～(e)可知，煤体瓦斯压力在峰值应力之后发生快速下降，表明煤体发生了突然破坏。同时结合图 2-26 可知，图 2-27(d)和(e)对应的煤样损伤特征均出现了贯穿煤体的宏观裂纹，且相较于图 2-27(c)对应的煤样发生了较为严重的损伤。因此，图 2-27(d)和(e)展示了瓦斯压力作用强化减弱阶段更早一步结束，相应进入瓦斯压力作用弱化阶段。

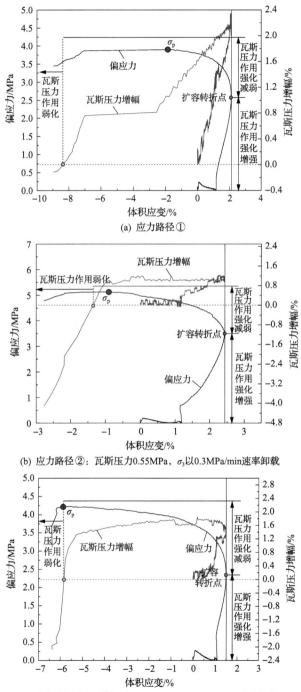

(a) 应力路径①

(b) 应力路径②：瓦斯压力0.55MPa，σ_3以0.3MPa/min速率卸载

(c) 应力路径②：瓦斯压力0.55MPa，σ_3以0.5MPa/min速率卸载

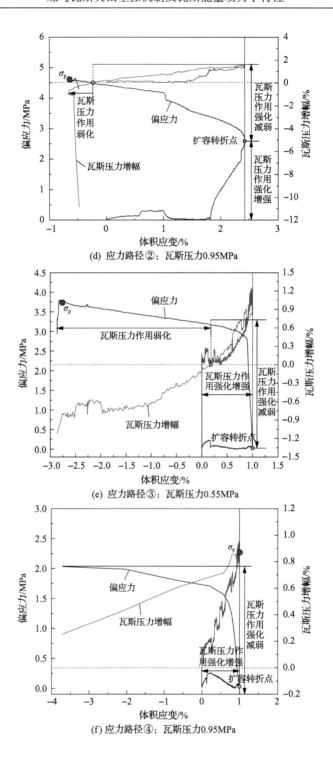

(d) 应力路径②：瓦斯压力0.95MPa

(e) 应力路径③：瓦斯压力0.55MPa

(f) 应力路径④：瓦斯压力0.95MPa

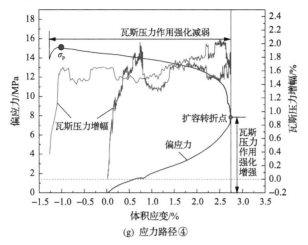

图 2-27　煤体偏应力与瓦斯压力增幅随体积应变的演变曲线

应力路径请参见表 2-4；图中平行于横轴的虚线为瓦斯压力增幅为 0 的线

　　相较于应力峰值前完成瓦斯压力作用强化减弱阶段，峰值后完成所对应的图 2-27（a）、（b）、（f）、（g）表明，煤体瓦斯压力在峰值应力之后发生缓慢下降。且由图可看出，峰值应力后，煤体进入了体积应变急速增加时期。由图 2-25（h）可知，此四类煤体，除图 2-27（f）外，均属于破坏强度较高的应力路径。因此，煤体破坏相对不够迅速，给予了瓦斯解吸进一步积聚的时间。而由图 2-26 可知，图 2-27（f）对应的损伤特征表明煤体发生了更为严重的破坏，内部产生了相互纵横的裂隙网络。而正因为这种破坏使得煤体内瓦斯得到大量的解吸，进而短期内促使煤体瓦斯压力得不到急速下降。这也表明上述四类煤体在后期瓦斯压力参与煤体进一步破坏的能力更强。

5. 煤体初始破坏过程瓦斯压力作用机制

　　目前，关于煤体初始破坏的定义仍未给出。文献[5]认为，孕突过程中煤体破坏分为地应力作用阶段和瓦斯压力作用阶段，而且地应力作用在前，瓦斯压力作用在后。因此，把地应力作用下煤体发生的破坏称为煤体初始破坏，而初始破坏发生的判断即是应力峰值的到来。根据上述分析可知，地应力与瓦斯压力在煤体损伤破坏过程属互馈耦合作用。因此不存在某个因素作用在前或在后的说法。但为了区分煤体初始破坏与进一步破坏的差别，以瓦斯压力参与程度的不同来划分出煤体初始破坏阶段。众多研究均表明，煤体破坏前期由地应力与瓦斯压力耦合作用发生，破坏后期主要由瓦斯压力作用产生层裂体，并引发其失稳抛出。因此，将地应力与瓦斯压力互馈耦合作用过程引发的煤体破坏称为初始破坏，即本书把煤体初始破坏定义为煤体从初始损伤直至层裂体雏形显现这一过程。这区别于单纯从应力峰值到达时刻来判定煤体为初始破坏。由 2.2.2 节第 3 部分分析可知，不同应力路径下煤体发生扩容主要沿最小主应力方向。当煤体裂纹内瓦斯压力满足公式(2-7)即会引发裂纹扩展：

$$p_s - \sigma_r \geqslant \frac{K_{IC}\sqrt{\pi}}{2\sqrt{a}} \tag{2-7}$$

式中，p_s 为裂纹内的瓦斯压力，MPa；σ_r 为单元煤体上的径向应力，MPa；K_{IC} 为煤体断裂韧性，$MN/m^{3/2}$；a 为裂纹半径，m。

图 2-28 为煤体最小主应力与瓦斯压力随应变的演变曲线。由图可知，随最小主应力卸载过程，煤体瓦斯压力与最小主应力之间存在显著的量化关系。

不同应力路径下煤体瓦斯压力与最小主应力间的关系有所差别。除图 2-28(b)，在最小主应力渐进卸载过程中，煤体在最大主应力峰值前后，煤体瓦斯压力始终保持小于最小主应力。由图 2-28(b)、(e)、(f)可知，最小主应力渐进卸载或突然卸载模式下，煤体最小主应力由大于瓦斯压力逐渐变为小于瓦斯压力。同时由图 2-28(b)、(e)可看出，最小主应力小于瓦斯压力出现时刻在最大主应力峰值前。这表明应力峰值前煤体初始损伤过程中瓦斯压力已具有实质性作用。即以地应力作用主导、瓦斯压力作用协同引发煤体的初始损伤。而后进入以瓦斯

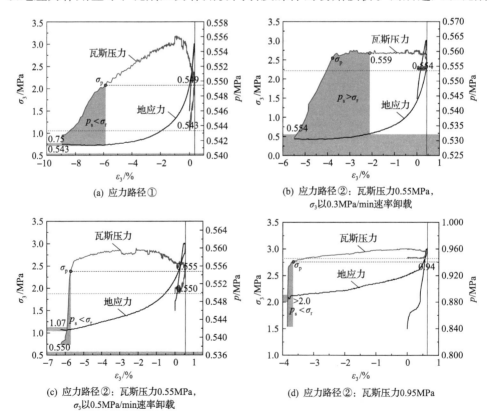

(a) 应力路径①

(b) 应力路径②：瓦斯压力0.55MPa，σ_3以0.3MPa/min速率卸载

(c) 应力路径②：瓦斯压力0.55MPa，σ_3以0.5MPa/min速率卸载

(d) 应力路径②：瓦斯压力0.95MPa

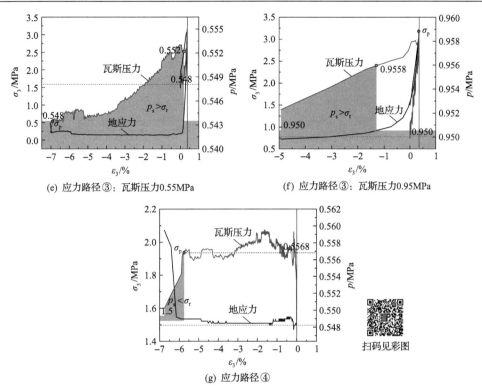

(e) 应力路径③：瓦斯压力0.55MPa　　　　(f) 应力路径③：瓦斯压力0.95MPa

(g) 应力路径④

图 2-28　煤体最小主应力与瓦斯压力随应变的演变曲线

应力路径请参见表 2-4；以(a)为例，其中的 0.75 为应力最小值，0.543 为初始瓦斯压力，

0.549 为 σ_p 的值，余含义类似

压力作用主导、地应力作用协同诱发含瓦斯煤体的初始破坏。同时这进一步证实了突然卸载模式下，煤体破坏程度更为剧烈，更易发生破坏[图 2-25(h)和图 2-26]。此外，如图 2-28(a)、(c)、(d)和(g)所示，虽煤体瓦斯压力长时间保持小于最小主应力，由于后期瓦斯压力仍保持一定高压，可以设想实际工作面随煤体的进一步暴露，最小主应力会发生持续或突然降低，亦会产生最小主应力小于瓦斯压力工况。煤体破坏即会由以地应力作用主导引发煤体的初始损伤进入以瓦斯压力作用主导、地应力作用协同诱发含瓦斯煤体的初始破坏。

　　以往学者认为，由于实际煤体瓦斯压力远小于地应力大小，则在煤体发生初始损伤时一般不考虑瓦斯压力作用。而由上述分析可知，尤其是应力突然卸载模式下，煤体初始损伤过程中瓦斯压力作用不可忽略。而由于最小主应力渐进卸载过程，煤体所受地应力与瓦斯压力大多未呈现出公式(2-7)的特点。为进一步明确应力峰值前煤体发生初始损伤是否考虑瓦斯压力作用，图 2-29 给出了煤体最大主应力、瓦斯压力变化速率与体积应变(ε_v)间的演变曲线。由图 2-29 可知，不同应力路径下，煤体瓦斯压力变化速率在应力稳压阶段和体积应变由压应变为主转化为拉应变的主转折点附近均发生明显变化，波动幅度在 5% ~ 6% 之间，这表明在弹性变形阶段煤体虽处于压缩状态，但其内部依然发生了微损伤。由图 2-29(e)、(f) 可知，随瓦斯压力增加，煤体瓦斯压力变化速率降幅增加，由−2.5%变为−6%。这相应表明煤体内部微损伤和瓦斯压力密切相关。基于此，可以得出煤体在压缩状态下，煤体内因分子位错或局部微孔裂隙发生微破坏，引发煤体微体积应变发生瞬态变化，进而引起瓦斯压力发生一定幅度的增降。

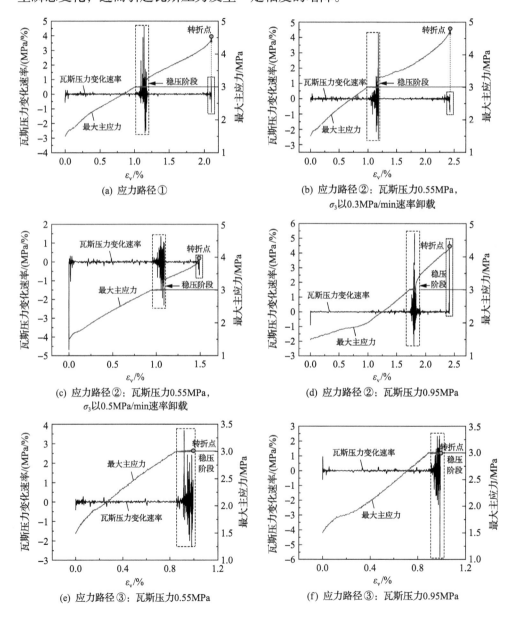

(a) 应力路径①

(b) 应力路径②：瓦斯压力0.55MPa，
σ_3以0.3MPa/min速率卸载

(c) 应力路径②：瓦斯压力0.55MPa，
σ_3以0.5MPa/min速率卸载

(d) 应力路径②：瓦斯压力0.95MPa

(e) 应力路径③：瓦斯压力0.55MPa

(f) 应力路径③：瓦斯压力0.95MPa

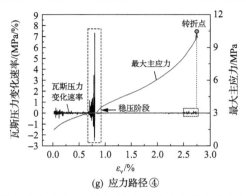

(g) 应力路径④

图 2-29　煤体最大主应力、瓦斯压力变化速率与体积应变间的演变曲线

应力路径请参见表 2-4

　　文献[12]认为，受采动集中应力作用，孔裂隙中积聚的瓦斯会因压力特性转变引发煤体孔隙、微裂隙以及煤体骨架产生叠加连锁式的微破坏。这也从另一方面表明，即使地应力量级远大于瓦斯压力量级，而在地应力为主导的煤体初始损伤中瓦斯压力亦产生了推动作用。

　　因此，含瓦斯煤体在采动应力与瓦斯压力的作用下发生的初始破坏过程可分为局部损伤阶段、大面积破坏阶段及整体性失稳阶段。瓦斯压力的力学作用过程可分为瓦斯压力能力强化增强阶段、瓦斯压力能力强化减弱阶段及瓦斯压力能力弱化阶段。整个过程以地应力作用主导、瓦斯压力作用协同转变为瓦斯压力作用主导、地应力作用协同诱发了含瓦斯煤体的初始破坏。含瓦斯煤体初始破坏力学过程示意如图 2-30 所示。

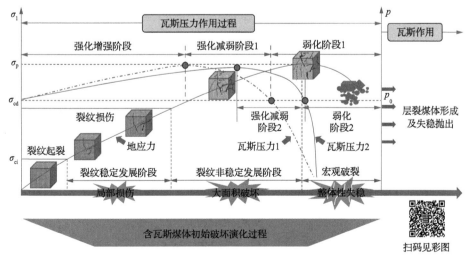

图 2-30　含瓦斯煤体初始破坏力学作用过程

σ_1 为最大主应力；σ_p 为最大主应力峰值；σ_{cd} 为裂纹损伤应力；σ_{ci} 为裂纹起裂应力；p_0 为煤体原始瓦斯压力

2.3　煤与瓦斯突出强度及演化实验研究

突出的发生过程主要包括两部分：①突出煤体在地应力与瓦斯压力协同作用下发生初始破坏；②煤体中瓦斯快速解吸，解吸的瓦斯进一步破坏煤体，最终产生向采掘空间喷出的煤-瓦斯混合流。该过程所需能量由地应力施加在煤体中弹性势能和煤体释放的瓦斯能提供，而瓦斯能是主要能量。

然而，针对不同的突出强度，现场地应力提供的能量与突出过程中的瓦斯压力提供能量之间的关系尚未明晰，同时关于突出强度的量化研究依然不足。随深部开采常态化，突出灾害越来越严重，因此有必要对其进行定量预测。此外，在目前的研究中，鲜有报道表明突出过程喷出的煤-瓦斯混合流由多股混合流组成。为解决以上问题，本节基于突出模拟实验平台，在不同的地应力、瓦斯压力、煤体厚度和温度条件下进行了一系列突出相似模拟实验，并进一步提出突出强度定量预测方法，明确主控因素对突出过程的贡献。

2.3.1　突出相似模拟实验

1. 煤样和气源的选择

突出主要发生在构造煤中，一般具有力学强度低、瓦斯吸附能力强及破坏后瓦斯快速解吸等特点。由于现场构造煤呈区域性分布，而实施突出模拟实验所用煤样量较多，难以到现场采集足够多的构造煤样。因此本节实验中采集到的煤样均是各个煤矿相应煤层中的非构造煤。研究已表明，把非构造煤块粉碎成一定粒径的煤粒，然后施加相应的应力得到的型煤同样具有和现场构造煤体相近的力学强度及瓦斯吸附解吸特点[13]。此外，突出危险性与煤体的性质有很大关系。为了使实验结果更具代表性，实验所用煤样选自我国 5 个主要产煤省份的 8 个煤矿。煤矿井下一般发生煤与甲烷/二氧化碳突出，且主要发生煤与甲烷突出。虽然煤体对甲烷与二氧化碳的吸附能力不同，但煤体吸附二者的机理相同。由于实验所用气源量较大，空间有限，为了安全，实验用气选用了高浓度的二氧化碳气体。

2. 突出模拟系统

迄今为止，据报道的突出模拟装置主要分为一维突出模拟装置、二维突出模拟装置及三维突出模拟装置[14]。三种突出模拟装置在实施突出模拟时各有优点。一维突出模拟装置一般主要模拟施加和现场相近的地应力大小下的突出模拟实验。而二维及三维突出模拟装置主要实施体现现场煤体所受三向不同应力大小特征下的突出实验，但模拟装置一般体积较小，且在突出试样中所施加的应力大小一般根据相似条件转化得到，仅有几兆帕。运用它们实施突出模拟实验多是对突出强度进行定性或半定量分析。为能体现现场地应力大小及瓦斯压力对突出强度的影响，因此下面分析不同突出强度下突出孔洞特征更具有说服力，文献[5]及本书中采用一维突出模拟装置进行了所有的突出模拟实验。本节实施突出模拟实验装置示意图如图 2-31 中的 9 所示，该装置由压柱和圆形缸体组成。为保证缸体中压制的型煤受力均匀，在压柱上环有一重达上百千克的套环。在缸体的四周共有 3 个抽-充气孔，方便压制的型煤能均匀快速地脱气和吸附瓦斯。圆形缸体外径 600mm、深 272mm、突出口内径 200mm。整个突出模拟实验系统如图 2-31 所示，由应力加载装置、突出模拟装置、气体抽-充装置及突出触发装置组成。

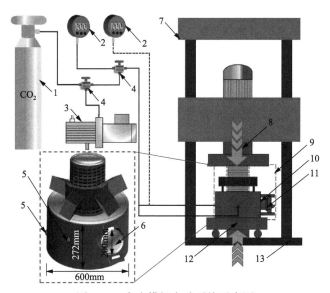

图 2-31　突出模拟实验系统示意图

1-气瓶；2-电子压力表；3-真空泵；4-气源转换阀；5-抽充气体孔；6-突出口；7-应力加载装置；8-上加压板；
9-突出模拟装置；10-堵头；11-横档；12-下加压板；13-轨道

3. 突出模拟过程

在实施的突出模拟实验基础上，为研究不同突出强度下煤体的破坏特征及突出孔洞的几何参数变化特点，本节在实施突出模拟的基础上，结合文献[5]共选取了 6 次具有代表性的突出模拟实验，突出模拟实验中的相关参数数据见表 2-6。

一次具体的突出模拟实验过程如下。

(1)型煤的压制：把采集到的煤块破碎并筛分，得到粒径为 2mm 以下的煤粉。然后加入适量的水搅拌均匀并封存至少一周(煤样的水分含量经测定为 6%～7%)。取出密封的煤粉倒入突出模拟装置中的缸体内(图 2-31 中的 9)，每次约 8kg。然后装上压柱施加约 30MPa 的应力，并保持约 30min。

表 3-6 突出模拟实验相关参数

序号	煤样*	成型压力/MPa	地应力/MPa	型煤厚度/mm	瓦斯压力/MPa	环境温度/℃	总煤量/kg
#1		27.46	13.09	183.8	1.131	5.8	32
#2	JH	30.66	12.77	125	0.425	24.3	24
#3		27.46	13.36	162.6	0.82	4	32
#4	BSP	29.38	11.82	56.7	0.277	12	11.7
#5		29.38	11.82	161.1	0.907	12.5	32
#6		25.55	15.01	62.3	0.356	13.5	13.1
#7	LL	30.98	13.09	60.3	0.354	11	11.4
#8		25.55	15.01	79.1	0.436	12	16
#9		30.98	13.1	172.1	0.852	10.5	32
#10	JLS	30.98	13.73	75.5	0.355	23	16
#11		26.83	15.97	167.5	1.02	27	37.5
#12	KZ	28.38	16.61	127	0.345	24.4	24
#13		29.38	17.24	118	0.82	32.1	24
#14		30.98	12.77	191.9	0.3	15.5	40
#15		30.98	12.77	74.5	0.75	15.4	16
#16	JX	30.66	13.41	77	0.18	30.9	16
#17		30.66	13.41	76	0.739	30.4	16
#18		31.3	14.05	105	0.316	29.3	24
#19		31.3	14.05	105	0.737	28.3	24
#20	MJG	28.1	14.69	30.5	1.16	30.8	7.4
#21	XZZ	30.01	14.37	75.6	0.482	12.5	16
#22		30.02	14.37	154.3	0.926	10	32

*为矿井名称首字母缩写。

(2)型煤脱气及吸附瓦斯:型煤压制成型后,在圆形缸体外围上隔热层防止昼夜温差引起型煤中温度发生较大变化。抽真空时间不低于 12h,充气时间不低于 48h。为加快型煤吸附瓦斯达到饱和的时间,充气与施加地应力分阶段同时进行。

(3)模拟突出:确保实验前的压力表(图 2-31 中的 2)在 2h 内读数不发生变化后,利用液压泵快速打开横档,触发突出发生。

4. 突出危险性鉴定指标

研究表明,突出过程中所需能量主要由瓦斯能量提供,而并非所有突出过程中释放的瓦斯都能参与煤体的破坏和喷出过程[15],导致突出发生和发展的是煤体突然失稳时最初释放的瓦斯。只有最初释放的瓦斯中具有膨胀效应的能量才有助于煤体撕裂、喷出和运输过程,被称为初始释放瓦斯膨胀能。如若煤体的初始释放瓦斯膨胀能在 42.98～103.8mJ/g 范围内,煤体表现出弱突出危险性;当其大于 103.8mJ/g 时,则表现出强突出危险性[15]。本研究利用该指标对突出模拟实验中的突出危险性进行分类,并进一步量化突出强度。

2.3.2　突出模拟实验结果

研究中所讨论的突出强度分为绝对突出强度和相对突出强度,分别用突出实验中喷出的煤量和喷出的煤量占总煤量的比例来量化[15]:

$$\tilde{x} = \frac{x - x_{\min}}{x_{\max} - x_{\min}} \tag{2-8}$$

式中,$\tilde{x}$ 为归一化后的数值;x 为需归一化的数值;$x_{\min}$ 为需归一化数值中的最小值;$x_{\max}$ 为需归一化数值中的最大值。

多元线性回归是分析多因素对单因素影响程度的一种常用且有效的方法。考虑书中影响突出强度的四个因素,其物理意义和维度不同,为了进行有效的回归分析,采用式(2-8)对突出强度和初始释放瓦斯膨胀能结果进行归一化处理。归一化后的数据如表 2-7 所示。

表 2-7　归一化后的测试结果

序号	煤样*	地应力	型煤厚度	瓦斯压力	环境温度	相对突出强度	初始释放瓦斯膨胀能
＃1		0.23	0.95	0.00	0.06	0.00	0.00
＃2	JH	0.18	0.59	0.29	0.72	0.21	0.12
＃3		0.28	0.82	0.67	0.00	0.77	0.29
＃4	BSP	0.00	0.16	0.14	0.28	0.14	0.09
＃5		0.00	0.81	0.75	0.30	0.92	0.55
＃6		0.59	0.20	0.22	0.34	0.18	0.09
＃7		0.23	0.18	0.22	0.25	0.25	0.13
＃8	LL	0.59	0.30	0.30	0.28	0.46	0.12
＃9		0.24	0.88	0.70	0.23	0.84	0.54

序号	煤样*	地应力	型煤厚度	瓦斯压力	环境温度	相对突出强度	初始释放瓦斯膨胀能
#10	JLS	0.35	0.28	0.22	0.68	0.45	0.17
#11		0.77	0.85	0.86	0.82	1.00	1.00
#12	KZ	0.88	0.60	0.21	0.73	0.23	0.08
#13		1.00	0.54	0.67	1.00	0.80	0.27
#14		0.18	1.00	0.16	0.41	0.52	0.15
#15		0.18	0.27	0.60	0.41	0.93	0.64
#16	JX	0.29	0.29	0.05	0.96	0.02	0.04
#17		0.29	0.28	0.59	0.94	0.95	0.38
#18		0.41	0.46	0.18	0.90	0.21	0.12
#19		0.41	0.46	0.59	0.86	0.79	0.31
#20	MJG	0.53	0.00	1.00	0.95	0.91	0.49
#21	XZZ	0.47	0.28	0.34	0.30	0.45	0.17
#22		0.47	0.77	0.77	0.21	0.88	0.34

*为矿井名称首字母缩写。

1. 突出能量来源分析

一般以突出后喷出的煤量来衡量突出强度。且在同等外部条件下，突出后喷出的煤量与具有突出危险性的煤体体积有关。相比之下，相对突出强度更能反映突出危险性水平。虽基于现场突出后的喷煤量和瓦斯释放量可推测，瓦斯提供的能量比地应力提供的能量大 1～3 个数量级[16]。然而，通过实验量化这两个参数鲜有报道。根据归一化后的数据(表 2-7)，可得到相对突出强度与地应力和瓦斯压力的拟合线性关系如式(2-9)所示。由式(2-9)可看出，瓦斯压力的权重系数(1.19907)约为地应力的权重系数(0.00624)的 192 倍，说明突出过程中瓦斯的贡献平均比地应力的贡献大两个数量级。

$$T = 0.00624\sigma + 1.19907p, \quad R^2 = 0.95417 \tag{2-9}$$

式中，T 为相对突出强度，%；σ 为地应力，MPa；p 为瓦斯压力，MPa。

由第 4 章研究可知，因瓦斯膨胀效应而释放的能量仅占煤体储存瓦斯能量的一小部分(约 20%)。实验和现场研究结果均表明，初始释放瓦斯膨胀能突出预测临界值 42.98mJ/g 可准确预测煤体的突出危险性[15]。因此，选择初始释放瓦斯膨胀能超过 42.98mJ/g 的数据进行归一化处理(表 2-8)。相对突出强度和初始释放瓦斯膨胀能间的拟合关系如图 2-32 所示。通过公式中拟合相关系数亦可得出初始释放瓦斯膨胀能可预测煤体的突出危险性。

表 2-8　归一化后数据(初始释放瓦斯膨胀能大于 42.98mJ/g)

序号	煤样*	地应力	型煤厚度	瓦斯压力	环境温度	相对突出强度	初始释放瓦斯膨胀能
#2	JH	0.18	0.59	0.17	0.72	0.08	0.04
#3		0.28	0.82	0.61	0.00	0.73	0.23
#4	BSP	0.00	0.16	0.00	0.28	0.00	0.01
#5		0.00	0.81	0.71	0.30	0.90	0.51
#6	LL	0.59	0.20	0.09	0.34	0.04	0.01
#7		0.23	0.18	0.09	0.25	0.12	0.05
#8		0.59	0.30	0.18	0.28	0.37	0.04
#9		0.24	0.88	0.65	0.23	0.81	0.50
#10	JLS	0.35	0.28	0.09	0.68	0.36	0.09
#11		0.77	0.85	0.84	0.82	1.00	1.00
#12	KZ	0.88	0.60	0.08	0.73	0.10	0.00
#13		1.00	0.54	0.61	1.00	0.77	0.20
#14	JX	0.18	1.00	0.03	0.41	0.44	0.07
#15		0.18	0.27	0.54	0.41	0.92	0.61
#17		0.29	0.28	0.52	0.94	0.94	0.33
#18		0.41	0.46	0.04	0.90	0.08	0.04
#19		0.41	0.46	0.52	0.86	0.75	0.24
#20	MJG	0.53	0.00	1.00	0.95	0.90	0.45
#21	XZZ	0.47	0.28	0.23	0.30	0.36	0.10
#22		0.47	0.77	0.73	0.21	0.87	0.28

*为矿井名称首字母缩写。

2. 突出强度影响因素

由 2.1.2 节可知，煤体突出危险性水平与地应力、瓦斯压力、煤体力学强度、煤体含水率、瓦斯吸附/解吸能力、煤体温度、软煤厚度、煤层渗透性、地质构造、开采方式等因素有关，且这些因素对突出强度的影响属相互作用。

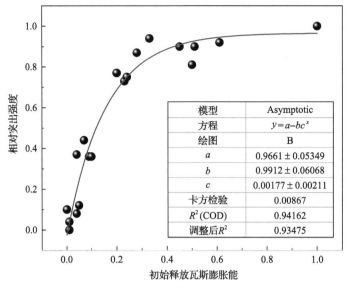

图 2-32　初始释放瓦斯膨胀能与相对突出强度的关系

本节主要研究相对突出强度与煤体温度和软煤厚度间的关系（以下拟合公式均来源于表 2-8 中的数据）。式 (2-10) 和式 (2-11) 分别给出了"煤与瓦斯突出球壳失稳机理"的第三个力学条件以及软煤厚度与单个球壳形成的相关参数。

$$p_{im} - p_0 \geqslant \left[1 - 0.00875(\varphi_i - 20)\right]\left(1 - 0.000175\frac{R_i}{t_i}\right)\left(0.3E\frac{t_i^2}{R_i^2}\right) \qquad (2\text{-}10)$$

式中，p_{im} 为煤壳背面裂纹中的最大瓦斯压力，MPa；p_0 为大气压力，MPa；φ_i 为球壳对曲率中心的中心角的一半，(°)；E 为煤壳的弹性模量，MPa；R_i 为球壳的曲率半径，m；t_i 为壳体的厚度，m。

$$H = 2R_i \sin\varphi_i \qquad (2\text{-}11)$$

式中，H 为软煤厚度，mm。

软煤厚度越大，越易满足式 (2-10)，也越易形成类球状煤壳并引发突出。相应地，随煤体温度升高，瓦斯吸附能力下降，然而在煤体破坏后，瓦斯解吸速率也会增加。因此，在研究煤体温度对突出强度的影响时，有必要考虑瓦斯压力的影响。此外，瓦斯的解吸量与具有突出危险性的煤体厚度密切相关。由此，三个参数之间的拟合关系如式 (2-6) 所示。

该公式表明，相对突出强度与煤体瓦斯压力、厚度和温度呈正相关。通过对比权重系数可看出，煤体厚度和温度对突出强度的影响远低于瓦斯压力的影响，其中温度对突出程度的影响最小。通过分析式 (2-12) 中初始释放瓦斯膨胀能与瓦斯压力和温度之间的拟合关系,可得出初始释放瓦斯膨胀能与瓦斯压力密切相关,而温度对初始释放瓦斯膨胀能未有显著影响,这解释了式(2-16)中温度对相对突出强度影响不显著的成因。

$$W_p = 0.65802p + 0.01331K - 0.02213, \qquad R^2 = 0.60239 \qquad (2\text{-}12)$$

式中,W_p为初始释放瓦斯膨胀能,mJ/g。

3. 突出强度定量分析

随开采深度增加,煤体地应力、瓦斯压力和温度升高,煤体突出危险性水平增加。致使非突出危险性的煤层发展为具有突出危险性煤层,并将相应的煤矿作为突出矿井进行管理。不同的矿井和煤层表现出不同的突出危险性水平,因此在对突出矿井进行管理时,有必要对突出危险性水平进行量化。虽煤层突出危险性水平受众多因素影响,而突出强度可由煤体地应力、瓦斯压力和力学强度反映。由于地应力测量过程复杂,需要找到一个指标来量化突出强度,该指标的取值能够反映地应力、瓦斯压力和煤体力学强度的综合作用。由式(2-12)可知,初始释放瓦斯膨胀能与瓦斯压力、煤体温度关系密切。突出过程中瓦斯膨胀过程较短,可视为绝热膨胀过程。初始释放瓦斯膨胀能可按式(2-13)计算:

$$W_p = \frac{p_i V_i}{k-1}\left[1 - \left(\frac{p_0}{p_i}\right)^{\frac{k-1}{k}}\right] \qquad (2\text{-}13)$$

式中,W_p为初始释放瓦斯膨胀能,mJ/g;p_i为膨胀前释放的初始瓦斯压力,Pa;V_i为膨胀前释放的初始瓦斯体积,m³;k为瓦斯的绝热指数,对于甲烷,$k=1.3$;p_0为瓦斯膨胀后的压力,大致等于环境压力,Pa。

由式(2-13)可知,初始释放瓦斯膨胀能与瓦斯压力和煤体瓦斯释放量呈正相关关系。相应地,煤体释放的瓦斯越多,初始释放瓦斯膨胀能越大。因此,初始释放瓦斯膨胀能是一个综合反映地应力、瓦斯压力、煤体力学强度等多种因素的指标。图2-34亦表明,初始释放瓦斯膨胀能与相对突出强度密切相关。

由式(2-10)和式(2-11)可知,突出的发生与软煤厚度有关。因此,拟合得到相对突出强度与初始释放瓦斯膨胀能和软煤厚度之间的关系见式(2-14):

$$T = 1.20273W_p + 0.38448H, \qquad R^2 = 0.85516 \qquad (2\text{-}14)$$

由拟合的相关系数(0.85516)可知,利用初始释放瓦斯膨胀能与软煤厚度可预测相对突出强度。但该预测属于半定量预测,仅能反映一定的突出危险性水平。突出危险性实际水平应为突出过程中喷出的煤岩量和喷出的瓦斯量。

　　煤岩的喷出主要发生在突出过程中，而喷出的瓦斯不仅来自突出煤体释放的瓦斯，也来自应力卸压后突出孔洞周围的煤体。因此，在对突出强度进行量化时，突出过程中喷出的煤量一般被选择为衡量突出强度的指标。假定突出时喷出的煤岩均为煤体。喷出煤量与初始释放瓦斯膨胀能和软煤厚度之间的线性关系见式(2-15)：

$$m=0.64593W_\mathrm{p}+0.62637H-0.10591,\qquad R^2=0.87505 \qquad (2\text{-}15)$$

式中，m 为绝对突出强度(突出煤量)，kg。

　　由相关系数(0.87505)可知，利用初始释放瓦斯膨胀能和软煤厚度可在一定程度上量化突出过程煤体喷出量。

4. 突出破坏煤体特征

　　突出发生后，煤壁上会留下各种尺寸与形状不一的孔洞。通过突出孔洞周围煤体破坏形态，可间接推断突出演化过程。图 2-33 为六种不同相对突出强度下突

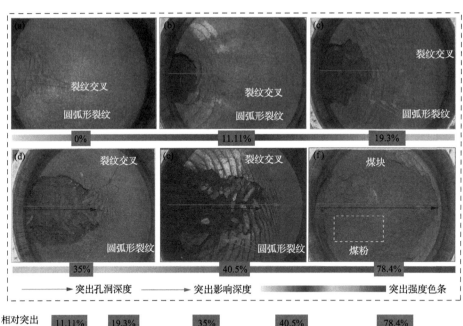

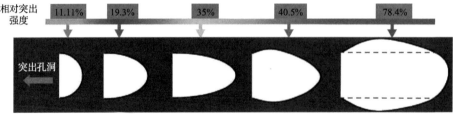

图 2-33　不同相对突出强度下突出孔洞形状和残余煤体破坏特征

出孔洞形状和残余煤体破坏特征。由图 2-33 可知，随相对突出强度增加，突出孔洞由口大腔小逐渐变为口小腔大，残留破坏煤体中裂纹呈弧形发展。这表明两条裂纹之间的煤体呈类球壳状，经测定两个类球壳状煤体之间的宽度在 2～10mm。同时可观察到突出孔洞周围煤体中交叉裂纹发育，这表明突出煤体在突出过程被抛出前局部会遭受粉碎破坏。

此外，除基于突出孔洞特点有助于理解突出的演变过程，在突出孔洞周围采取合理的封堵措施对突出后残余煤体加固也具有重要意义。提取图 2-33 中突出孔洞的参数包括突出孔洞深度、突出影响深度、突出孔洞面积及突出破坏煤体的面积等（表 2-9）。图 2-34 为不同突出强度下统计的突出孔洞相关几何参数与相对突出强度的关系。利用孔洞影响深度间接表示突出过程中煤体被破坏范围大小：如图 2-34（a）所示，突出强度越大，孔洞深度及影响深度越大，表明突出过程中煤体被破坏的范围越大。随相对突出强度增加，突出孔洞深度呈线性增加，而突出影响深度增加趋势逐渐变缓。同时从图 2-34（b）可看出，随相对突出强度增大，突出

表 2-9　不同突出强度下的突出孔洞参数

煤样	相对突出强度 T/%	破坏煤体面积 S'/m²	孔洞面积 S/m²	面积比 S''	孔洞深度 L/m	影响深度 L'/m	深度比 L''
JH	0	0	0	—	0	0.1070	0
BSP	11.11	0.0297	0.0110	0.37	0.0903	0.1806	0.5
LL	19.3	0.0594	0.0268	0.45	0.1991	0.2975	0.6694
JLS	35	0.092	0.0462	0.50	0.2384	0.3327	0.7164
BSP	10.5	0.109	0.0576	0.53	0.2989	0.3707	0.8064
JLS	78.4	0.121	0.1090	0.90	0.4210	0.4210	1

注：$S''=S/S'$；$L''=L/L'$。

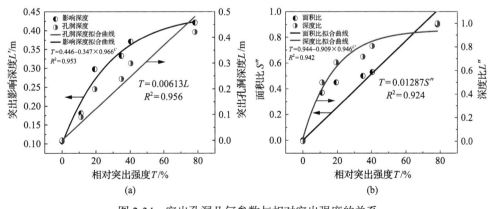

图 2-34　突出孔洞几何参数与相对突出强度的关系

孔洞深度及突出孔洞实际面积均在破坏煤体中占比逐渐增大。这表明突出强度越大，最后经突出破坏残余的煤体量越少。现场突出抛出的煤岩体积要比突出孔洞的体积大很多，一般两者之比最小为 1/10，最大为 4/5。表 2-8 中面积比亦说明了这一特点。同时也可发现突出强度越大，突出抛出的煤岩体积与突出孔洞的体积越接近。

5. 突出的演变过程

目前对突出过程的阶段性特征研究主要以突出后煤体的破坏形态为前提，通过分析突出煤体损伤失稳力学过程反演突出过程。根据图 2-33 可知，突出过程中煤体以类球壳状层裂体层层连续失稳抛出，而从突出后煤体破坏形态并不能直观得出突出过程的阶段性特征。突出后喷出的煤-瓦斯混合流演变形态在一定程度上属突出全过程阶段特征最有力的证据。本节利用高速摄像机对突出的发生过程进行了记录。为更进一步细化突出的阶段性特征，从帧的角度对突出视频进行了剖析。帧是图像显示的最小单位，运用它解读视频中的图像信息更具科学严谨性及说服力。

图 2-35 展示了监测到的一次突出全过程，整个过程共持续约 1.5s。在第 1s 时，喷出的煤-瓦斯混合流到达 7m 远处，并将一个重达 20kg 的堵头抛出 2m 远。为安全考虑，虽在 7m 外设置了障碍物，但在 1s 后，突出装置不再有新的煤-瓦斯混合流喷出，如图 2-35(d₃)所示。因此，根据观测结果，此次突出过程中喷出的煤-瓦斯混合流的平均飞行速度达 7m/s。根据突出煤体失稳力学过程把一次突出的全过程分为准备、发动、发展及终止阶段，观察图 2-35 把突出全过程分为准备、发动、发展及终止阶段可以更全面地解释煤-瓦斯流的不同状态。

当用液压泵快速加压顶开横档，突出装置内煤体由三向应力变为两向应力状态，煤体开始在应力分布不均下失稳破坏。表现为暴露面向外鼓出，如图 2-35(a)中堵头被顶出一部分。这可以理解为突出激发前的准备阶段，即煤体发生失稳破坏，产生大量裂隙，为瓦斯的释放提供通道。当煤体裂隙内积聚的瓦斯压力达到了煤体的断裂强度，裂隙发生扩展。文献[6]中监测突出发生前瓦斯压力就发现突出前暴露面的瓦斯压力会出现突然增大现象。扩展的裂纹呈圆弧状，新旧裂隙的贯通使煤体被破碎成块状、粉状，如图 2-33 所示。突出口处破碎的煤体在内外瓦斯压力差下，随瓦斯气体被抛出，即突出开始进入发动阶段，如图 2-35(b)所示，堵头被顶出突出装置外。如图 2-35(c₁)~(c₄)所示，被抛出的煤-瓦斯混合流，进入气压较低的大气环境中发生急剧的膨胀，可称为爆裂现象，呈球冠状，此时突出进入发展阶段。观察图 2-35(c₃)~(c₄)可知，整个煤-瓦斯混合流中出现了多个球冠状的煤-瓦斯混合流。这表明突出是由多个循环过程组成。随突出能量的衰减，突出装置内煤体不足以在瓦斯压力差下被抛出，突出开始进入终止阶段，如图 2-35(d₁) 所示。从图中亦可看出，随突出的煤-瓦斯混合流膨胀后所含的能量逐渐衰减，被抛出的煤-瓦斯混合流在完全膨胀后开始向地面回落，并且混合流不再保持原有的连续性，出现断断续续现象，这也表明了突出的发展过程由多个循环组成。最后随突出装置内解吸的瓦斯量越来越少，突出进入完全终止阶段，即被抛出的煤-瓦斯混合流开始在地面上静歇，如图 2-35(d₂) 和 (d₃) 所示。

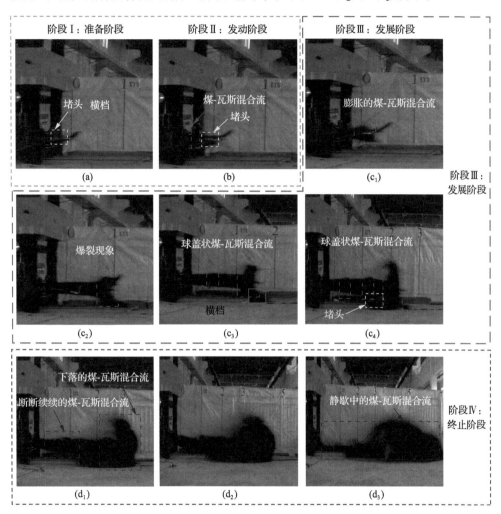

图 2-35　突出过程中煤-瓦斯混合流演变形态

参 考 文 献

[1] 王超杰. 煤巷工作面突出危险性预测模型构建及辨识体系研究[D]. 徐州: 中国矿业大学, 2019.

[2] 郭臣业, 鲜学福, 姚伟静, 等. 煤岩层断裂破坏区与煤和瓦斯突出孔洞关系研究[J]. 中国矿业大学学报, 2010, 39(6): 802-807.

[3] Skoczylas N, Dutka B, Sobczyk J. Mechanical and gaseous properties of coal briquettes in terms of outburst risk[J]. Fuel, 2014, 134: 45-52.

[4] Cao Y X, Davis A, Liu R X, et al. The influence of tectonic deformation on some geochemical properties of coals-A possible indicator of outburst potential[J]. International Journal of Coal Geology, 2003, 53: 69-79.

[5] 蒋承林, 俞启香. 煤与瓦斯突出的球壳失稳机理及防治技术[M]. 徐州: 中国矿业大学出版社, 1998.

[6] Skoczylas N. Laboratory study of the phenomenon of methane and coal outburst[J]. International Journal of Rock Mechanics and Mining Sciences, 2012, 55: 102-107.

[7] 国家煤矿安全监察局. 防治煤与瓦斯突出细则[M]. 北京: 煤炭工业出版社, 2019.

[8] 王超杰, 唐泽湘, 徐长航, 等. 采掘工作面孕突过程地应力诱使煤体初始破坏动态响应机制[J]. 煤炭科学技术, 2023, 51(10): 140.

[9] 余大洋, 唐一博, 王俊峰, 等. 用于煤与瓦斯突出模拟的型煤胶结材料配比实验研究[J]. 煤矿安全, 2016, 47(4): 11-14, 19.

[10] Wang C J, Yang S Q, Li X W, et al. Study on the failure characteristics of concrete specimen under confining pressure[J]. Arabian Journal for Science and Engineering, 2019, 44(5): 4119-4129.

[11] Wang C J, Yang S Q, Yang D D, et al. Experimental analysis of the intensity and evolution of coal and gas outbursts[J]. Fuel, 2018, 226: 252-262.

[12] 聂百胜, 马延崑, 何学秋, 等. 煤与瓦斯突出微观机理探索研究[J]. 中国矿业大学学报, 2022, 51(2): 207-220.

[13] Norbert S, Barbara D, Jacek S. Mechanical and gaseous properties of coal briquettes in terms of outburst risk[J]. Fuel, 2014, (134): 45-52.

[14] Nie W, Peng S J, Xu J, et al. Experimental analyses of the major parameters affecting the intensity of outbursts of coal and gas[J]. The Scientific World Journal, 2014, 2014: 1-9.

[15] Jiang C L, Xu L H, Li X W, et al. Identification model and Indicator of outburst-prone coal seams[J]. Rock Mechanics and Rock Engineering, 2015, 48(1): 409-415.

[16] 郑哲敏. 从数量级和量纲分析看煤与瓦斯突出的机理//郑哲敏文集[M]. 北京: 科学出版社, 2004.

第 3 章　多变力学行为下煤体损伤动态响应机制

为保障应力复杂工况下实现煤与瓦斯突出有效防治，以及煤与瓦斯安全高效共采，揭示采动下含瓦斯煤岩体损伤失稳及孕灾过程中的力学作用机制至关重要。开展含瓦斯煤体在多重应力工况下的动态损伤规律研究，揭示采动煤体损伤直至失稳破坏过程中裂纹产生、发展与贯通特征，有助于阐明含瓦斯煤岩体因采动影响触发的损伤失稳力学作用机制，可深化对突出等煤岩瓦斯动力灾害机理的认识，为突出灾害防治技术的完善和革新奠定强有力的理论基础。

因此，在第 2 章的基础上，本章考虑瓦斯压力、卸载速率与应力路径对煤体损伤变形及失稳破坏的影响，并利用 PFC3D 软件建模对受载煤样动态损伤过程中的细观特征进行研究。通过分析多重应力路径下含瓦斯煤体损伤演化规律，阐明采动煤体损伤过程能量演变特性，进一步揭示采动煤体损伤过程裂纹动态演变行为，明确主控因素下损伤诱发煤体失稳特征。

3.1　多重应力路径下煤体损伤演化规律

3.1.1　煤样力学基本参数

1. 煤样工业成分与孔隙特征

煤样取自河南薛湖煤矿的二₂煤层，该煤层为突出煤层，于 2017 年曾发生过较大突出事故。二₂煤层赋存于山西组中下部，煤层直接顶板为砂质泥岩或细粒砂岩，直接底板为细粒砂岩与砂质泥岩，平均煤厚 2.23m，煤层结构简单，部分可采区域有一层夹矸，夹矸最大厚度为 0.52m。取样地点为二₂煤层突出事故发生位置附近的构造煤区域，此外采集了构造煤附近的非构造煤样用于实验对比。两种煤样的煤阶均为无烟煤。实验所用构造型煤试样如图 3-1 所示。

将井下取得的煤样密封转运至实验室后，分别对其进行工业成分分析与孔隙结构扫描，分别见表 3-1 与图 3-2 所示。从成分分析中可看出，构造煤样的含水率与灰分含量均高于非构造煤样，挥发分与固定碳含量占比则略低于非构造煤样。两种煤样的坚固性系数差别较大，非构造煤样约是构造煤样的三倍，这说明构造煤样更易于受到损伤破坏。构造煤样的瓦斯放散初速度与朗缪尔（Langmuir）吸附常数均大于非构造煤样，具有更好的瓦斯吸附性能。

图 3-1　实验所用构造型煤试样

表 3-1　两种煤样的工业成分分析表

煤样类别	水分/%	灰分/%	挥发分/%	固定碳/%	坚固性系数 f	瓦斯放散初速度 Δp/mmHg	吸附常数 a/(m³/t)	吸附常数 b/MPa⁻¹
构造煤	1.31	19.87	10.75	68.07	0.28	13.7	30.53	2.12
非构造煤	1.06	16.1	11.38	71.46	0.88	5.9	26.22	1.75

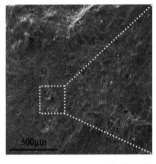

(a) 非构造煤样　　　　　　　　　　　　　　(b) 构造煤样

图 3-2　煤样孔隙结构扫描图

由图 3-2 中两种煤样的 SEM 电镜扫描可发现,构造煤样的表面孔隙更为发育,在常规放大倍数下即可观察到大量的孔洞与孔隙结构分布,而非构造煤样表面则更为光滑致密,仅有数条裂纹结构分布,且在 2000 倍的放大观察下仍只能观察到少数孔洞结构。这样的孔隙分布结构致使构造煤样的孔隙比表面积远大于非构造煤样,是对其瓦斯吸附解吸能力强于非构造煤样的一种直观解释。

2. 煤样抗压与巴西劈裂实验

因矿井煤层中的构造煤样原始形态极易破坏,难以取得完整形态试样[1],故采取以构造煤区域煤块为原材料的仿制型煤试样代替构造煤样,依据《煤和岩石物理力学性质测定方法 第 10 部分:煤和岩石抗拉强度测定方法》(GB/T 23561.10—2010)[2]开展煤样的抗压与巴西劈裂实验。单轴抗压强度测试采用 50mm×

100mm 的标准圆柱体试样, 巴西劈裂实验采用 50mm×25mm 的标准圆饼状试样, 试样两端不平行度控制在 0.05mm 以内, 表面不平整度控制在 0.02mm 以内, 轴向偏差在 0.25°以内。

煤样的基本物理力学性能参数见表 3-2 所示。

表 3-2 煤样基本物理力学性能参数

试样	弹性模量/MPa	泊松比	内聚力/MPa	内摩擦角/(°)	峰值应变/%	抗压强度/MPa	抗拉强度/MPa
型煤	96	0.27	0.49	35	2.81	2.84	0.35

3.1.2 煤体损伤实验及模拟研究

1. 常规三轴下的煤体损伤研究

1) 多级围压下煤体损伤实验

采动煤岩体裂纹初始出现至稳定发展, 最后导致宏观裂纹形成与煤体的失稳破坏属于渐进过程, 且损伤过程受应力条件变化的影响。因此, 首先对常规三轴应力下围压大小对型煤试样损伤破坏的影响开展实验探究, 方案如下:

对薛湖构造煤样制成的 25mm×50mm 型煤试样分别进行 0.5MPa、1MPa、1.5MPa 围压下的常规三轴加载实验, 加载过程中以流量加压方式将围压加至目标值后, 改为应力加载控制, 以 0.03MPa/s 的加载速率加载至煤样失稳破坏。

2) 多级围压下煤体损伤数值模拟

通过"试错法"对模型的具体参数进行标定, 经数十组参数试错标定, 型煤模型最终参数见表 3-3 所示, 参数标定验证曲线与宏观破坏形态如图 3-3 所示。由图可知, 在 PFC 软件中构建的型煤模型与实验试样具有相同的峰值强度与峰值应变、相近的弹性模量与最终破坏形态, 两者的应力-应变曲线相似度较高。这表明通过试错法标定出的细观参数还原了实验对象的物理力学特性, 标定效果较好。

表 3-3 构造型煤模型细观参数表

模型单元	细观参数	取值
颗粒	颗粒数 N/个	18934
	半径 r/mm	0.75~1.5
	密度 ρ/(kg/m³)	1260
	孔隙率 ϕ/%	12
接触	弹性模量 E/Pa	$1.8×10^8$
	刚度比 K^*	3.5
	法向抗拉强度 $\bar{\sigma}_c$/Pa	$6.5×10^6$

续表

模型单元	细观参数	取值
接触	内聚力 $\bar{c}$ / Pa	2×10^6
	摩擦系数 μ_c	0.5
	摩擦角 $\bar{\Phi}$ /(°)	35
	胶结间距 g_c / mm	0.15

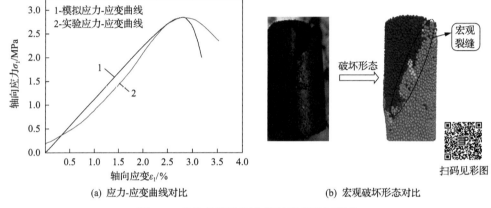

(a) 应力-应变曲线对比　　　　　　　　(b) 宏观破坏形态对比

图 3-3　参数标定验证曲线及宏观破坏形态

2. 真三轴下的煤体损伤研究

1) 真三轴下的煤体损伤实验

(1) 实验应力路径。

本节基于典型突出事故孕育过程中应力载荷路径，研判突出事故中采动煤体应力路径演变特点，提出四类应力加卸载路径(见第 2.2.1 节)。其中 σ_1 为最大主应力，代表 Z 轴方向上的受力；σ_2 为中间主应力，代表 Y 轴方向上的受力；σ_3 为最小主应力，代表 X 轴方向上的受力[2]。

(2) 实验方案与步骤。

基于前述设计的四类应力加卸载路径，利用 RTR-2000 实验机共进行了九组型煤试样的真三轴加卸载力学实验。同时基于安全考虑，煤样中吸附气体由高纯度氮气代替甲烷气体。实验过程分别考虑瓦斯压力、卸载速率与应力路径等方面对含瓦斯型煤的损伤失稳过程与特征进行探究。X、Y、Z 三轴方向均以 0.3MPa/min 的应力加载速率加载至应力突变点 3MPa，而后进行应力加卸载实验，方案如表 3-4 所示。

表 3-4　含瓦斯构造煤样的真三轴应力加卸载方案

煤样编号	应力路径	瓦斯压力/MPa	加卸载方式
1	①	0.55	Z 轴以 0.3MPa/min 速率加载， Y 轴以 3MPa 伺服， X 轴以 0.3MPa/min 速率卸载
2	②	0.55	Z 轴和 Y 轴以 0.3MPa/min 速率分别加载和卸载， X 轴以 0.1MPa/min 速率卸载
3		0.55	Z 轴和 Y 轴以 0.3MPa/min 速率分别加载和卸载， X 轴以 0.3MPa/min 速率卸载
4		0.55	Z 轴和 Y 轴以 0.3MPa/min 速率分别加载和卸载， X 轴以 0.5MPa/min 速率卸载
5		0.95	Z 轴以 0.3MPa/min 速率加载， Y 轴和 X 轴均以 0.3MPa/min 速率卸载
6		0	
7	③	0.55	Z 轴和 Y 轴均以 0.3MPa/min 速率加载， X 轴突然卸载至 0.2MPa
8		0.95	
9	④	0.55	Z 轴以 1.5MPa/min 速率加载， Y 轴以 0.3MPa/min 速率加载， X 轴保持 1.5MPa 伺服

2) 真三轴下的煤体损伤数值模拟

(1) 模型建立与模拟方案。

为弥补物理实验难以对受载煤体内部损伤的萌生与扩展进行观察与探究等不足,利用颗粒流模拟软件 PFC3D 构建出与物理实验等体积的构造型煤模型。通过型煤模型参数标定过程赋予模型与实际煤样相似的物理力学性质,开展不同应力路径下的煤体损伤失稳过程研究,对受载煤样的内部裂纹演变规律进行分析。构建的构造型煤试样模型如图 3-4 所示。

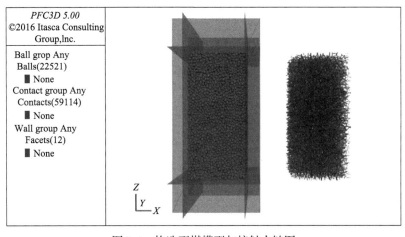

图 3-4　构造型煤模型与接触力链图

在使用试错法进行参数标定时，为使所得到的参数更加真实可靠，更接近构造型煤试样的物理力学性质，选取了路径②下的双向卸载煤样 3 作为参照物进行参数标定，并将所得到的模型参数模拟结果与实验煤样 2、煤样 4 的实验结果进行验证。发现经数十组参数标定实验所得到的细观参数能较好地反映实验煤样的物理力学性质，可用于进一步的构造型煤试样细观损伤模拟研究。所得到的模拟与实验结果对比图如图 3-5 所示，构造型煤模型细观参数如表 3-5 所示。

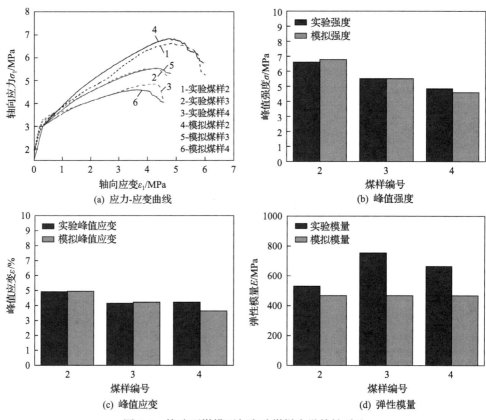

图 3-5　构造型煤模型与实验煤样力学特性对比

表 3-5　构造型煤模型细观参数表

模型单元	细观参数	取值
颗粒	颗粒数 N/个	22521
	半径 r/mm	0.75~1.5
	密度 ρ/(kg/m^3)	1260
	孔隙率 ϕ/%	10

续表

模型单元	细观参数	取值
接触	弹性模量 E/Pa	3.6×10^8
	刚度比 K^*	14.65
	法向抗拉强度 $\bar{\sigma}_c$ / Pa	5.48×10^6
	内聚力 $\bar{c}$ / Pa	2.62×10^6
	摩擦系数 μ_c	0.5
	摩擦角 $\bar{\Phi}$ /(°)	35
	胶结间距 g_c / mm	0.15

在型煤模型成功建立后，依据前述的四类应力路径，以控制墙体位移的方式进行煤样损伤破坏的加卸载模拟。与实验选择的应力突变点一致，即在三向以相同的速率加载至 3MPa 后开始加卸载过程，具体模拟方案如表 3-6 所示。

表 3-6　构造型煤模型真三轴加卸载模拟方案

模拟编号	应力路径	加卸载速率			峰值强度/MPa
		最大主应力（Z轴）	中间主应力（Y轴）	最小主应力（X轴）	
1	①	以 8.5mm/s 速率加载	以 3MPa 压力伺服	以 2mm/s 速率卸载	9.49
2				以 3mm/s 速率卸载	8.49
3				以 4mm/s 速率卸载	7.45
4				以 5mm/s 速率卸载	6.51
5				以 6mm/s 速率卸载	5.81
6	②	以 8.5mm/s 速率加载	以 3mm/s 速率卸载	以 2mm/s 速率卸载	6.79
7				以 3mm/s 速率卸载	5.51
8				以 4mm/s 速率卸载	4.59
9	③	以 8.5mm/s 速率加载	以 8.5mm/s 速率加载	突然卸载至 2MPa	8.03
10				突然卸载至 1MPa	5.74
11				突然卸载至 0.1MPa	3.38
12	④	以 8.5mm/s 速率加载	以 8.5mm/s 速率加载	以 1.5MPa 压力伺服	6.92
13				以 3MPa 压力伺服	10.07
14				以 4.5MPa 压力伺服	12.85

(2) 不同应力路径下煤体力学强度模拟。

由不同应力路径下的型煤模型力学强度模拟(图 3-6)可看出，在四类应力加卸载模式下，型煤模型受载变形损伤依旧表现出线弹性、弹塑性、塑性变形阶段与应力峰值后残余应力等几个阶段。在前三种应力路径下煤样三向加载至应力突变点 3MPa 之前的应力-应变特征基本一致。同时可看出在路径①与路径②的单向、双向卸载模式下，煤样强度受卸载速率的影响，随卸载速率增大煤样的峰值强度随之降低。在应力加载过程中煤样出现单向或双向应力较低时会诱发煤体的损伤失稳，使其在更低的应力条件下发生破坏；反之，当煤样的单向或双向卸载速率降低，该方向存在较高应力条件时，煤体在失稳破坏前的塑性变形阶段会延长，呈现出更明显的延性破坏特征，这种特征在双向加载模式下的路径③、路径④中则表现更为明显。在路径③中可看出，煤样双向加载时的单向突然卸载幅度对煤样的峰值强度有显著影响，卸载至 2MPa 的煤样峰值强度为卸载至 0.1MPa 煤样强度的两倍多。在路径④中可看出，随最小主应力伺服应力的增大，煤样的峰值强

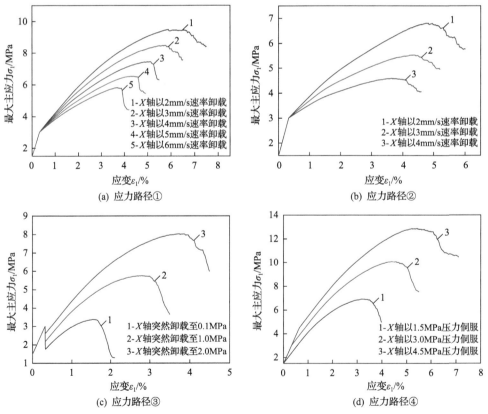

图 3-6 不同应力路径下型煤模型力学强度模拟分布

度也有明显提升，且随最小主应力的增大，双向加载下的煤样应力峰值前塑性变形更明显，峰值强度后的应力跌落速率更为缓慢。

由此可得出，应力加卸载路径对煤样的峰值强度有显著影响，且煤样的失稳破坏受卸载速率的影响。对比路径①、路径②下的煤样强度可看出，相同卸载速率下单向卸载的煤体力学强度要高于双向卸载；路径③、路径④的双向加载模式下，煤样强度受最小主应力大小的影响明显，煤样强度随着最小主应力的增大而增加。四类应力加卸载模式下煤样最易失稳破坏属路径③中的单向突然卸载至0.1MPa；煤样抗压强度最大，最难发生失稳破坏的情形出现在应力路径④中，这与前述实验结果一致。

3.1.3　不同围压下煤体损伤演化

由图 3-7 试样的最终破坏形态可看出，三种围压条件下试样的破坏形式均以剪切破坏为主。在 0.5MPa 围压下，试样从端面出发向中部延伸或贯通的剪切破坏面，出现了由左下角端面向右延伸至中部、右上角端面往左延伸至中部及一条二次剪切裂纹等多条宏观裂纹。随围压增大，宏观裂纹数量随之减少，在 1MPa 围压下仅出现一条由左上端面延伸至右下端面的贯穿性宏观裂纹。而在 1.5MPa 围压下，则出现由右下端面向左延伸至煤样中部的宏观塑性剪切破坏面。三种围压条件下试样失稳破坏后的两个端面均保持完整，但随围压增加，损伤后的煤样剪胀效应越发明显。高围压下的试样沿剪切破坏面产生的径向膨胀已肉眼可见，同时裂纹的面积也较大。

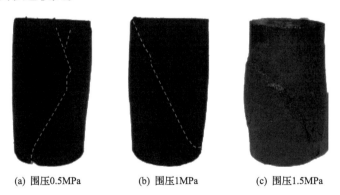

　　(a) 围压0.5MPa　　　　　(b) 围压1MPa　　　　　(c) 围压1.5MPa

图 3-7　不同围压下的煤样破坏形态

如图 3-8 为试样在不同围压下加载至失稳破坏过程中的应力-应变曲线及峰值强度线性拟合。由图 3-8(a)可知，围压影响试样应力-应变曲线形态，显著提升煤样峰值强度，增强煤样的塑性变形能力。低围压下试样峰后应变软化现象明显，高围压下煤样在应力峰值处则先出现延性破坏特征，随后再出现应变软化现象。且随围压增加，其压密效果增强，高围压下的试样前期压密阶段更不明显，更早地进入线弹性变形阶段，应力峰值附近的塑性损伤阶段则有所延长。试样围压与峰值强度的关联可用线性函数式进行拟合，且两者具有良好的相关性[图 3-8(b)]。

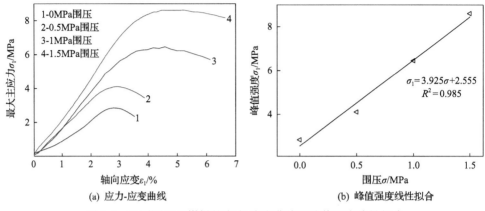

(a) 应力-应变曲线   (b) 峰值强度线性拟合

图 3-8   不同围压下煤样的应力-应变曲线及峰值强度线性拟合

    因物理实验无法直观了解到煤样的初始损伤位置、裂纹扩展演化形式等细观特征，因此本书借助离散元软件 PFC3D 进行数值模拟研究，在其构建出与实验煤样性质相似的颗粒流模型，借助仿真手法完成进一步研究。

    如图 3-9 所示为三种不同围压条件下的试样模型应力-应变曲线，由图可得模拟结果中随围压增加，试样的峰值强度依次增加了 28.5%、21.5%，这与围压增大会增加试样的最大抗压强度这一普遍认识一致。但模拟中围压的增加对试样塑性破坏之前的曲线形态影响不明显，这是人为生成的密实试样模型颗粒均匀分布，未能很好地模拟煤样中的原生孔隙与裂隙所致。而图中表明围压的增加亦会对峰后的曲线形态产生影响。即随围压增加，试样的应力-应变曲线峰后的塑性特征得到增强，峰值处的应力下降趋势变得更为平缓，这与实验得到的结果较吻合。同时亦能观察出试样损伤破坏的阶段性特征，在围压与轴压开始加载后，模型

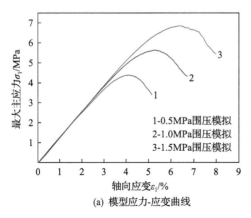

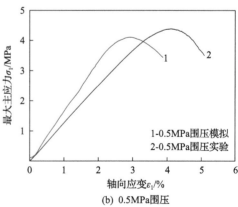

(a) 模型应力-应变曲线   (b) 0.5MPa围压

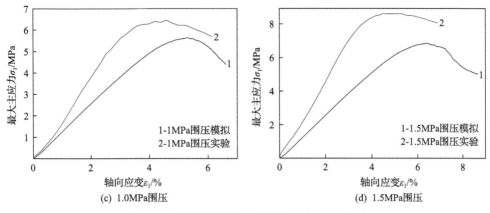

图 3-9　不同围压下的试样模型应力-应变曲线

经过短暂的初始压密阶段随即进入弹性变形阶段，在试样内部损伤出现并积累到一定程度后，随之进入塑性损伤阶段。在到达应力峰值后开始失稳破坏，应力峰值跌落，呈现出型煤试样损伤的峰后行为。

　　为揭示三种围压条件下试样损伤动态过程，煤样裂纹扩展中的节点状态与煤样最终损伤形态如图 3-10～图 3-12 所示。从图中可观察到，试样在三级递增围压下均表现为剪切破坏，且整体裂纹透视图均能观察到明显的宏观断面。在围压 0.5MPa 和 1MPa 条件下，煤样表面除显示的宏观裂缝外，还存在未完全展示的内部裂纹。继续增大围压至 1.5MPa 的情况下则宏观裂缝完全显示，且在裂缝交会处存在次生裂纹。这说明围压的增加有助于宏观断面的形成，增强煤体失稳后的残余损伤程度。

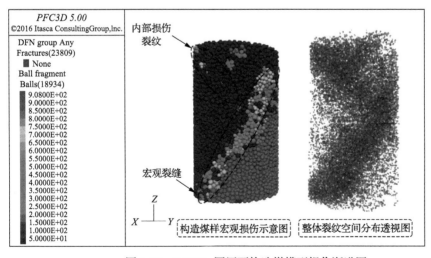

图 3-10　0.5MPa 围压下构造煤模型损伤渐进图

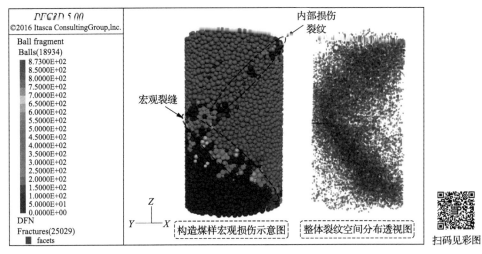

图 3-11　1.0MPa 围压下构造煤模型损伤渐进图

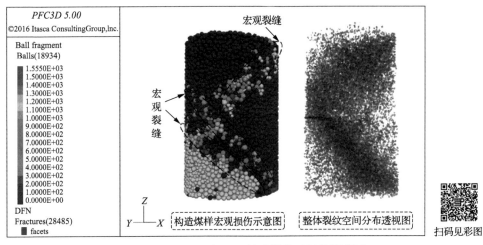

图 3-12　1.5MPa 围压下构造煤模型损伤渐进图

在煤体常规三轴应力路径下损伤失稳过程中，构造型煤试样在实验与模拟中均表现为剪切破坏，且煤样的峰值强度随围压的增加而增大。高围压下煤体失稳破坏后的损伤程度更大，但围压的提升会对初期裂纹的出现起到抑制作用，这种早期抑制作用在裂纹进入稳定增长阶段后会转变为促进作用。

3.1.4　多重应力路径下煤体损伤演化

1. 不同瓦斯压力对煤体损伤的影响

为探究瓦斯压力在煤样损伤失稳过程中的作用，本节选取应力路径②下双向渐进卸载模式（瓦斯压力分别为 0MPa、0.55MPa、0.95MPa 共三组对照实验，煤样编号为 6、2、5)与应力路径③下最小主应力方向突然卸载模式(瓦斯压力分别为 0.55MPa、0.95MPa 共两组对照实验，煤样编号为 7、8)。

路径②下得到的煤样应力-应变演化曲线如图 3-13 所示。由图可知，试样的应力-应变曲线依然存在初始压密、线弹性变形、塑性变形与峰值应力跌落等几个阶段性特征。在加卸载突变点 3MPa 之前，试样变形表现为以初始压密和线弹性变形为主。值得注意的是，无瓦斯压力时，试样在 3MPa 之前的三向应力-应变曲线变化特征基本一致，且基本重合。这种相似性在 0.55MPa 瓦斯压力下被削弱，在较高的瓦斯压力 0.95MPa 时则基本消失。这说明瓦斯分子的吸附与产生的孔隙压力作用改变了煤体的受力变形特性，且这种影响在不同方向上具有差异性，并且随瓦斯压力增大而增强。应力达到 3MPa 后，X 轴方向与 Y 轴方向开始卸载。在轴向最大主应力的持续加载下，试样开始向卸载方向发生持续形变直至煤样失稳破坏，且这种形变受卸载速率的影响，在卸载速率大的方向发生的形变也更大。

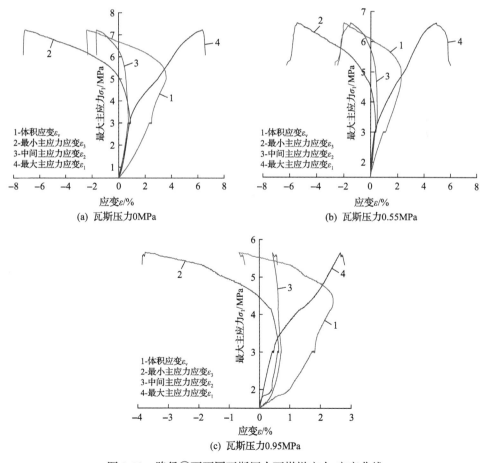

图 3-13　路径②下不同瓦斯压力下煤样应力-应变曲线

同时，在 3MPa 后试样的三个方向受力变形呈现弹—塑性的阶段特征，形变持续发生，直至煤样失稳破坏。

将试样各个方向上的应力与应变关系作图，得到各向应变在不同瓦斯压力下的对比曲线如图 3-14 所示。

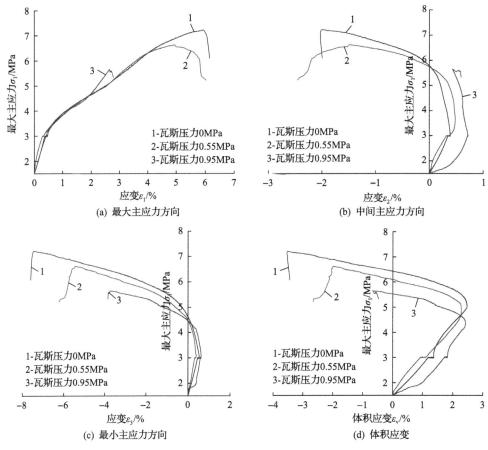

图 3-14　路径②下不同瓦斯压力下煤样各向应变对比

从图 3-14(a)可看出，在最大主应力方向上，瓦斯压力的影响主要体现在加载曲线的后期，且瓦斯压力的增加对煤样的峰值强度有明显的削弱作用，即较大瓦斯压力的试样更易失稳破坏。在瓦斯压力依次增至 0.95MPa 的过程中，试样的峰值强度依次下降了 8.3%、14.7%，且最大主应力方向应变 ε_1 逐渐减小，由 5.9%减至 4.9%、2.6%。由图 3-14(b)可看出，中间主应力方向的应变 ε_2 在 3MPa 开始卸载之后由压缩转为膨胀，且该方向上的形变随瓦斯压力增加而减小。在 0.95MPa 瓦斯压力下开始卸载后该方向上的形变量很小，应变 ε_2 基本维持不变，且在试样失稳破坏时有转为向内压缩现象。图 3-14(c)与(d)表明，试样在卸载过程中向最小主应力方向(即路径②中的大卸载速率方向)持续膨胀变形是三种瓦斯压力下的共同特征,且随瓦斯压力的增加形变量逐渐减小,这一规律同样也出现在体积应变曲线中。此外,体积应变曲线变化拐点(即试样体积变化由压缩转为膨胀的扩容现象发生点)的出现受瓦斯压力影响。即高瓦斯压力下体积应变的拐点出现得更早,而后发生明显的扩容现象。

至此可以得出,应力路径②下瓦斯压力的增大削弱了煤体的峰值强度,影响各向的受力变形特性,且加速煤体的失稳破坏过程,使煤样在较小的变形量下即发生破坏。从应力-应变曲线上还可看出,随瓦斯压力增加煤样失稳破坏前的塑性变形阶段缩短,破坏的突然性增强。在 0.95MPa 瓦斯压力下煤样峰值处的破坏分多次发生,先发生数次较小破坏引起应力下降并振荡,而后快速发生最终破坏,引发应力跌落。

路径③下应力模式为在应力突变点 3MPa 后,最大主应力与中间主应力方向保持持续加载,最小主应力方向突然卸载。图 3-15 为试样在两种瓦斯压力下的应力-应变曲线。如图可知,煤样在 3MPa 之前均表现为线弹性变形,而失稳破坏均呈现出突然性。未观察到失稳前明显的塑性变形阶段,即煤样达到最大峰值应力后随即发生失稳破坏,应力快速跌落。除此之外,两组煤样沿突然卸载方向(最小主应力方向)发生持续形变现象明显,煤样体积应变在突然卸载开始后随即由压缩转为膨胀,这也表明该模式下的煤体体积应变变化趋势主要以突然卸载方向上的形变为主导。

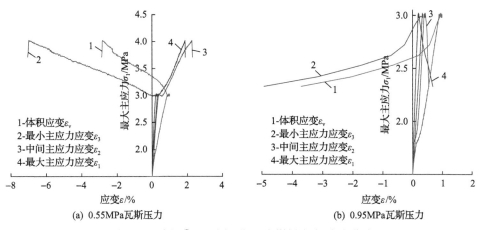

(a) 0.55MPa瓦斯压力　　　　　　(b) 0.95MPa瓦斯压力

图 3-15　路径③下不同瓦斯压力煤样应力-应变曲线

从瓦斯压力的对比可看出,瓦斯压力的增加依旧对煤样的强度有明显的削弱作用。在 0.55MPa 瓦斯压力下,应力突然卸载后,煤样仍能保持稳定,在继续加载至 4.02MPa 后才发生失稳破坏;而 0.95MPa 瓦斯压力下,煤样在突然卸载后便无法维持稳定状态,随之发生失稳破坏,强度下降比达 25.4%。同时,亦可看出瓦斯压力的增加对煤样最小主应力方向上的膨胀变形特点有重要影响。在 0.55MPa

瓦斯压力下，最小主应力方向膨胀变形随加载进行持续发生，而0.95MPa瓦斯压力下，该方向上的形变速度未能跟上煤样迅猛失稳破坏的速度，在应力跌落后才发生快速膨胀至形变完成。两种瓦斯压力下的煤样应力跌落时均有声响传出，但较大瓦斯压力下产生的声响更大，也预示煤样损伤破坏更为迅猛剧烈。

2. 不同卸载速率对煤体损伤的影响

为探究应力卸载速率对煤样损伤破坏过程中的作用，本节选取应力路径②的双向卸载模式，共进行X向卸载速率分别为0.1MPa/min、0.3MPa/min、0.5MPa/min的三个对照实验（瓦斯压力均为0.55MPa），试样编号为2、3、4。

三种卸载速率下试样的损伤失稳过程应力-应变曲线如图3-16所示。由图可知，不同卸载速率下的煤样变形依旧有明显的弹性阶段、弹—塑性阶段与峰值前的塑性变形等阶段性特征。应力突变点3MPa后双向卸载开始，试样在卸载方向

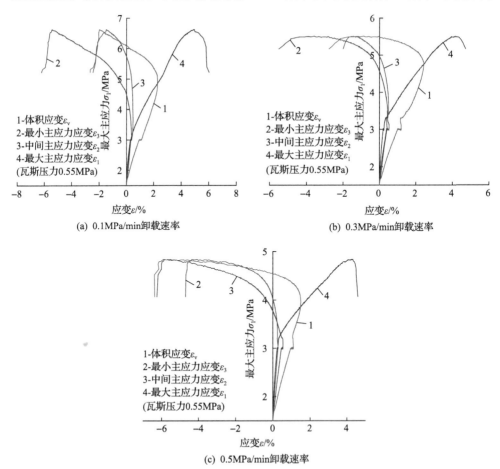

(a) 0.1MPa/min卸载速率

(b) 0.3MPa/min卸载速率

(c) 0.5MPa/min卸载速率

图3-16　路径②下不同卸载速率煤样应力-应变曲线

的形变便由压缩转为膨胀，且这种形变量的大小受卸载速率的影响。在中间主应力方向上体现得尤为明显，在较大卸载速率下该方向上的形变量会有显著增长。图 3-16(b) 中双向同速卸载时的应变特征可看出，试样仍然具有一定的各向异性，煤样在各个方向上的应变特征受到应力条件与煤样各向异性的双重影响。三种卸载速率下煤体损伤失稳后的体积均大于初始体积，发生了明显的扩容现象。

将试样各个方向上的应力与应变关系作图，如图 3-17 所示。从图 3-17(a) 中可看出，卸载速率的增加对煤样的峰值强度有明显的削弱作用，在卸载速率由 0.1MPa/min 增至 0.5MPa/min 的过程中峰值强度分别递减了 16.8% 与 12.2%。三种卸载速率下煤样失稳破坏前均有明显的塑性变形阶段，但卸载速率大的煤样应力峰值跌落更为迅速，这相应表明快速卸载下煤样的破坏更为迅猛。从图 3-17(b) 与 (c) 中可看出，开始卸载后，双向卸载方向上的应变特征均受卸载速率的影响，中间主应力方向上的应变量随卸载速率的增加而增大，且在 0.5MPa/min 卸载速率时

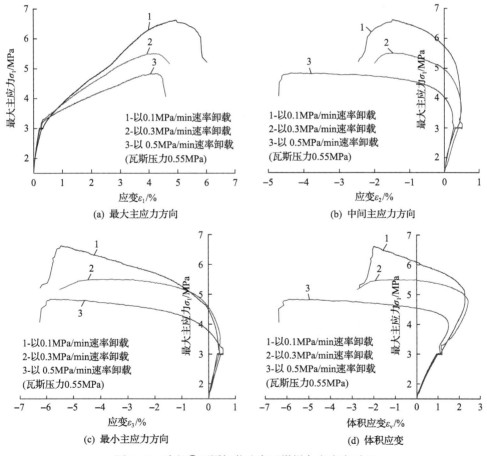

图 3-17　路径②不同卸载速率下煤样各向应变对比

有明显的突增现象。最小主应力方向上的形变量在三种卸载速率下均为最大，这说明煤体的形变主要在该方向上发生。同时可观察到，在三种速率下最小主应力方向上的最大应变基本相似，表明试样在受力变形时，沿最小主应力方向的膨胀变形可能存在一个极限值。由图 3-17(d) 的体积应变对比中可看出，三种卸载速率下的煤体体积变化均经历了先压缩后膨胀这两个阶段，在较快卸载速率下的煤样会更早地发生扩容现象，体积应变由压缩转为膨胀的转化点更早出现，且更快地进入体积应变快速扩容阶段。这也预示着快速卸载下的煤样同期内部裂纹产生更多且发展贯通更快，从而引起体积应变的快速增长。

综上，增大卸载速率会明显削弱煤样的峰值强度，使煤样在更小的主应力下随即发生失稳破坏。煤体的膨胀变形在应力突变点 3MPa 后随即沿卸载方向发生，中间主应力方向上的膨胀变形受卸载速率的影响在较大卸载速率时会有一个形变突增，而此模式下的最小主应力方向上的形变量则可能存在一个阈值。较大卸载速率下的试样损伤失稳时的体积膨胀应变更大且扩容现象发生得更早，更易导致煤体损伤失稳。

3. 不同应力路径对煤体损伤的影响

为探究不同应力路径对煤样损伤失稳的影响作用，选取相同的瓦斯压力下煤样编号为 1、3、7、9 四组试样。其中，路径①为中间主应力保持恒压的单向卸载模式、路径②为双向渐进卸载模式、路径③为最小主应力突然卸载、路径④为最小主应力保持恒定的双向加载模式。

四组实验煤样在不同应力路径下的应变曲线如图 3-18 所示。由图可看出，单向卸载模式下煤样体积应变受卸载方向上的变形主导，恒压方向上的应变在煤样失稳破坏前基本不发生变化；路径②的双向卸载模式与路径③的突然卸载模式煤样体积扩容现象发生均出现在卸载方向发生快速形变时。这也可以看出煤体在卸载方向上的快速变形是促使煤样损伤发生与失稳破坏的重要原因。路径④下的煤

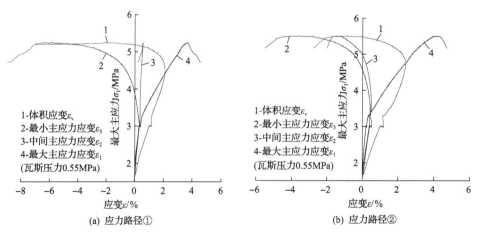

(a) 应力路径①　　　　　　　　　　　　(b) 应力路径②

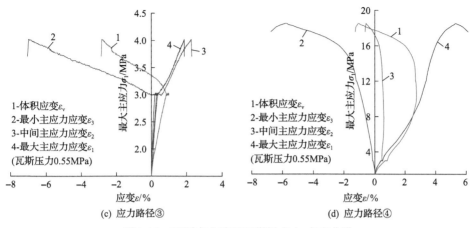

(c) 应力路径③　　　　　　　　　(d) 应力路径④

图 3-18　不同应力路径下煤样应力-应变曲线

样膨胀变形主要在应力保持恒定的最小主应力方向产生，煤样在双向加载的持续挤压下向最小主应力方向发生持续变形，也使煤样的抗压强度得到了急剧增加。煤样失稳破坏时的峰值强度达到了 18.52MPa，远远超过其他三种模式下的强度。这也说明了在实际生产过程中保留一定的保安煤柱与一定厚度的煤层支撑对预防煤体的突然失稳具有明显的积极意义。除此之外，路径①与路径③下的试样失稳破坏前的塑性变形阶段均不明显，更倾向于在加载过程中发生突然破坏，而路径②与路径④下的煤体在应力-应变曲线峰值前则可以观察到明显的塑性变形阶段，相比之下煤体的失稳破坏更有迹可循。

　　总体而言，含瓦斯煤体在真三轴应力加载路径下，煤样的损伤失稳特征表现出受应力路径的显著影响。在应力路径①单向卸载与路径②双向卸载模式下，煤体发生沿最小主应力方向膨胀变形引发的剪切失稳破坏。在路径③双向渐进加载、单向突然卸载应力模式下，煤体发生沿平行于中间主应力的劈裂破坏。在路径④双向渐进加载、单向伺服应力模式下，煤体沿伺服方向产生剪切和拉张裂纹，呈现张剪破坏。处于应力路径③突然卸载模式下的煤样峰值强度最低，而应力路径④下的煤样相对更稳定，能达到更高的峰值强度。同时，煤样的稳定性还受到瓦斯压力与卸载速率的影响，瓦斯压力与卸载速率的增大会显著削弱煤体的峰值强度，也会影响煤样破坏表面宏观裂纹的形态。总体上，应力路径③下的煤样损伤破坏以劈裂破坏为主，其余路径下的煤样则以剪切破坏为主。

　　为从细观层面直接观察煤体损伤失稳过程，基于 PFC3D 软件对煤体损伤失稳动态过程予以记录，截取了煤样失稳前、失稳破坏中与失稳破坏后三个代表性阶段的煤样损伤特征，如图 3-19～图 3-21 所示。图中块体损伤视图与细观裂纹空间分布图为沿 Y 轴正方向的正视图，颗粒位移切片为沿 Y 轴正方向的中部切片图，图中以颗粒颜色差异表征不同块体损伤与颗粒位移差异。

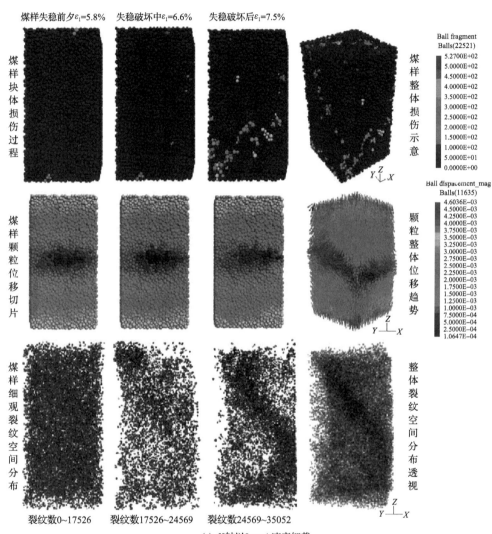

(a) X 轴以 2mm/s 速率卸载

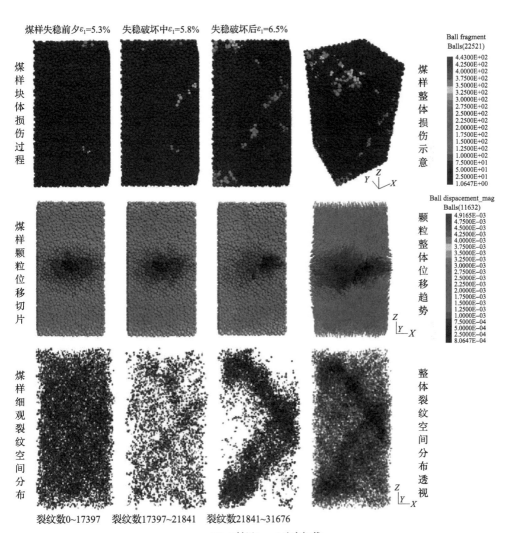

(b) X 轴以3mm/s速率卸载

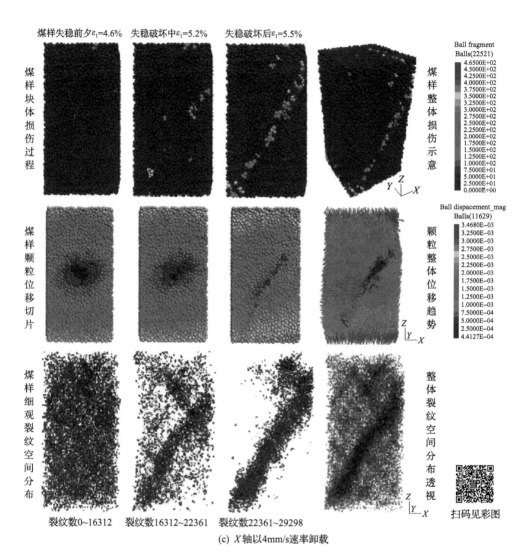

(c) X 轴以4mm/s速率卸载

图 3-19　应力路径①下不同卸载速率煤样细观损伤渐进图

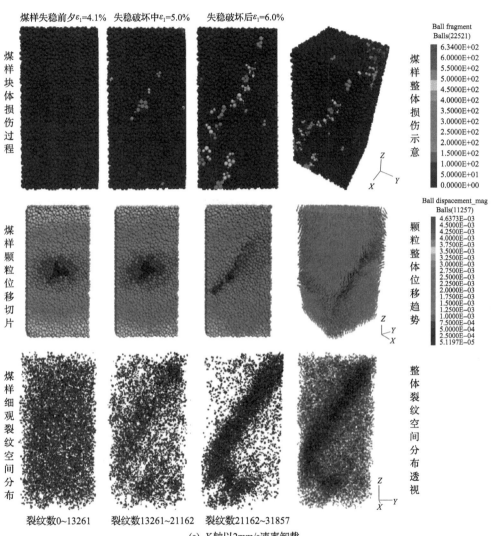

(a) X 轴以2mm/s速率卸载

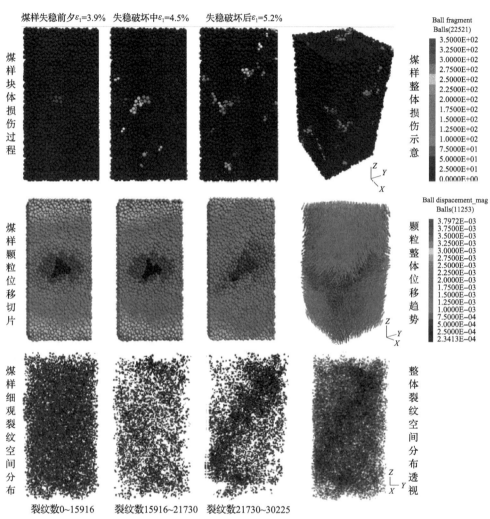

(b) X 轴以3mm/s速率卸载

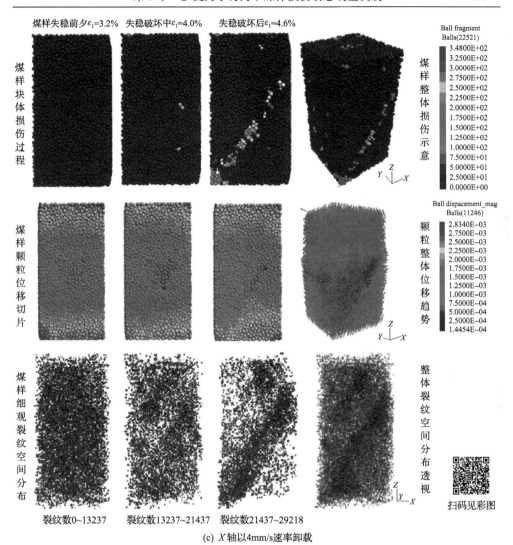

(c) X 轴以4mm/s速率卸载

图 3-20　应力路径②下不同卸载速率煤样细观损伤渐进图

　　由图 3-19 可知，路径①下煤样的损伤先从内部产生，不同卸载速率下在失稳前夕与失稳中几乎不在煤样表面出现明显的块体损伤表征，煤样表面产生的宏观裂缝损伤集中在失稳破坏后出现。从颗粒位移切片云图可看出，各个阶段煤样内部颗粒的位移差异，正是这种颗粒间的位移差使其出现相对滑移导致宏观裂纹的形成与出现，这在颗粒整体位移趋势图与整体损伤示意图上有着很好的体现。同时从细观裂纹空间分布上可看出，煤样失稳前的裂纹产生具有较强的离散性，不同卸载速率下失稳前的裂纹出现没有显著特点，在失稳破坏阶段随卸载速率的加快便逐渐呈现出向最终宏观裂缝区域聚集出现的特征。如 2mm/s 卸载速率下失稳破坏时裂纹的出现依旧表现为离散性，3mm/s 时出现了由左下端往右上端聚集出现的特征，这一聚集出现的特性在 4mm/s 卸载速率时已明显呈现。结合煤样整体损伤示意与整体裂纹空间分布透视图可看出，煤样在不同卸载速率下均呈现出剪切破坏特征，其中 3mm/s 卸载速率下表现为"V"字形的剪切破坏带，其余表现为单斜面剪切破坏，这与实验得到的破坏形式一致，为受载煤样沿最小主应力方向发生持续形变引起的剪切破坏。

应力路径②的双向卸载模式下煤样的稳定性弱于应力路径①，在失稳破坏中块体表面即显现出宏观裂纹雏形，内部颗粒位移的差异也强于路径①。由图 3-20 可看出，在 2mm/s 与 4mm/s 卸载速率下煤样均发生单斜面剪切破坏，且在失稳破坏中裂纹产生便向宏观裂缝聚集，最终形成的块体表面损伤与内部裂纹破坏带具有很好的一致性，煤样的损伤断面清晰。值得注意的是，由于构建模型的各向异性弱于实验中的煤体试样，因此在 X 轴、Y 轴均以相同速率卸载时两个方向上产生的形变差距不大，模拟中产生的破坏断面并不集中在某个方向上。在两个卸载方向上均出现了损伤裂纹，未能像物理实验中该条件下的煤样破坏面集中在一个方向上出现。同时可看出路径②下切片颗粒位移云图出现明显的相对位移差也在失稳破坏后这一阶段形成，该阶段内部细观裂纹也聚集于颗粒相对位移产生的破坏带，其内部损伤逐渐积累直至在块体表面出现宏观裂缝损伤。

应力路径③、路径④下不同加卸载模式煤样细观损伤渐进图如图 3-21 和图 3-22 所示。图 3-21 表明，路径③下 X 轴的突然卸载幅度减小对煤样整体造成的影响较小。突然卸载至 1MPa、2MPa 与路径④下的 X 轴保持 1.5MPa 压力伺服所呈现出来的渐进损伤特征相似。路径④下的 X 轴保持 3MPa 压力伺服与保持 4.5MPa 压力所呈现出的渐进损伤特征具有很强的相似性，故此只展示前者的损伤破坏过程。

由图 3-21 可看出，在应力路径③下当 X 轴突然卸载至 0.1MPa 时煤样的破坏形态与位移云图与前述结果产生了较大差异。煤样在突然卸载前的块体损伤与位移渐进变化均不明显，在突然卸载后有部分裂纹瞬间产生，在双向的持续加载下煤样在失稳破坏时产生了大量的拉裂纹，煤体损伤呈现出劈裂破坏特征。这点从颗粒位移趋势与整体损伤示意图中能很好地观察到，且与物理实验得到的结论相吻合。当卸载幅度减弱至 1MPa 时，煤样呈现的破坏特征与路径④低围压伺服时一致，均表现为煤样在双向持续加载下沿最小主应力方向发生单斜面剪切破坏，沿破坏带两侧位移差异明显，裂纹发育且贯穿整个试样。而当 X 轴伺服压力继续增大至 3MPa 时，破坏特征又会由剪切破坏转变为拉伸破坏，在 X 方向较高应力下受双向持续加载产生竖直方向上的拉破坏裂纹贯穿顶底端面，在煤样失稳破坏时沿破坏带也产生了大量的拉伸裂纹，煤样整体破坏特征以拉破坏为主。

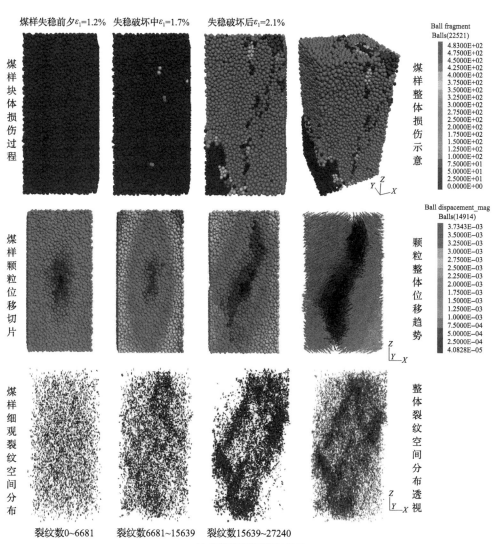

(a) X 轴突然卸载至 0.1MPa

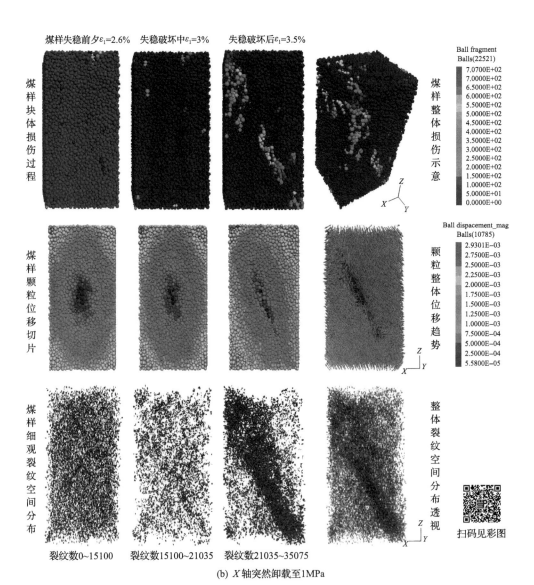

(b) X轴突然卸载至1MPa

图 3-21 应力路径③下不同卸载模式煤样细观损伤渐进图

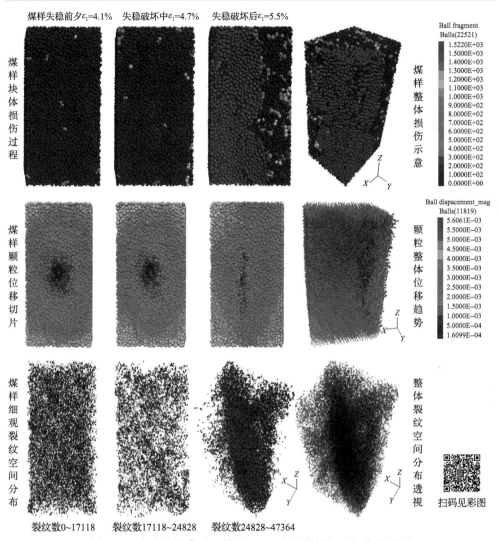

图 3-22　应力路径④下 X 轴以 3MPa 伺服煤样细观损伤渐进图

　　从上述模拟可看出，依据实验结果构建的 PFC 试样模型在四类应力加卸载路径下的表现与实验基本一致。模拟结果表明，煤样在受载破坏过程中存在明显的阶段性特征，受载煤样的内部损伤积累表现为"初始萌芽—稳定增长—快速增长—趋于稳定"几个发展阶段，且随卸载速率增加与突然卸载的情况下煤样失稳时的裂纹增长均有突增现象。通过对煤体失稳破坏的几个关键阶段研究，直观呈现出了裂纹扩展的"离散出现—聚集性产生—宏观裂纹形成"渐进式发展特征。且裂纹的损伤积累与损伤失稳时的阶段性特征直观地展示了煤样受载损伤直至失稳破坏这一过程。

3.2　采动煤体损伤过程能量演变特性

3.2.1　不同围压下煤体损伤过程能量演变

　　受物理实验条件的限制,人们很难直接观测到完整煤样的细观损伤演化过程,主要是从试样的最终破坏形态去反演初始裂纹的萌发与扩展现象。煤岩体的损伤发展受能量驱使,其本质上是由外部能量输入导致的内部颗粒位移、结构破坏等不稳定现象产生。试样在加载过程中即受到外界作用力的能量输入,因其自身的压缩变形与损伤破坏现象,其中从能量角度出发可视为能量的输入、能量的累积、能量的耗散与能量的释放几个环节。考虑试样加载过程中的输入能、可恢复的弹性应变能与不可恢复的耗散能,在忽略热交换的情况下,依据能量守恒定理有如下式(3-1)的能量关系:

$$U = U^{e} + U^{d} \tag{3-1}$$

式中, U 为输入能,即加载过程中主应力与围压对试样所做的功; U^{e} 为试样内累积的可恢复弹性能; U^{d} 为加载过程中的耗散能,即用于煤样不可恢复形变与裂纹损伤扩展的能量损耗,三者之间的关系如图 3-23 所示。

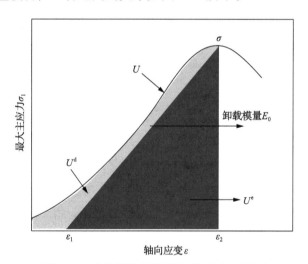

图 3-23　受载煤样内能量关系与求解示意图

　　总输入能 U 可依据煤样的受力与变形关系依式(3-2)积分求得,弹性应变能 U^{e} 可依据式(3-3)计算求得:

$$U = \int_0^{\varepsilon_1} \sigma_1 d\varepsilon_1 + \int_0^{\varepsilon_2} \sigma_2 d\varepsilon_2 + \int_0^{\varepsilon_3} \sigma_3 d\varepsilon_3 \tag{3-2}$$

$$U^e = \frac{1}{2E_0}\Big[\sigma_1^2 + \sigma_2^2 + \sigma_3^2 - 2\nu(\sigma_1\sigma_2 + \sigma_2\sigma_3 + \sigma_1\sigma_3)\Big] \tag{3-3}$$

式中，E_0 为构造煤样的卸载模量；ν 为卸载泊松比。

对三种不同围压下的试样损伤过程能量演化进行计算，得到的三种能量随试样损伤演化的数据如图 3-24 所示。由图可知，总输入能随试样的加载变形持续增大，可恢复弹性能在煤样应力峰值之前持续累积，在煤样失稳破坏后开始下降。而耗散能在加载前期增加缓慢，在煤样进入塑性变形阶段后显著增加，且应力峰值后增加速度进一步增大。这表明试样内部微小裂纹的出现与扩展集中在试样的塑性变形阶段与峰后失稳破坏阶段。在试样加载前中期的线弹性阶段，微小裂纹出现较少，故耗散能增加缓慢。从图中可看出，低围压下的试样累积耗散能比同期下的高围压试样累积耗散能占比大，这可能是由于围压较小时试样内部的原有孔裂隙并未闭合，在加载初期外界输入能有一部分作用于这些微小孔隙使其闭合，

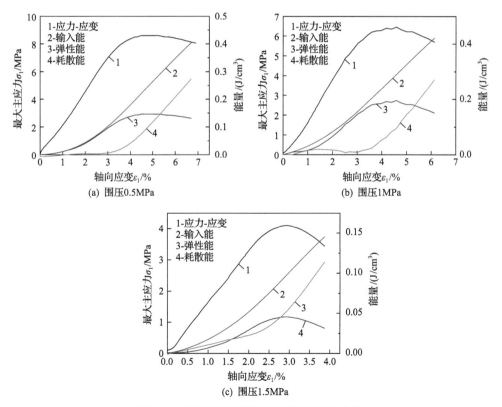

(a) 围压0.5MPa　　(b) 围压1MPa

(c) 围压1.5MPa

图 3-24　不同围压下煤样受载能量演化曲线

导致前期的累积耗散能较大。而高围压条件下的试样原有孔隙裂隙在压力作用下大多已闭合，试样整体处于压密状态。故加载前期的输入能基本转化为弹性应变能，在新裂纹出现及扩展阶段到来前累积的耗散能较少。

由图 3-24 可知，煤体损伤失稳过程中能量演化具有明显的阶段性特征，以围压 1.5MPa 下的试样为例。图 3-25 为该试样的应力-应变曲线与耗散能变化图。由图可看出试样加载过程中损伤演化的渐进过程。耗散能的累积变化表征煤体内部裂纹产生与扩展。图中表明试样受到损伤过程呈阶段性特征，如图 3-25 所示可划分为四个阶段。阶段 Ⅰ 为试样在加载板压力的作用下内部原有的孔隙裂隙开始闭合，这一阶段基本无新裂纹的产生；阶段 Ⅱ 为随加载过程进行煤样内部偶发性出现新裂纹，新裂纹的产生很少且不稳定；阶段 Ⅲ 为新裂纹的产生趋于稳定并累积连通形成局部大裂纹，对试样造成不可逆的塑性损伤变形；阶段 Ⅳ 为试样内累积的弹性能开始释放，大量裂纹快速产生并伴随着裂纹之间的相互贯通产生宏观裂纹，致使煤样失稳破坏，失去原有承载能力，应力峰值开始跌落。

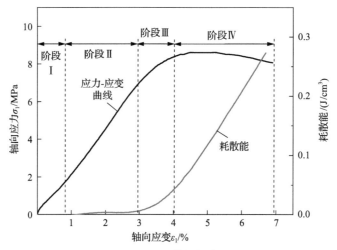

图 3-25　1.5MPa 围压下煤样损伤演化阶段划分

3.2.2　多重应力路径下煤体损伤过程能量演变

对四类应力路径下受载煤样损伤破坏过程中的输入总能、弹性能与耗散能进行监测可得能量演化如图 3-26 所示，其中输入总能为墙体对煤样所作功，即外界输入的总能量；弹性能为颗粒与胶结变形所吸收的能量；耗散能为颗粒相对运动产生的摩擦能、阻尼能与胶结破坏所消耗的能量之和。

从图中可看出，四类应力路径下的能量演化均存在几个阶段性特征，在加载早期输入能量均转化为煤样的弹性能，耗散能几乎未增长。随加载进行输入总能

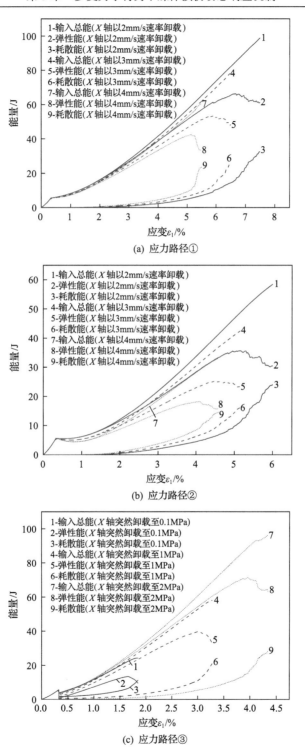

(a) 应力路径①

(b) 应力路径②

(c) 应力路径③

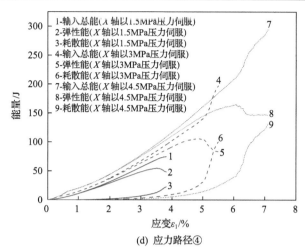

(d) 应力路径④

图 3-26　不同应力路径下煤样损伤过程中能量演化曲线

中的一部分用于煤样内部裂纹的产生与扩展，耗散能开始逐渐累积。在煤样失稳破坏时弹性能开始释放，这一阶段产生大量的裂纹而耗散能也开始急剧增加。除此之外，还可看出在同一应力路径下卸载速率越快，煤样失稳破坏时所需要的总能量越少，煤样越易失稳破坏。而在应力路径③、路径④中表现为最小主应力越小，煤样失稳所需要的总能量越少。在四类应力路径下发生失稳破坏所需能量最少的为路径③下 X 轴突然卸载至 0.1MPa，所需能量最多的则为路径④下 X 轴以4.5MPa 伺服，这与实验所得到结果一致。

3.3　采动煤体损伤过程裂纹动态演变行为

3.3.1　不同围压下煤体损伤过程裂纹动态演变

借助 PFC 软件能观察到颗粒间产生的微小裂纹，这代表了试样内部颗粒间的微小损伤。通过对微小裂纹的出现进行统计记录可得到图 3-27 中煤体加载过程中裂纹增长曲线。

由图可知，加载过程中试样内部裂纹增长呈现明显的阶段性特征。在线弹性阶段中期便有裂纹零星出现，但裂纹的出现具有偶发性，此时为裂纹的缓慢增长阶段；在试样的弹性变形后期，裂纹的出现速度加快且持续增长，形成裂纹数目的稳定增长；从试样的塑性变形至峰值应力跌落为裂纹的快速增长期，这一阶段裂纹大量出现且相互贯通，绝大多数的裂纹都在这一时期产生；最后为试样的残余变形时期，这一时期裂纹增长速率由快速增长降为缓慢增长，最终裂纹数量趋于稳定。试样受载损伤失稳过程中裂纹数目增长呈现出缓慢增长—稳定增长—

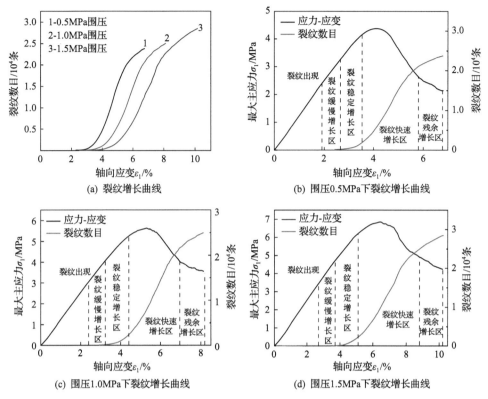

图 3-27　不同围压下煤样裂纹增长曲线

快速增长—残余增长等几个阶段性特征。此外，从图中还可看出随围压增加，裂纹出现稳定增长的时刻被延后，这也说明了围压的增加在早期会阻碍裂纹的产生与扩展，但随着加载的持续进行，高围压下的煤样会产生更多的裂纹，受到更为严重的损伤破坏。

为探究不同围压条件下试样初期损伤规律，将最先出现的 1000 条微裂纹与其对应的应力关系调出进行分析，如图 3-28 所示。其中前 100 条裂纹的出现为裂纹的缓慢增长区，可看出初期裂纹的出现受到围压的影响，高围压下达到相同数量的裂纹需要施加更大外力，初期裂纹的出现受到围压作用的抑制；在裂纹数目累计至 100 条后，微小裂纹进入稳定增长时期，在不同围压下裂纹数增长至 1000 条时的应力所对应的峰值应力百分比分别为 90.8%、87.2%、84.4%。这表明裂纹的快速增长期在高围压条件下更早出现，围压对裂纹扩展的影响由抑制转为促进，更多的裂纹在加载的后期快速产生。

为揭示三种围压下试样损伤动态过程，煤样裂纹扩展中的节点状态与最终损伤形态如图 3-29 所示。从图中可看出，试样在三级递增围压下均表现为剪切破坏，且整体裂纹透视图均能观察到明显的宏观断面。在围压 0.5MPa 与 1MPa 条件下，煤样表面除了显示的宏观裂缝外，还存在着未完全展示的内部裂纹。当继续增大围压至 1.5MPa 时，宏观裂缝完全显示，并裂缝交会处存在次生裂纹。这表明围压的增大有助于宏观断面的形成，并加剧了煤体失稳后的残余损伤程度。且三种

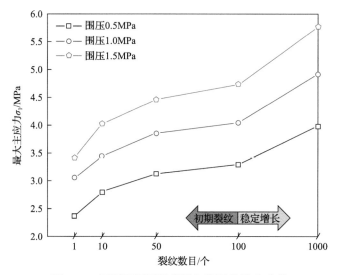

图 3-28　不同围压下的煤样初期损伤演变曲线

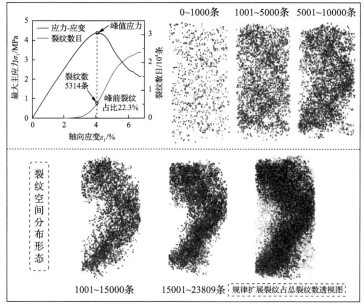

(a) 围压0.5MPa

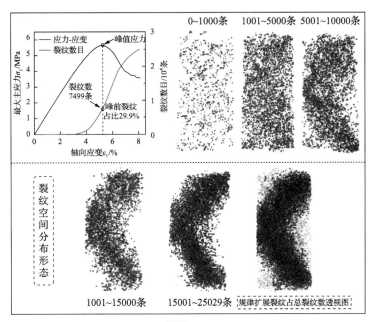

(b) 围压1.0MPa

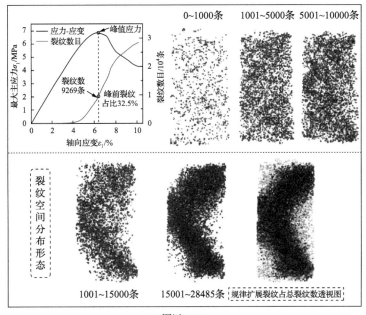

(c) 围压1.5MPa

图 3-29　不同围压下煤样损伤渐进图

围压下应力峰值前生成的裂纹数依次为 5314 条、7499 条、9269 条,占总裂纹数的 22.3%、29.9%、32.5%,峰前裂纹数与占比随围压的增大依次增加,这也说明了在裂纹稳定增长与快速增长时期,围压的增大对裂纹的产生与扩展不再是阻碍作用,而转为促进作用,使煤样在应力峰值前的损伤程度逐渐加深。

从裂纹出现的空间分布上来看,围压为 0.5MPa 与 1MPa 条件下前 5000 条裂纹的出现均没有表现出规律性(在最终宏观破坏带附近聚集出现),以随机出现的形式分布在试样内部,这也证明了煤样早期损伤的出现带有一定的随机性。在 5001～10000 条的裂纹出现区间则逐渐展现出了裂纹扩展的趋向性,由下端面以一定倾角向煤样左右中部扩展,且裂纹发展规律开始显现。在 10001～23809 条、10001～25029 条这两个裂纹出现区间,裂纹扩展规律则显著形成。除下端面裂纹往煤样中部扩展趋向进一步加强之外,还形成了由煤样上端面裂纹往煤样中部扩展这一新规律。与前者不同的是,在围压 1.5MPa 条件下,煤样裂纹出现的离散性得到增强。在 10000 条裂纹以前均没能显示出明显的规律性,在 10001～28485 条裂纹区间才显现出明显的规律性。即先形成右下端面裂纹往煤样左端中部扩展的规律,后再形成右上端面裂纹向左往煤样中部扩展的规律。结合裂纹增长数值曲线可看出,煤样裂纹扩展形成损伤规律的时期多在应力峰值附近及应力跌落后,围压的增大在一定程度上会延缓这一时期的出现。

从试样损伤规律演化下的裂纹占裂纹总数的透视图上可看出,三种围压条件下损伤规律演化下的裂纹数量占裂纹总量的一半左右,最终形成的裂纹形态与煤样显现的宏观损伤存在对应关系。这也证明了受载煤体在损伤破坏过程中裂纹扩展有迹可循。依据 PFC 软件的构造煤样建模模拟,克服了物理加载实验中无法窥知细微损伤出现这一缺陷,实现对裂纹扩展规律细观研究,可加深对煤体损伤破坏过程的认识。

3.3.2　多重应力路径下煤体损伤过程裂纹动态演变

由上述可知,借助离散元软件 PFC 可观察到煤样受载过程中内部细观损伤裂纹累积扩展这一渐进过程。受载煤样的内部裂纹萌生与累积经历了缓慢增长—快速增长—缓慢增长三个阶段,呈现出慢—快—慢的三段式增长规律。此外还可以观察到,无论在单向卸载或双向卸载模式下,卸载速率越小则产生的裂纹总数越多;在双向加载模式下表现为最小主应力越大则累积裂纹越多,说明受载煤体内部细小裂纹的增长与扩展需要一定时间,煤样在持续的受载损伤下越晚发生失稳破坏则内部产生的细观裂纹越多,煤样损伤程度越重。

由图 3-30 可以看出，应力路径的单向与双向卸载模式下，裂纹在应力突变点 3MPa 之前几乎不出现，在应力加卸载模式开始后裂纹才逐渐萌生并在应力加载至峰值过程持续出现。同时可看出，在较大的卸载速率下裂纹在应力峰值跌落时刻有一个突然猛增现象，在较小的卸载速率下裂纹在应力峰值附近未表现出突增，转为在应力峰值附近随煤体持续塑性变形以较大速率持续增长。由应力路径③可看出，当卸载幅度较大时，在突然卸载时会有煤体裂纹产生，且卸载后裂纹持续增长。然而，当卸载幅度减小时，裂纹的突增现象不明显，说明较大幅度的单向卸载会对煤体产生损伤，影响煤体的整体强度，促进裂纹的持续扩展。联合路径④可看出，当最小主应力持续增加时，裂纹数量随峰值强度前的塑性变形持续增长，更多裂纹在应力峰值后出现，加重煤体的损伤破坏程度。

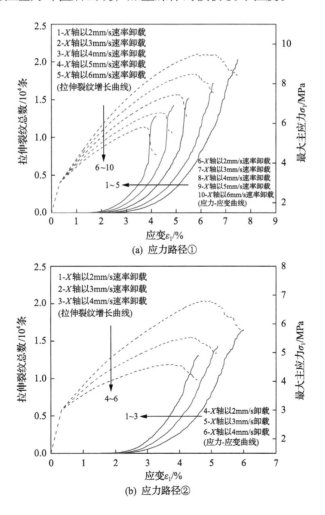

(a) 应力路径①

(b) 应力路径②

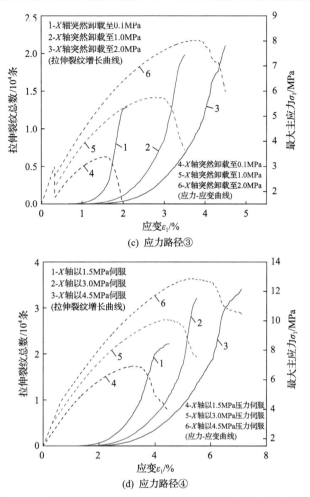

图 3-30　不同应力路径下煤样损伤裂纹累积与应力-应变曲线

3.4　主控因素下损伤诱发煤体失稳特征

3.4.1　不同瓦斯压力下煤体失稳特征

　　为探究瓦斯压力对煤样损伤失稳的影响，选取应力路径②双向渐进卸载模式（瓦斯压力分别为 0MPa、0.55MPa、0.95MPa）与应力路径③最小主应力方向突然卸载模式（瓦斯压力分别为 0.55MPa、0.95MPa）。将应力路径②损伤失稳后的试样取出并拍照，煤样破坏面形态如图 3-31 所示。由图 3-31 可看出，出现裂纹的破坏面成对出现，且均平行于最小主应力方向（出现裂纹面为施加中间主应力面）。而施加最小主应力方向上的一对煤表面则基本保持初始形态，无明显裂纹产生。即试样在较大卸载方向上持续形变是裂纹在该方向上产生的重要诱因。依据破坏面的裂纹形态做出对应的破坏面素描图，可看出该条件下的试样失稳破坏以剪切破坏为主，产生较多的剪切裂纹。裂纹多从煤样的轴向受载端面向内延伸，同时在最小主应力卸载方向伴有劈裂破坏发生，产生沿竖向发展的拉伸裂纹。

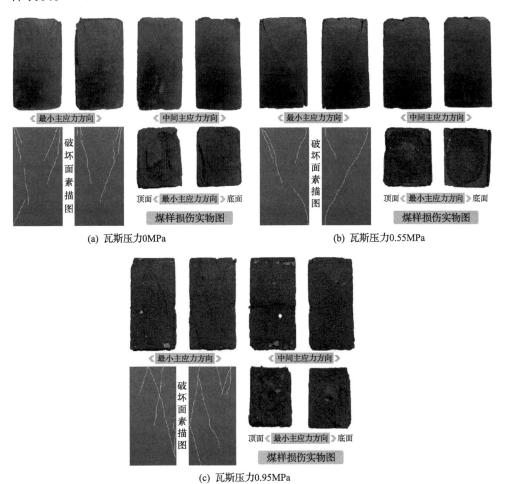

图 3-31 应力路径②不同瓦斯压力下的煤样损伤图

在 0MPa 瓦斯压力下的损伤失稳煤样取出后整体保持完整，仅有少量碎块脱落，主要集中在煤样的顶底端面。沿最小主应力方向掉落，基本无煤粉产生，在破坏面的受载端面处产生多条剪切裂纹，这些裂纹之间有互相搭接现象，整体呈现"V"字形，沿竖直方向有拉伸裂纹产生，但未能形成贯穿整个破坏面的大裂纹。在 0.55MPa 瓦斯压力下，试样取出则伴有碎块与部分煤粉产生，集中在煤样端面与裂纹处掉落。煤样破坏形式呈现剪切破坏，有贯穿整个破坏面的斜剪裂纹产生，裂纹形态呈"Y"字形的斜剪破坏或"X"字形的共轭剪切破坏形式。煤样的顶底端面沿最小主应力方向发生层裂，产生明显的拉伸破坏裂纹。在 0.95MPa 瓦斯压力下，试样则有沿最小主应力方向上贯穿裂缝断裂的趋势，取出时产生大量煤粉与部分碎块，破坏面上裂纹形态多样，裂纹之间相互搭接，有贯穿整个破坏面的大裂纹产生，整体形态呈"V"字形、"Y"字形的斜剪破坏或"X"字形的共轭剪切破坏。在破坏面侧端发生劈裂破坏，有明显的拉伸裂纹产生。该煤样在失稳破坏时伴有声响，在快速传出几声"劈、啪"后随即失稳破坏。

对应力路径③损伤失稳后的试样重复上述操作，煤样破坏面形态如图 3-32 所示。由图可看出，路径③下的煤样破坏损伤面依旧以平行最小主应力方向上的两个对面为主。煤样在突然卸载的影响下向最小主应力方向快速膨胀形变导致劈裂破坏，产生以拉张裂纹为主的裂隙网络，并使失稳煤样沿该方向发生层裂现象，顺着煤体截面形成块状剥离体。

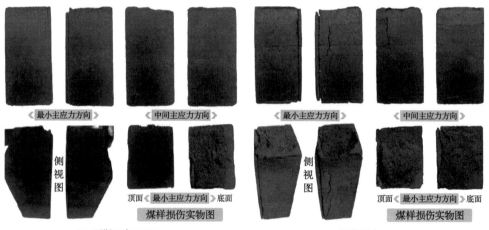

(a) 瓦斯压力0.55MPa　　　　　　　　(b) 瓦斯压力0.95MPa

图 3-32　应力路径③不同瓦斯压力下的煤样损伤图

0.55MPa 瓦斯压力下的损伤煤体取出后整体能保持基本完整，有少量小碎块与部分煤粉产生，煤样的损伤面集中在与最小主应力平行方向上的一对破坏面，以及煤样顶面。煤样表面未产生剪切裂纹，整体的破坏形式为劈裂破坏，产生一条由顶面延伸至底面的拉张裂纹。在煤样的顶面上可观察到沿突然卸载方向出现的数条拉张裂纹，且伴随煤样在该方向的持续扩张沿该向出现了层裂现象。在 0.95MPa 瓦斯压力下，损伤煤体取出后在突然卸载方向有大块掉落的趋势，煤样顶面在应力跌落的瞬间被瓦斯压力崩裂为数个小碎块，形成一个小凹坑并产生许多煤粉。煤样在最小平行主应力方向上的破坏面损伤程度严重，以劈裂破坏为主，产生了贯穿顶底面的大拉张裂纹。在较高瓦斯压力的影响下，煤样失稳破坏时还产生了水平向的拉张裂纹，这些裂纹与竖直向的拉张裂纹互相搭接贯穿形成了相互纵横的裂隙网络。除此之外，该面上伴有张剪复合裂纹的出现，裂纹种类与形态十分丰富。与其他几组实验产生的损伤破坏特征不同，在 0.95MPa 瓦斯压力下平行中间主应力的面上亦有明显损伤产生，在一面的左上角有劈裂破坏发生，生成掉落的局部小碎块；在另一面则产生众多沿水平向的拉张裂纹。从煤样顶面观察仍有朝突然卸载方向产生层裂，在煤样顶面产生较深的拉张裂纹。

因此，在应力路径③的突然卸载模式下，瓦斯压力的增大对煤样强度具有明显的削弱作用，会增加破坏面的裂纹数量与裂纹大小，加深煤样的损伤破坏程度。使煤样朝突然卸载方向上发生层裂，该向上的变形与破坏更加明显，增加了损伤失稳煤体的潜在突出危险性。

综上可看出，瓦斯压力对煤样的损伤破坏形态有明显的影响，瓦斯压力的增加有助于裂纹的扩展延伸，促进裂纹之间的搭接贯通，形成贯穿整个破坏面的大裂纹，加大失稳煤体的损伤程度，且使煤样沿最小主应力方向发生层裂现象。瓦斯压力的增大弱化了煤体力学强度，影响了煤体的变形特性，使煤样的失稳破坏更迅速且具有激发突出的倾向。

3.4.2　不同卸载速率下煤体失稳特征

为探究应力卸载速率在煤样损伤破坏过程中的作用，选取应力路径②下的双向卸载模式。将三种卸载速率下的损伤失稳煤样取出并拍照记录，煤样损伤形态如图 3-33 所示。由图 3-33 可看出，在 0.55MPa 瓦斯压力下三种卸载速率的试样均发生剪切破坏，在垂直中间主应力方向的破坏面上产生明显的剪切裂纹，但不

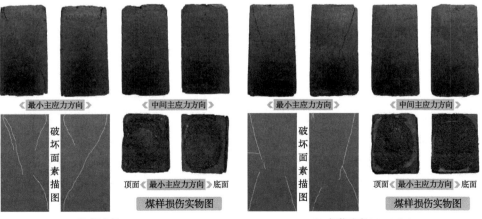

(a) 卸载速率0.1MPa/min　　　　　　　　　　(b) 卸载速率0.3MPa/min

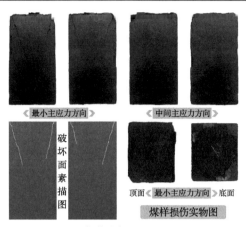

(c) 卸载速率0.5MPa/min

图 3-33 应力路径②不同卸载速率下的煤样损伤图

同卸载速率对裂纹数量与扩展程度有较大影响，三种速率下的煤样顶底端面在失稳破坏后基本保持完整。

在 0.1MPa/min 卸载速率下，其试样拥有该组对照实验中最大的峰值强度与轴向应变，煤样整体表现为剪切破坏，有贯穿上下端面的大裂纹产生，裂纹形态呈"Y"字形的斜剪破坏或"X"字形的共轭剪切破坏。在 0.3MPa/min 卸载速率下的损伤煤体取出后有煤粉及部分小碎块出现，集中在试样的棱角边处产生，煤样呈现剪切破坏形态，破坏面在最小平行主应力方向产生，裂纹集中在煤样的顶底端面出现并向内扩展，裂纹间相互搭接贯通呈"Y"字形或显现出共轭剪切破坏的"X"字形特征。煤样破坏面上的裂纹数量较多但扩展程度不及前者，没有贯穿性的大裂纹产生。在 0.5MPa/min 卸载速率下的损伤煤体取出后有较多小碎块出现，集中在煤样的顶部与破坏面的棱边产生。综上可知，较大卸载速率下的煤样呈剪切破坏形式，破坏面裂纹数量少且形态简单，仅有数条由顶端向内延伸的剪切破坏裂纹，且裂纹扩展较短，没有搭接贯通现象发生。

至此可看出，与瓦斯压力影响类似，增大卸载速率同样可以加速煤体的失稳破坏，但二者对破坏形态的影响不同。增大卸载速率的情况下，煤样破坏面裂纹数量减少且形态简单。在三种卸载速率下的煤样破坏面均垂直于中间主应力方向，而平行中间主应力方向的面则形态基本保持完好，说明煤样在最小主应力方向上的持续膨胀变形诱导了裂纹的产生。同时可得出，裂纹的产生与扩展需要持续进行，在较大卸载速率下的试样更快达到峰值强度，没能给内部裂纹的持续扩展与贯通提供充足的时间，煤体的失稳破坏趋向于突然发生，因此呈现出破坏面裂纹数量少且形态简单的独特特征。

3.4.3　不同应力路径下煤体失稳特征

为探究不同应力路径对试样损伤失稳的影响，将四种应力路径下的损伤失稳煤体取出后对各个损伤面进行拍照记录，可得到试样在不同应力路径下的损伤形态图。路径②与路径③的损伤形态图在前文中已经呈现，故不赘述；路径①与路径④的损伤形态如图 3-34 所示。

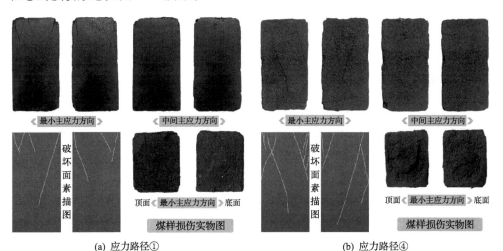

(a) 应力路径①　　　　　　　　　　　(b) 应力路径④

图 3-34　路径①与路径④应力加卸载下的煤样损伤图

从图中可观察到，路径①单向卸载下的煤体损伤面依旧平行于最小主应力方向出现，煤样整体呈现剪切破坏的形式。破坏面上形成数条剪切裂纹，有沿右上端面向左下端面延伸的贯穿性主裂纹，裂纹形态呈"Y"字形，平行于中间主应力方向上的煤面基本保持完整，无裂纹产生，煤样的加载顶面有数条近乎竖直的拉伸裂纹产生，这是由煤样在卸载方向上的持续变形造成。路径①下的损伤失稳煤体取出时煤样整体基本完整，仅有少量碎块与煤粉产生，集中在煤样的加载端面处出现。路径④下的损伤煤样取出时则有较多小碎块与煤粉产生，煤样整体因受双向挤压而产生了明显的变形与损伤。从平行于最小主应力方向的破坏面上可看出，煤样破坏整体依旧呈现为剪切破坏，破坏面上产生了大大小小诸多剪切裂纹，裂纹之间相互搭接贯通呈"V"字形、"X"字形或"Y"字形。除此之外，在平行于中间主应力方向的受损面上也出现了数条近乎水平的拉伸裂纹，这可能是煤样在承受了较大的轴向挤压后应力释放形成的。煤样的顶底端面均出现了不规则的变形，从最初的正方形端面呈现为长方形，煤样损伤变形较为严重且肉眼可见。

参 考 文 献

[1] 余大洋, 唐一博, 王俊峰, 等. 用于煤与瓦斯突出模拟的型煤胶结材料配比实验研究[J]. 煤矿安全, 2016, 47(4): 11-14, 19.

[2] 中华人民共和国国家质量监督检疫总局, 中国国家标准管理委员会. 煤和岩石物理力学性质测定方法 第 10 部分: 煤和岩石抗拉强度测定方法: GB/T 23561.10—2010[S]. 2011-02-01.

第4章 突出煤体瓦斯能量释放规律及量化特征

研究已表明，瓦斯能是突出发生所需能量的主要提供者，而真正参与突出过程中煤体破坏、搬运及抛出的瓦斯能为具有做功能力的瓦斯膨胀能(可参见 2.3 节)。虽然现场一次突出涌出的瓦斯量多达几十万立方米，吨煤瓦斯含量是煤体原始瓦斯含量的 5～30 倍，但一次突出从发动到终止的整个过程一般是数秒至数十秒。因此，揭示采动损伤煤体初始解吸规律，明确瓦斯能量释放规律及量化特征，可深化对突出过程中瓦斯作用的认识，同时有助于从能量角度提出突出预测技术及煤体控能消突防治技术。

因此，本章基于自主搭建的瓦斯解吸实验平台，结合空气动力学理论，以煤体瓦斯初始解吸规律为基础，推演初始解吸过程中瓦斯能量演化过程，揭示突出煤体瓦斯能量量化特征及其与主控因素之间的关联。

4.1 含瓦斯煤体初始解吸规律

4.1.1 煤体初始解吸实验

1. 不同破坏类型煤体初始解吸实验

1)煤样

具有突出危险性的煤体一般由构造应力破坏而形成，与未受构造应力破坏的煤体(称为非构造煤或原生未变形煤)相比，其力学强度低，瓦斯解吸速率大[1]。这类煤体通常被称为构造煤或构造变形煤。煤样采集于河南薛湖煤矿二₂煤层的构造煤(糜棱煤)和非构造煤煤样，煤阶为无烟煤。在 2017 年 5 月 15 日离煤样选取地点约 200m 的一条煤巷发生了强度较大的突出事故，突出煤量 116t。从井下取样地点封存好煤样，带到实验室进行力学强度、吸附常数及工业分析测定，测定结果见表 4-1 和表 4-2。为更深入地观察两种类型煤样内部结构的微观特征，测定了煤样的孔隙结构参数(图 4-1)，以及对其表面进行了扫描电镜分析(图 4-2)。由图 4-1 可看出，非构造煤具有致密的整体结构，几何形状棱角分明，表面较为平滑，在放大 4000 倍时可看到少量孔隙，但并未见明显裂隙；而构造煤在放大 100 倍时即可看到表面孔隙大量发育，也可清晰地看到有裂隙发育。在放大 1000 倍时观察，其整体结构较为疏松，呈蜂窝状，几何形状类似圆形。已有研究表明，构造煤与非构造煤煤粒几何外形的差异普遍存在[2]。

表 4-1 煤样工业分析及吸附性能参数

煤样类型	工业分析/%				f值	Δp/mmHg	a/(m³/t)	b/MPa⁻¹
	水分含量	灰分含量	挥发分含量	固定碳含量				
构造煤	1.31	19.87	10.75	68.07	0.28	13.7	30.53	2.12
非构造煤	1.06	16.1	11.38	71.46	0.88	8.9	26.22	1.75

表 4-2 煤样的显微岩石类型组成和力学参数

煤样类型	镜质组反射率/%	镜质组/%	壳质组/%	惰性组/%	矿物组分/%	抗拉强度/MPa	抗压强度/MPa	杨氏模量/MPa	泊松比	内摩擦力/MPa	内摩擦角/(°)
构造煤	2.77	69.22	0	24.48	6.3	0.12	2.13	385	0.38	0.21	22
非构造煤	2.83	82.37	0	5.89	11.74	0.66	23.57	3750	0.23	0.96	30

　　由表 4-1 和表 4-2 可看出,由于构造运动的破坏作用,构造煤的力学强度参数 f 值、抗拉强度、抗压强度远低于非构造煤。同时由表 4-2 可看出,构造煤的镜质组含量小于非构造煤,而构造煤的惰质组含量大于非构造煤。已有研究报道,富含镜质组的煤以微孔为主,富含惰质组的煤体具有较大比例的中大孔[3]。

　　如图 4-1(a)所示,构造煤的大孔和中孔总孔容明显大于非构造煤,而过渡孔和微孔总孔容小于非构造煤。由图 4-2(a)可看出,非构造煤样整体结构更加致密。颗粒表面相对光滑,呈棱角几何形状,只有少量可见的孔隙,即使在 4000 倍放大

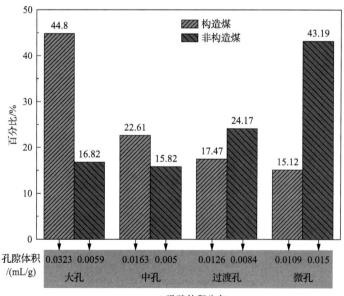

(a) 孔隙体积分布

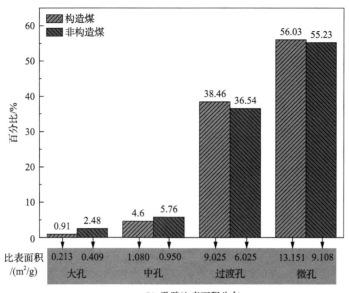

(b) 孔隙比表面积分布

图 4-1　煤样孔隙结构参数

煤中孔隙划分：微孔(0~10nm)、过渡孔(10~100nm)、中孔(100~1000nm)和大孔(>1000nm)[4]

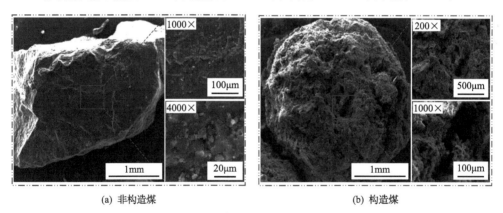

(a) 非构造煤　　　　　　　　　　　　　　　　　(b) 构造煤

图 4-2　煤样的扫描电镜照片

后也未观察到明显的裂缝。而在 100 倍的放大倍数下，构造煤的结构整体上较松散。其外观呈"蜂窝状"，颗粒表面有大量的大孔和明显的裂纹[图 4-2(b)]。然而，无论构造煤或非构造煤，过渡孔和微孔的比表面积总比均大于 90%，说明煤中主要吸附空间为过渡孔和微孔。

图 4-1(b)表明，构造煤的总比表面积约为非构造煤的 1.4 倍，这相应说明在构造运动的剪切和摩擦作用下，煤体孔隙结构发生了显著变化。即煤的大孔和中孔发育较好，过渡孔和微孔特别是微孔的比表面积明显增大。这些孔隙结构的变

化使得构造煤的饱和瓦斯吸附能力(朗缪尔常数 a)明显高于非构造煤(表4-1)。

2)瓦斯解吸实验设备

在以往的研究中,煤体瓦斯解吸量多采用大量筒进行直观测量[5]。然而,针对数十秒内瓦斯的解吸量难以用肉眼直观测量。根据空气动力学理论,只要测得煤样罐内各时刻的瓦斯压力和温度,即可计算出各时刻的瓦斯解吸量[6]。为保证有效得到煤样吸附瓦斯后在十几秒内的解吸数据,选用两个不同量程的压力传感器(高压传感器量程为1～2MPa和低压传感器量程为0～3000Pa)采集煤样解吸过程中的瓦斯压力数据。其中高压传感器采集大于3000Pa的瓦斯压力数据,当瓦斯压力低于3000Pa时,电磁阀启动低压传感器开始采集压力数据。数据采集时间间隔约为1.63ms,共采集8000次,即共收集13s左右的煤样解吸瓦斯压力及温度变化数据。测定煤样瓦斯初始解吸装置如图4-3所示。

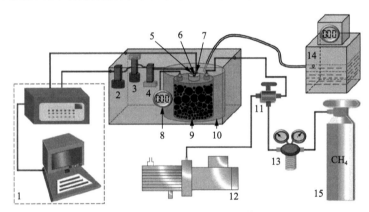

图4-3　实验装置示意图[7]

1-数据采集系统;2-低压传感器;3-电磁阀(用于启动低压传感器);4-高压传感器;5-压力传感器接口;6-渐缩喷口;7-温度传感器;8-电子压力表;9-煤样罐;10-恒温水浴;11-气路转换阀;12-真空泵;13-稳压阀;14-恒温水浴槽;15-气源

3)瓦斯解吸实验过程

在实验中煤体吸附气体选用浓度为99.99%的甲烷,具体实验过程如下:

首先,将一份约200g的煤样放入煤样罐(9)中抽真空12h左右。然后在恒温水浴(10)(30℃)中吸附瓦斯至少24h至预设压力(构造煤:0.409MPa、0.606MPa、0.801MPa、0.992MPa,非构造煤:0.409MPa、0.609MPa、0.797MPa、0.998MPa)。

然后,关闭气源并打开数据采集系统(1),接着快速打开渐缩喷口(6),计算机开始采集瓦斯压力及温度变化数据。对三个煤样分别进行了三次不同吸附平衡瓦斯压力的测定工作。

最后,为了排除死空间(煤样罐中不被煤样占据的空间)中非煤体吸附的瓦斯对实验数据的影响,在煤样罐中放入和煤样量同等体积的小钢珠,按第一步及第二步相同的方法采集和煤样吸附瓦斯平衡相等的压力下,渐缩喷口(6)打开后瓦斯解吸过程中的瓦斯压力及温度变化数据。

2. 不同含水率煤体初始解吸实验

1) 煤样制备

一般来说,煤阶越高,煤内瓦斯吸附体积越大,发生突出的可能性越大。为此,实验同样采集于薛湖煤矿二$_2$煤层,煤阶为无烟煤,属构造变形煤。煤样在地下取样点采集并密封好,然后带到实验室进行煤体基本参数测定,结果见表 4-1。

本书共得到三种不同含水率的煤样,获得煤样的实验过程分为三步。

(1)将从现场取来的块状煤进行破碎并筛分成粒径 1~3mm 的煤粒。共收集到约 1800g 的煤样并分成 3 份,每份约 600g,密封保存。

(2)取两份约 600g 的煤样,分别放入两个储样罐中。往储样罐中注入一定量的蒸馏水,并完全淹没煤样。最后在阴凉处隔绝大气浸泡两个星期以上。

(3)取出浸泡过的湿煤样放入分样筛中,并用滤纸事先吸走煤粒表面附着的水滴。为了防止湿煤样干燥过程中发生氧化,把装有湿煤样的分样筛放入 40℃下的真空干燥箱中进行干燥。干燥一定时间后先后取出一个分样筛,并把相应的煤样密封保存。

煤样的详细制备过程如图 4-4 所示。除原始煤样外,另两个不同煤样的含水率、f 值和 Δp 分别为 2.82%、0.29 和 12.3mmHg,以及 3.62%、0.30 和 11.6mmHg。

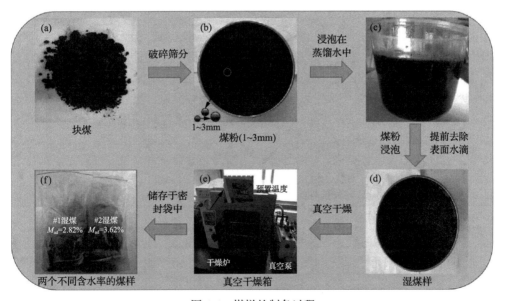

图 4-4　煤样的制备过程

2) 瓦斯解吸实验设备

本实验与不同破坏类型煤体瓦斯吸附-解吸实验所用为一套实验设备，具体内容见 4.1.1 节第 1 部分。

3) 瓦斯解吸实验流程

本实验与 4.1.1 节第 1 部分中不同破坏类型煤体瓦斯吸附-解吸实验流程相同，不同之处在于三种煤样吸附平衡时的瓦斯压力，实际平衡瓦斯压力见表 4-3。

表 4-3　煤样和钢球吸附平衡时的瓦斯压力

煤样品	含水率/%	瓦斯压力/MPa		
原煤	1.31	0.606	0.801	0.992
#1 湿煤	2.82	0.608	0.801	0.991
#2 湿煤	3.62	0.607	0.804	0.994
钢球	—	0.608	0.801	0.994

4.1.2　瓦斯初始解吸规律

1. 不同破坏类型煤体瓦斯解吸规律

表 4-4 列出了两个压力传感器记录的压力和各自的总采集时间数据。从表中可看出，高压传感器测得的达到某给定瓦斯压力所需的总时间随初始瓦斯压力的增加而增大，所需总时间满足：构造煤＞非构造煤＞钢球；另外，低压传感器的相应数据则没有明显的规律性。在不同解吸过程中记录的瓦斯压力变化如图 4-5 所示。其中图 4-5(c)中瓦斯压力的相对误差为构造煤与非构造煤之间的瓦斯压力差与构造煤瓦斯压力之比的绝对值。从图 4-4(a)采集的高压传感器采集的压力数据可看出，瓦斯压力先快速下降，然后逐渐下降，构造煤的压力下降率低于非构造煤。此外，随初始瓦斯压力升高，构造煤与非构造煤之间的压差区域[图 4-4(a)中阴影区域]的面积也在增大。然而，获得的低压传感器采集的压力数据[图 4-4(b)]表明，瓦斯压力迅速下降至一个非常低的数值(200Pa)，然后缓慢下降。

表 4-4　不同破坏类型煤样解吸实验中瓦斯压力采集数据

煤样或钢球	瓦斯压力 p/MPa	高压传感器		低压传感器	
		压力采集范围/MPa	总采集时间/ms	压力采集范围/Pa	总采集时间/ms
构造煤	0.409	0.003～0.409	1195.78	8～2998	11547.33
	0.606	0.003～0.606	1387.24	8～2998	10800.98
	0.801	0.003～0.801	1547.74	8～2998	10973.16
	0.992	0.003～0.992	1688.06	8～2998	10398.83

续表

煤样或钢球	瓦斯压力 p/MPa	高压传感器		低压传感器	
		压力采集范围/MPa	总采集时间/ms	压力采集范围/Pa	总采集时间/ms
非构造煤	0.409	0.003~0.409	1036.78	8~2998	11385.08
	0.609	0.003~0.609	1236.38	8~2998	11055.72
	0.797	0.003~0.797	1388.86	8~2998	11148.20
	0.998	0.003~0.998	1515.34	8~2998	11109.41
钢球	0.410	0.003~0.410	945.78	7~2997	11668.07
	0.608	0.003~0.608	1143.35	8~2998	11643.94
	0.801	0.003~0.801	1305.86	8~2998	11573.06
	0.994	0.003~0.994	1407.34	8~2998	11167.24

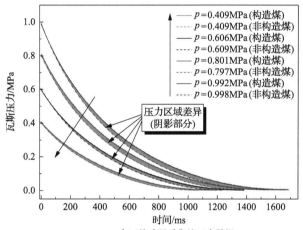

(a) 高压传感器采集的压力数据

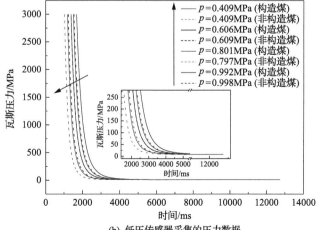

(b) 低压传感器采集的压力数据

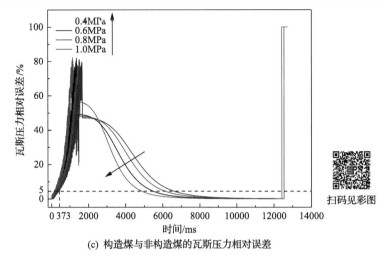

(c) 构造煤与非构造煤的瓦斯压力相对误差

图 4-5　不同破坏类型煤样解吸实验压力数据

　　煤体中的瓦斯可分为游离瓦斯和煤基体表面的吸附瓦斯，而自由瓦斯和吸附瓦斯在突出过程中均起着关键作用。根据图 4-5 的压力数据，构造煤和非构造煤不同时刻解吸瓦斯的质量流量 m 可由式(4-1)[6]求得

$$m = \begin{cases} \dfrac{p\sigma^*}{\sqrt{RT}}\sqrt{\gamma}, & p>p^* \\[3mm] \dfrac{p\sigma^*}{\sqrt{RT}}\sqrt{\dfrac{2\gamma}{\gamma-1}\left[\left(\dfrac{p_0}{p}\right)^{\frac{2}{\gamma}} - \left(\dfrac{p_0}{p}\right)^{\frac{\gamma+1}{\gamma}}\right]}, & p<p^* \end{cases} \tag{4-1}$$

式中，p 为绝对压力，Pa；T 为绝对温度，K；p^* 为瓦斯流速刚达到声速时的临界瓦斯压力，Pa，其计算公式为 $p^* = p_0\left(\dfrac{2}{\gamma+1}\right)^{\frac{\gamma}{1-\gamma}}$，$p_0$ 为大气压力，Pa，γ 为绝热指数；m 为瓦斯在喷管处的质量流量，kg/s；σ^* 为喷管孔口截面积，m^2；R 为瓦斯气体常数，J/(kg·K)。

　　瓦斯解吸过程中排放的总物质的量 n 可由质量流量对时间积分计算得到[8]：

$$n = \frac{\int_0^t m\mathrm{d}t}{M} \tag{4-2}$$

　　由式(4-1)和式(4-2)可知，煤样解吸瓦斯量可由装钢球罐时解吸瓦斯总量减去装煤样罐时解吸瓦斯总量而得，结果如图 4-6 所示。由图 4-6 可知，在相同的初始瓦斯压力下，构造煤的解吸瓦斯总量大于非构造煤，而且初始瓦斯压力越高，

从煤样中解吸的瓦斯总量越大。瓦斯初始解吸阶段,瓦斯即从煤体中大量解吸(曲

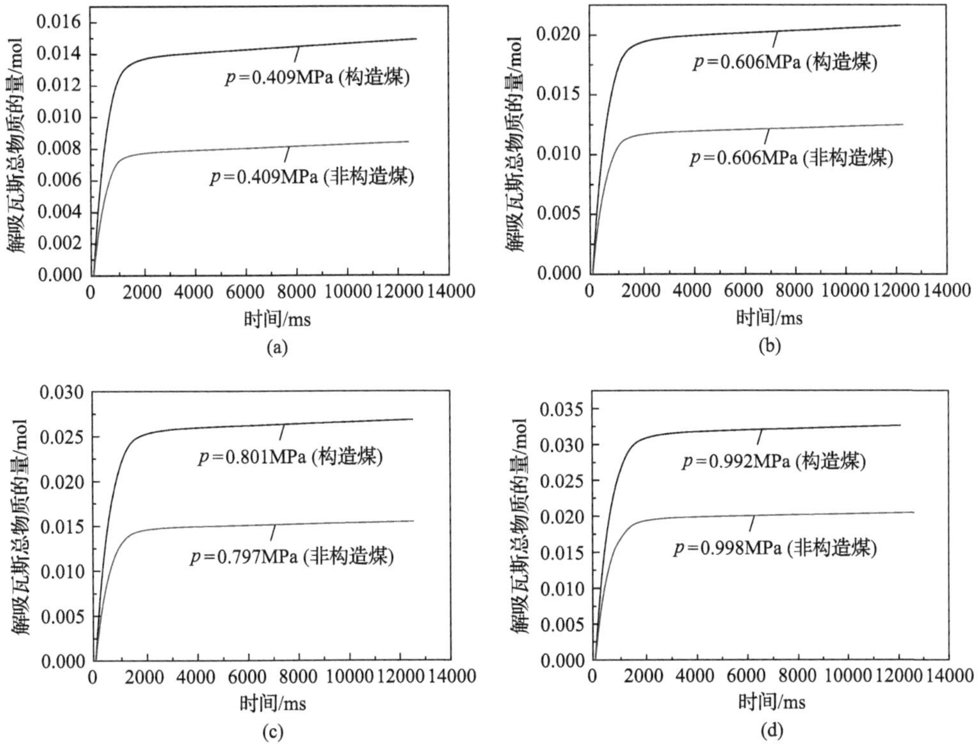

图 4-6　构造煤和非构造煤随时间的瓦斯解吸曲线

线斜率较大),之后解吸明显减缓(曲线趋于平缓)。在 2s 后,大部分被煤体吸附的瓦斯初始解吸过程基本结束。瓦斯初始解吸曲线整体上可分为两个阶段:①最初的快速解吸阶段;②缓慢解吸到稳定解吸阶段。另外,构造煤的瓦斯初始解吸速率远高于非构造煤的瓦斯初始解吸速率。

2. 不同含水率煤体瓦斯解吸规律

高压和低压传感器采集的压力范围和总采集时间如表 4-5 所示。由表 4-5 可知,对于相同的煤样,高压传感器的总采集时间随瓦斯压力的增加而延长。在相同瓦斯压力下,随煤体含水率的增加,高压传感器的总采集时间缩短,而低压传感器的总采集时间则没有明显的规律性。

表 4-5　不同含水率煤样解吸实验中瓦斯压力采集数据

煤样	含水率/%	瓦斯压力 p/MPa	高压传感器		低压传感器	
			压力采集范围/MPa	总采集时间/ms	压力采集范围/MPa	总采集时间/ms
原煤	1.31	0.606	0.003~0.606	1387.24	8~2998	10800.98

煤样	含水率/%	瓦斯压力 p/MPa	高压传感器		低压传感器	
			压力采集范围/MPa	总采集时间/ms	压力采集范围/MPa	总采集时间/ms
		0.801	0.003～0.801	1547.74	8～2998	10973.16
		0.992	0.003～0.992	1688.06	8～2998	10398.83
#1 湿煤	2.82	0.608	0.003～0.608	1237.01	8～2998	11512.65
		0.801	0.003～0.801	1361.36	8～2998	11386.66
		0.991	0.003～0.991	1480.81	8～2998	11322.85
#2 湿煤	3.62	0.607	0.003～0.607	1169.92	8～2998	11767.91
		0.804	0.003～0.804	1304.09	8～2998	11556.83
		0.994	0.003～0.994	1413.72	8～2998	11245.95
钢球	—	0.608	0.003～0.608	1143.35	8～2998	11643.94
		0.801	0.003～0.801	1305.86	8～2998	11573.06
		0.994	0.003～0.994	1407.34	8～2998	11167.24

　　煤样整个解吸过程中瓦斯压力变化如图 4-7 所示。从图 4-7(a)中高压传感器采集的压力数据可以看出，瓦斯压力先快速下降，然后缓慢下降。煤的含水率越大，压力下降越快。如图 4-7(b)所示，低压传感器获得的压力数据表明，瓦斯压力首先突然下降到一个非常低的数值(约 200Pa)，然后稳步下降。

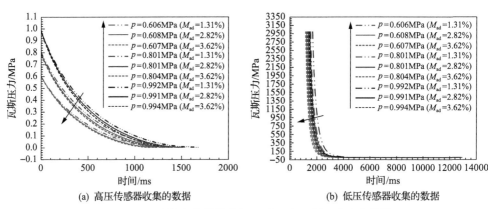

(a) 高压传感器收集的数据　　　　　　　　　(b) 低压传感器收集的数据

图 4-7　不同含水率煤样在解吸过程中瓦斯压力变化曲线

　　根据瓦斯压力数据，不同含水率下煤样解吸瓦斯的物质的量(n)可由式(4-1)和式(4-2)得出，如图 4-8 所示。由图 4-8 可知，煤体瓦斯压力越高，煤体含水率越低，煤样解吸瓦斯的物质的量越大。整个瓦斯解吸曲线可分为快速解吸、缓慢解吸和稳定解吸三个阶段。同时，发现在初始时刻有大量瓦斯被解吸，随后解吸速率减慢。在 2s 时刻，绝大多数最初解吸的瓦斯已从煤样中排出，这部分瓦斯是能够产生压力效应的部分(图 4-7)。从图 4-8(d)～(f)可以看出，在相同瓦斯压力下，随煤样含水率增加，煤样解吸瓦斯的物质的量呈现不同程度的减少。据报道，随含水率增加，瓦斯的解吸速率和扩散系数均有不同程度的降低，从而导致瓦斯的总解吸量降低[9]。由图 4-8 可知，当含水率从 1.31% 增加到 2.82% 时，不同压力下瓦斯的总解吸量下降了约 15%；当含水率增加到 3.62% 时，瓦斯的总解吸量相应减少了约 20%。

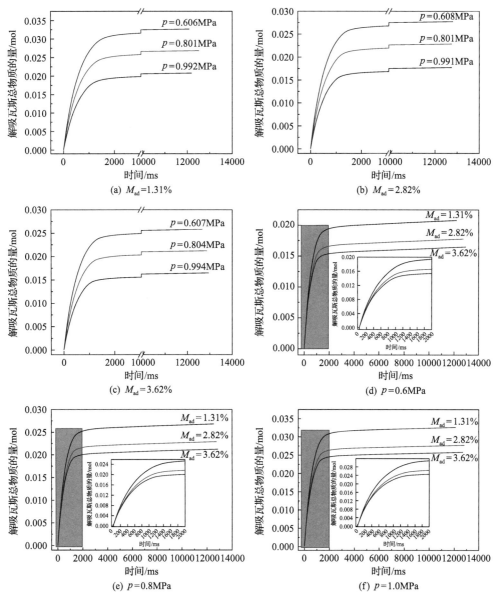

图 4-8　不同含水率煤样解吸瓦斯总物质的量与时间的关系

(a)～(c) 中的压力值与 (d)～(f) 小图题的压力值因保留小数点位数不同而有误差，下同

4.2　瓦斯初始解吸过程能量演化机制

瓦斯解吸过程中煤体释放的瓦斯能量是突出发生发展的主要能量来源，在 2.3.2 节研究亦得出瓦斯膨胀能与突出强度密切相关。根据式(4-1)给出的质量流量（具体数据见第 5.1 节），可得到不同时刻对应的瓦斯能(W_{ge})和瓦斯膨胀能(W_{gee})，见式(4-3)[6]所示。

$$
\begin{cases}
W_{ge}=mT\left(\dfrac{2C_v+\gamma R}{\gamma+1}\right), & W_{gee}=\dfrac{m\gamma RT}{\gamma+1}, \quad p>p^* \\[4mm]
W_{ge}=m\left(\dfrac{2C_vT}{1+(\gamma-1)\dfrac{v^2}{2v_0^2}}+\dfrac{v^2}{2}\right), & W_{gee}=\dfrac{1}{2}mv^2, \quad p<p^* \\[6mm]
v=\sqrt{\dfrac{2\gamma RT}{\gamma-1}\left[1-\left(\dfrac{p_0}{p}\right)^{\frac{\gamma-1}{\gamma}}\right]} \\[6mm]
v_0=\sqrt{\dfrac{2\gamma RT}{\gamma+1}}
\end{cases}
\tag{4-3}
$$

式中，p 为绝对压力，Pa；T 为绝对温度，K；p^* 为流速刚达到声速时的临界瓦斯压，Pa，计算公式为 $p^*=p_0\left(\dfrac{2}{\gamma+1}\right)^{\frac{\gamma}{1-\gamma}}$；$m$ 为喷嘴处瓦斯的质量流速，kg/s；C_v 为瓦斯在恒定体积下的比热容，J/(kg·K)；v 为瓦斯在喷嘴处的速度，m/s；v_0 为出口处声速，m/s；γ 为瓦斯的绝热指数；R 为瓦斯的气体常数，J/(kg·K)。

相应地，瓦斯解吸过程中释放的总瓦斯能(W_{tge})和总瓦斯膨胀能(W_{tgee})可由式(4-4)计算得到：

$$
\begin{cases}
W_{tge}=\displaystyle\int_0^t W_{ge}\,\mathrm{d}t \\[4mm]
W_{tgee}=\displaystyle\int_0^t W_{gee}\,\mathrm{d}t
\end{cases}
\tag{4-4}
$$

4.2.1　不同破坏类型煤体

图 4-9 给出了构造煤样和非构造煤样中实际释放的总瓦斯能和总瓦斯膨胀能

随时间的变化曲线。由图 4-9 可知，初始瓦斯压力越高，煤体释放的总瓦斯能和总瓦斯膨胀能越大。在相同的平衡瓦斯压力下，构造煤样释放的总瓦斯能和总瓦斯膨胀能约是非构造煤样释放的 3 倍，而且绝大多数(99%)的总瓦斯能和总瓦斯膨胀能在 2s 内释放。如果以 90%的能量释放为基准，则可得到释放能量与时间的关系，如表 4-6 所示。从表 4-6 中可明显看出，对于给定类型的煤体，初始瓦斯压力越高，释放 90%能量所需的时间就越长。同样，在相同的初始瓦斯压力下，构造煤释放 90%的能量比非构造煤需要更长的时间。此外，对于构造煤和非构造煤，释放总瓦斯膨胀能所需的时间均小于释放总瓦斯能所需的时间。这表明总瓦斯膨胀能的释放比总瓦斯能的释放提前完成。

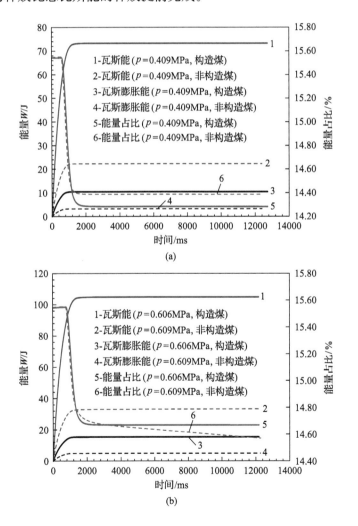

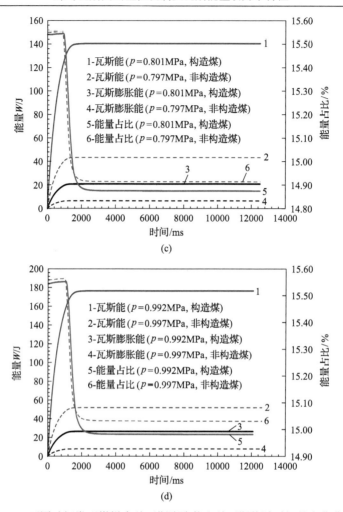

图 4-9 不同破坏类型煤样中总瓦斯膨胀能和总瓦斯能随时间的变化曲线

表 4-6 不同破坏类型煤样中释放 90%总瓦斯能和总瓦斯膨胀能所需时间

煤样类型	瓦斯压力/MPa	释放 90%总瓦斯能的时间/ms	释放 90%总瓦斯膨胀能的时间/ms
构造煤	0.409	791.78	665.23
非构造煤	0.409	710.66	606.82
构造煤	0.606	903.73	793.40
非构造煤	0.609	855.06	734.99
构造煤	0.801	983.90	885.35
非构造煤	0.797	898.87	814.50
构造煤	0.992	1052.59	956.46
非构造煤	0.998	959.72	879.88

由图 4-9 中能量占比(η，即总瓦斯膨胀能/总瓦斯能)可知，整个瓦斯解吸过程中能量占比的变化可分为三个阶段。这三个阶段分别为逐渐增加阶段（Ⅰ）、快速下降阶段（Ⅱ）和趋于恒定阶段（Ⅲ）（图 4-10 中明确标出阶段特点）。在阶段Ⅰ，非构造煤的 η 值略大于构造煤。在阶段Ⅱ，非构造煤样的 η 值小于构造煤样。在阶段Ⅲ，非构造煤的 η 值再次超过构造煤。对于不同破坏类型的煤样，在不同瓦斯压力下，释放的总瓦斯膨胀能占总瓦斯能的 14%～16%。此外，在图 4-9(b)中，非构造煤样的 η 曲线似乎逐渐减小而没有趋于平稳。这是由压力传感器的数据采集问题引起。

4.2.2　不同含水率煤体

图 4-10 为煤样实际释放的总瓦斯能和去除死空间释放的总瓦斯能后得到的总瓦斯能。由图 4-10(a)～(c)可看出，瓦斯压力越高，煤样中释放的总瓦斯能和总瓦斯膨胀能越大，和上述结论一致。在瓦斯吸附达到相同的瓦斯压力平衡后，煤

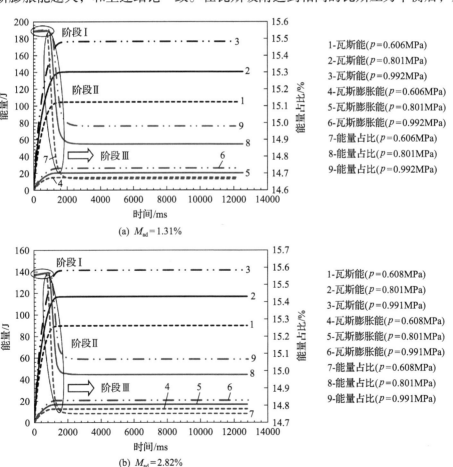

(a) $M_{ad}=1.31\%$

(b) $M_{ad}=2.82\%$

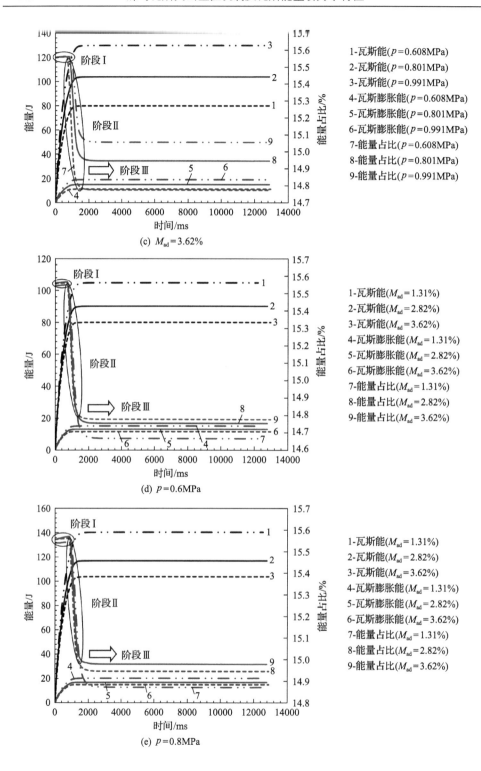

1-瓦斯能(p=0.608MPa)
2-瓦斯能(p=0.801MPa)
3-瓦斯能(p=0.991MPa)
4-瓦斯膨胀能(p=0.608MPa)
5-瓦斯膨胀能(p=0.801MPa)
6-瓦斯膨胀能(p=0.991MPa)
7-能量占比(p=0.608MPa)
8-能量占比(p=0.801MPa)
9-能量占比(p=0.991MPa)

(c) M_{ad}=3.62%

1-瓦斯能(M_{ad}=1.31%)
2-瓦斯能(M_{ad}=2.82%)
3-瓦斯能(M_{ad}=3.62%)
4-瓦斯膨胀能(M_{ad}=1.31%)
5-瓦斯膨胀能(M_{ad}=2.82%)
6-瓦斯膨胀能(M_{ad}=3.62%)
7-能量占比(M_{ad}=1.31%)
8-能量占比(M_{ad}=2.82%)
9-能量占比(M_{ad}=3.62%)

(d) p=0.6MPa

1-瓦斯能(M_{ad}=1.31%)
2-瓦斯能(M_{ad}=2.82%)
3-瓦斯能(M_{ad}=3.62%)
4-瓦斯膨胀能(M_{ad}=1.31%)
5-瓦斯膨胀能(M_{ad}=2.82%)
6-瓦斯膨胀能(M_{ad}=3.62%)
7-能量占比(M_{ad}=1.31%)
8-能量占比(M_{ad}=2.82%)
9-能量占比(M_{ad}=3.62%)

(e) p=0.8MPa

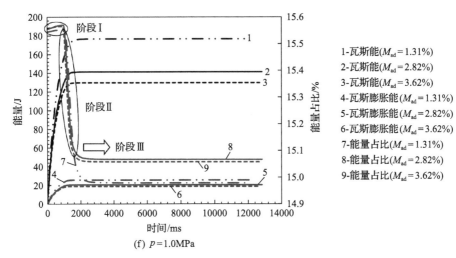

图 4-10　不同含水率煤样中总瓦斯膨胀能和总瓦斯能随时间的变化曲线

样中释放的总瓦斯能和总瓦斯膨胀能随煤体含水率的增加而减少[图 4-10(d) ～
(f)]。在 2s 时，99%的总瓦斯能和总瓦斯膨胀能均被释放。

　　同样以 90%的能量释放为基准，释放能量与时间的关系见表 4-7。从表 4-7 中可
看出，对于相同含水率的煤样，瓦斯压力越大，释放 90%能量所需的时间越长。在
相同的瓦斯平衡压力下，含水率较大的煤样在较短的时间内释放了 90%的能量。
对于不同含水率的煤样，总瓦斯膨胀能的释放时间比总瓦斯能短，即总瓦斯膨胀
能的完全释放早于总瓦斯能，这与上述结论吻合。

表 4-7　不同含水率煤样中释放 90%总瓦斯能和总瓦斯膨胀能所需时间

煤样类型	含水率/%	瓦斯压力/MPa	释放 90%总瓦斯能的时间/ms	释放 90%总瓦斯膨胀能的时间/ms
原煤	1.31	0.606	903.73	793.40
#1 湿煤	2.82	0.608	823.03	731.41
#2 湿煤	3.62	0.607	787.04	703.59
原煤	1.31	0.801	983.90	885.35
#1 湿煤	2.82	0.801	898.30	821.40
#2 湿煤	3.62	0.804	859.03	782.13
原煤	1.31	0.992	1052.59	956.46
#1 湿煤	2.82	0.991	962.12	886.85
#2 湿煤	3.62	0.994	914.66	842.67

　　同时，从图 4-10 中能量占比曲线可看出，不同含水率煤体解吸过程中的能量
占比(η)可分为三个阶段，分别为逐渐增加阶段(阶段 I)、快速下降阶段(阶段 II)

和趋于恒定阶段(阶段Ⅲ)。在阶段Ⅰ，瓦斯压力对相同含水率煤样的能量占比几乎没有影响。在相同瓦斯压力下，高含水率煤样的能量占比略大于低含水率煤样。在阶段Ⅱ，相同含水率煤样的能量占比随瓦斯压力的增加而增大。在相同瓦斯压力下，能量占比随含水率的增加而减小。而在相同含水率的煤样中，能量占比随瓦斯压力增加而增大。在相同瓦斯压力下，从不同含水率的煤样中发现，含水率较高的煤样基本上具有较大的能量占比。对于不同含水率的煤样，在不同瓦斯压力下，释放的总瓦斯膨胀能占总瓦斯能的 14%～16%。

4.3　突出煤体瓦斯膨胀能释放量化特征

4.3.1　不同破坏类型煤体

　　煤与瓦斯突出是地应力、瓦斯压力和煤体力学强度共同作用的结果。如前所述，煤体中的瓦斯能是突出发动的主要能量来源[6]。基于现场突出事故的分析表明，瓦斯提供的能量比地应力提供的能量大 1～3 个数量级[10]，本书 2.3 节实验亦证实这一关系。由于一次突出的发生短则数秒，长则数十秒，因此真正参与突出发生与发展的瓦斯能，被称为煤体初始释放的具有做功能力的瓦斯膨胀能，也称为初始释放瓦斯膨胀能[6]。

　　由图 4-9 可看出，两种煤样的总瓦斯膨胀能释放量都远小于总瓦斯能释放量，且释放速率更高。在相同的初始瓦斯压力下，虽然构造煤比非构造煤释放更多的总瓦斯能和总瓦斯膨胀能，但非构造煤释放的总瓦斯膨胀能在总瓦斯能中所占的比例略大于构造煤。

　　图 4-11 为整个解吸过程中能量占比(η)值的最小值、最大值和平均值。由图

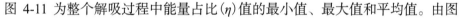

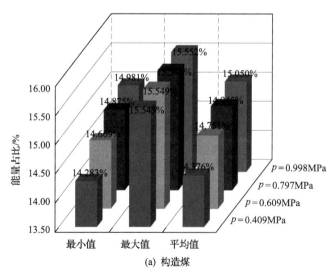

(a) 构造煤

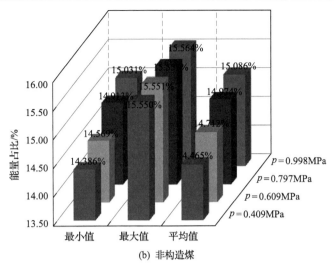

图 4-11　不同破坏类型煤样的能量占比

可看出，煤样释放能量的最小能量占比随初始瓦斯压力的增加而增大。然而，最大能量占比变化较小。平均能量占比也随瓦斯压力的增加而增加。构造煤样的最小、最大和平均能量占比均小于非构造煤样。

同时，不同瓦斯压力下能量占比的相对误差如表 4-8 所示。从表 4-8 中可看出，随瓦斯压力增加，虽然相对误差增大，但最大相对误差仍小于 5%。这种误差在工程应用中可忽略不计。然而，如若煤层不同区域瓦斯压力差较大，则需要考虑能量占比的差异。根据平均能量占比对应的数据，两种煤样在不同瓦斯压力下的总瓦斯膨胀能占总瓦斯能的 14%～16%。因此，这表明只有一小部分瓦斯能量会参与突出的发生和发展。对突出事故瓦斯能量的理论计算和数值模拟分析表明，总瓦斯膨胀能占总瓦斯能的 10%～30%[11]。

表 4-8　不同破坏类型煤样中能量占比相对误差分析

煤样类型	对照组瓦斯压力/MPa	瓦斯压力/MPa	能量占比相对误差/%		
			最小值	最大值	平均值
构造煤	0.409	0.409	0	0	0
		0.606	2.70	0.04	2.61
		0.801	4.14	0.01	3.96
		0.992	4.89	0.06	4.69
非构造煤	0.409	0.409	0	0	0
		0.609	1.27	0.01	1.71
		0.797	3.66	0.02	3.52
		0.998	4.48	0.1	4.29

4.3.2　不同含水率煤体

由图 4-10 可看出，不同含水率煤体中释放的总瓦斯膨胀能远小于释放的总瓦斯能，且前者释放速度更快。图 4-12 为煤样整个解吸过程中能量占比的最小值、最大值和平均值。随瓦斯压力增加，煤样中最小能量占比增大，而最大能量占比变化不大。由图中平均能量占比可看出，随瓦斯压力增加，煤样总瓦斯膨胀能在瓦斯能中的平均占比有所增加。在相同瓦斯压力下，煤样中总瓦斯膨胀能的最小占比和平均占比随含水率的增加而增加。同时图 4-12 表明，随瓦斯压力和含水率的增加，虽然相对误差在增大，但最大相对误差小于 5%。同前所述，这种误差在工程应用中可忽略不计。而如果煤层不同区域瓦斯压力和含水率差异较大，则需要考虑能量占比的差异。而根据能量占比平均值可发现，在不同瓦斯压力下，不同含水率煤体释放的总瓦斯能中，总瓦斯膨胀能一般占 14%～16%。

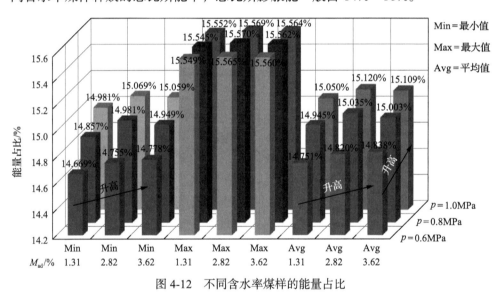

图 4-12　不同含水率煤样的能量占比

4.4　煤体瓦斯膨胀能与突出主控因素间关联

4.4.1　煤体破坏类型

Jiang 等[6]开展了大量突出模拟实验，并测定了煤体的相应总瓦斯膨胀能，也称为初始释放瓦斯膨胀能（通常在前 10s），研究得出 42.98mJ/g 是在突出煤层中发生突出的临界值（103.8mJ/g 被认为是发生相对强烈突出的临界值），数值预测的准确性也在现场得到了验证。

图 4-13 为四种不同瓦斯压力下，两种煤样在整个瓦斯初始解吸过程中所释放的总瓦斯膨胀能与瓦斯压力的关系。由图可知，总瓦斯膨胀能与瓦斯压力呈正相关关系。两条拟合线之间的差异（即构造煤和非构造煤释放的总瓦斯膨胀能的差异）随瓦斯压力增加而增大。这就解释了为什么构造煤和非构造煤之间的压力面积差[图 4-5(a)中的阴影区域]随瓦斯压力的升高而增大。根据线性拟合公式，构造煤释放的总瓦斯膨胀能约为非构造煤的 3.3 倍。

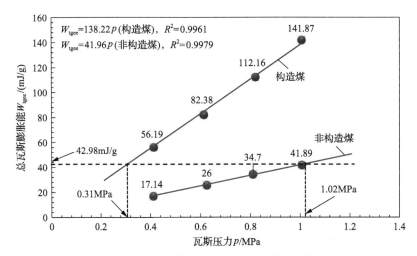

图 4-13　构造煤和非构造煤释放总瓦斯膨胀能与瓦斯压力的关系

基于初始释放瓦斯膨胀能的临界值，由图 4-13 可得出，在薛湖煤矿的非构造煤区域具有突出危险性的临界瓦斯压力为 1.02MPa；对于构造煤区域，对应值为 0.31MPa。2017 年 5 月 15 日，薛湖煤矿二$_2$煤层在瓦斯压力为 0.35MPa 时发生突出。从其他煤矿的突出资料来看，如果煤体力学强度较低，瓦斯压力则刚超过 0.3MPa 即会发生突出；而对于高强度煤体，瓦斯压力达到 0.6～1MPa 后才会发生突出。因此，由于所涉及煤层的赋存条件不同，各国规定的煤层可能发生突出的临界瓦斯压力差别很大。在捷克，当瓦斯压力超过 0.15MPa 时，认为煤层处于突出危险状态（超过 0.25MPa 时，危险性较高）。在我国，现行规定将瓦斯压力超过 0.74MPa 的煤层定义为易突出煤层。由 2.1.2 节第 2 部分内容可知，瓦斯压力临界值与煤体力学强度密切相关，现场实例也表明，瓦斯压力低于 0.74MPa 时也会发生突出。因此，《防治煤与瓦斯突出细则》给出了瓦斯压力临界值的判定，应结合煤体力学强度分类而定。在俄罗斯，当瓦斯压力超过 1MPa 时，才认为煤层有突出危险[6]。从能量释放的角度来看，煤体力学强度和瓦斯压力对煤体突出危险性水平的影响可以归结为对释放总瓦斯膨胀能的影响。可见，总瓦斯膨胀能实际上是推动突出发生和发展的能量源，是反映地应力、瓦斯压力和煤层强度对突出危险程度影响的综合指标。

4.4.2　煤体含水率

随煤体含水率从 1.31%增加到 2.82%和 3.62%，煤体的力学强度 f 值分别提高了 4.19 个百分点和 5.89 个百分点。水分含量每增加 1%，f 值平均增加 2.6 个百分点。从能量上看，含水率的增加降低了煤体释放的瓦斯能量，降低了煤体受地应力破坏后扩展裂缝的主要能量。不同瓦斯压力下，整个瓦斯解吸过程中不同含水率煤体释放的总瓦斯膨胀能与瓦斯压力的关系如图 4-14 所示。

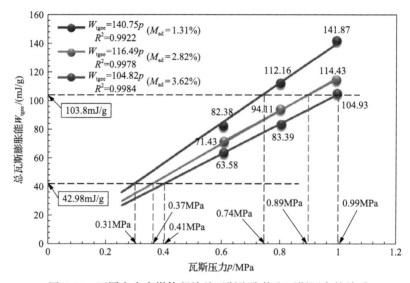

图 4-14　不同含水率煤体释放总瓦斯膨胀能和瓦斯压力的关系

由图 4-14 可知，总瓦斯膨胀能与瓦斯压力呈正相关关系，瓦斯压力越大，煤中释放的总瓦斯膨胀能越大，上文也已揭示了这一关系。根据具有突出危险性的瓦斯膨胀能临界值，薛湖煤矿含构造煤区域瓦斯压力达到 0.31MPa 时存在突出危险性。随含水率从 1.31%增加到 2.82%和 3.62%，煤体中释放的总瓦斯膨胀能分别减少了 17.24%和 25.53%。在相同瓦斯压力下，瓦斯总解吸量随煤中含水率的增加而减小[图 4-8(d)～(f)]。随含水率从 1.31%增加至 2.82%，不同瓦斯压力下瓦斯解吸量下降了 14%～15%；含水率增加到 3.62%后，瓦斯解吸量相应减少 20%～21%。显然，含水率对煤体释放总瓦斯膨胀能的影响大于对瓦斯解吸量的影响。随煤含水率增加，弱突出发生的临界瓦斯压力从 0.31MPa 增加到 0.37MPa 和 0.41MPa，强突出发生的临界瓦斯压力从 0.74MPa 增加到 0.89MPa 和 0.99MPa。这也意味着煤体内含水率越大，引发突出所需的瓦斯能量就越高。也相应证实煤层注水属消突有效措施，本书在 6.4.3 节第 2 部分便给出了煤层注水量化控能消突技术。

4.4.3　煤体温度

随深部开采常态化，煤层温度成为影响煤体瓦斯抽采及瓦斯动力灾害防治至关重要的因素。本书 2.3.2 节第 2 部分已基于突出模拟实验开展了温度对突出强度及瓦斯膨胀能影响研究，结果表明煤层温度与两者间均呈正相关关系。同时 5.4 节也给出了温度对瓦斯膨胀能的具体量化影响，在此不再赘述。

参 考 文 献

[1] Wen Z H, Wei J P, Wang D K, et al. Experimental study of gas desorption law of deformed coal[J]. Procedia Engineering, 2011, 26: 1083-1088.

[2] Yao Z, Cao D Y, Wei Y C, et al. Experimental analysis on the effect of tectonically deformed coal types on fines generation characteristics[J]. Journal of Petroleum Science and Engineering, 2016, 146: 350-359.

[3] Beamish B B, Crosdale P J. Instantaneous outbursts in underground coal mines: An overview and association with coal type[J]. International Journal of Coal Geology, 1998, 35(1-4): 27-55.

[4] Zheng S J, Yao Y B, Liu D M, et al. Characterizations of full-scale pore size distribution, porosity and permeability of coals: A novel methodology by nuclear magnetic resonance and fractal analysis theory[J]. International Journal of Coal Geology, 2018, 196: 148-158.

[5] Li Y B, Zhang Y G, Zhang Z M, et al. Experimental study on gas desorption of tectonic coal at initial stage[J]. Journal of China Coal Society, 2013, 38(1): 15-20.

[6] Jiang C L, Xu L H, Li X W, et al. Identification model and indicator of outburst-prone coal seams[J]. Rock Mechanics and Rock Engineering, 2015, 48(1): 409-415.

[7] 王超杰. 煤巷工作面突出危险性预测模型构建及辨识体系研究[D]. 徐州: 中国矿业大学, 2019.

[8] Xu L H, Jiang C L. Initial desorption characterization of methane and carbon dioxide in coal and its influence on coal and gas outburst risk[J]. Fuel, 2017, 203: 700-706.

[9] Ju Y W, Li X S. New research progress on the ultrastructure of tectonically deformed coals[J]. Progress in Natural Science, 2009, 19(11): 1455-1466.

[10] Wang C J, Yang S Q, Yang D D, et al. Experimental analysis of the intensity and evolution of coal and gas outbursts[J]. Fuel, 2018, 226: 252-262.

[11] Valliappan S, Zhang W H. Role of gas energy during coal outbursts[J]. International Journal for Numerical Methods in Engineering, 1999, 44(7): 875-895.

第5章 孕突过程损伤煤体瓦斯能量动力学特性

本章在第4章的基础上，基于空气动力学理论，以力学作用和能量释放为着力点，通过探究含瓦斯煤体瓦斯初始解吸动力学特性，围绕瓦斯压力、瓦斯速度等参数的演化规律，揭示煤体损伤瓦斯能量调控机制，进一步明确煤体瓦斯解吸过程瓦斯作用动力学行为，明晰瓦斯膨胀能初始释放过程所产生的力学效应、破坏能力等动力学特性，揭示孕突过程损伤煤体瓦斯能量动力学特性，进而深化对突出机理的认识，量化瓦斯膨胀能在煤与瓦斯突出危险性预测中的影响与应用，同时深化对煤层注水消突机制的认识。

5.1 损伤煤体解吸动力学参数特性

5.1.1 不同破坏类型煤体

1. 瓦斯压力变化

煤体瓦斯初始解吸实验过程见4.1.1节第1部分，图5-1为采自河南薛湖煤矿的构造煤体和非构造煤体瓦斯解吸过程中瓦斯压力演变数据。由图5-1可看出，瓦斯压力越大，压力下降到最小值的时间越长。而在同一瓦斯压力下，构造煤体瓦斯解吸过程中瓦斯压力降为最小值的时间长于非构造煤体。

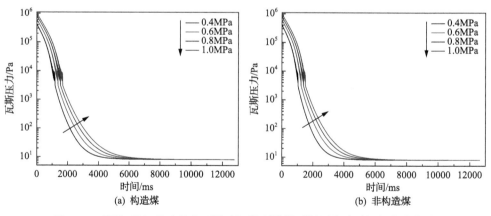

图 5-1 瓦斯初始解吸过程中不同破坏类型煤样瓦斯压力随时间的变化曲线

Xu 等[1]为构建煤粒中瓦斯扩散模型，通过实验得出解吸过程中瓦斯压力与时间的演化关系符合指数函数。基于此,本章对瓦斯初始解吸整个过程中瓦斯压力随时间的演变过程进行指数函数拟合,拟合结果见表 5-1。由表 5-1 中拟合相关系数(R^2)可知,瓦斯压力随时间的变化过程符合指数函数式,且随瓦斯压力增加,相关性也整体略高。同时由表 5.1 中一阶导数可看出,瓦斯压力越大,解吸过程中瓦斯压力下降速率越高。且构造煤体瓦斯压力下降速率小于非构造煤体。

表 5-1 煤样瓦斯初始解吸过程中瓦斯压力与时间的拟合关系式

煤样类型	瓦斯压力 p/MPa	拟合方程	一阶导数 p'	R^2
构造煤	0.409	$p = -689.496 + 436292e^{-t/359.712}$	$p' = -1212.893e^{-t/359.712}$	0.99496
	0.606	$p = -1073.261 + 630350e^{-t/403.226}$	$p' = -1563.267e^{-t/403.226}$	0.99608
	0.801	$p = -1389.513 + 836487e^{-t/431.034}$	$p' = -1940.652e^{-t/431.034}$	0.99692
	0.992	$p = -1753.92 + 1012430e^{-t/454.545}$	$p' = -2227.348e^{-t/454.545}$	0.99745
非构造煤	0.409	$p = -639.433 + 431328.422e^{-t/330.033}$	$p' = -1306.925e^{-t/330.033}$	0.99451
	0.609	$p = -1013.559 + 635038.221e^{-t/371.747}$	$p' = -1708.254e^{-t/371.747}$	0.99578
	0.797	$p = -1301.629 + 827524.72e^{-t/398.406}$	$p' = -2077.089e^{-t/398.406}$	0.99666
	0.998	$p = -1582.278 + 1019830e^{-t/420.168}$	$p' = -2427.196e^{-t/420.168}$	0.99727

2. 温度变化

构造煤体和非构造煤体瓦斯初始解吸过程中温度随时间的变化规律如图 5-2 所示。

观察图 5-2 可知,随煤体瓦斯的解吸,煤体温度先发生快速下降(阶段 1),而后又快速上升(阶段 2),并最终趋于稳定(阶段 3)。且稳定后的最终温度值小于最初的温度平衡值。温度的这种变化规律说明在煤体瓦斯初始解吸时,由于刚开始瓦斯突然被卸压,煤体内的游离瓦斯率先释放,而吸附瓦斯随煤体内瓦斯渗流通道中的瓦斯浓度降低快速解吸。由于瓦斯脱离煤体的过程需要能量消耗,促使了煤体温度降低。在图 5-2 阶段 1 中煤体温度发生快速下降,表明在这个过程中瓦斯解吸所消耗的热量高于外界热传递的热量;而在阶段 2 和阶段 3,煤体温度又开始随瓦斯解吸快速上升,最后趋于稳定,表明这个过程,由于瓦斯解吸量的减少使瓦斯解吸所消耗的热量低于外界热传递的热量。但由于在阶段 1 快速下降阶段瓦斯解吸所消耗的热量在整个瓦斯初始解吸过程中并不能得到完全的补充,因此解吸最后煤体的温度依然低于最初的温度值。同时从图中可看出,在整个初始解吸过程,瓦斯压力越大,温度变化速率(下降速率及上升速率)越大。同时,由图 5-3 中瓦斯解吸过程中煤体最小温度值和最终温度值与瓦斯压力间的关系可知,煤体温度与瓦斯压力呈良好的负线性相关关系,且构造

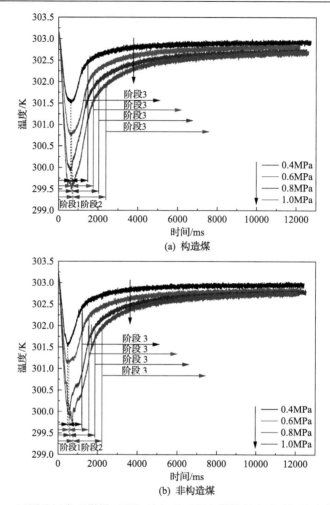

图 5-2　不同破坏类型煤样瓦斯初始解吸过程中煤样温度随时间的变化曲线

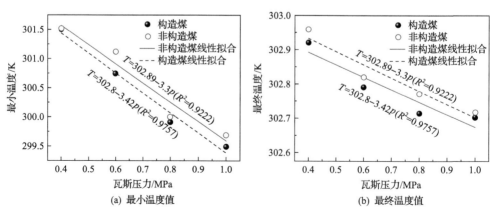

图 5-3　不同破坏类型煤样瓦斯初始解吸过程中煤样温度(T)与瓦斯压力(p)的关系

煤体相应温度值一般高于非构造煤体。这也相应佐证了煤体温度的变化可以用于突出危险性预测。

3. 质量流量变化

基于式(4-1)[2]即可得到不同时刻瓦斯解吸质量流量。

如图 5-4 为构造煤体和非构造煤体瓦斯初始解吸过程中瓦斯质量流量随时间的变化曲线。由图 5-4 可知，随瓦斯压力增加，瓦斯解吸的质量流量增大，从快速降低阶段到稳定阶段所用的时间更长。同一瓦斯压力下，构造煤体的不同时刻瓦斯质量流量均大于非构造煤体的瓦斯质量流量；同时构造煤体解吸瓦斯质量流量从快速降低阶段到稳定阶段所需时间比非构造煤长。

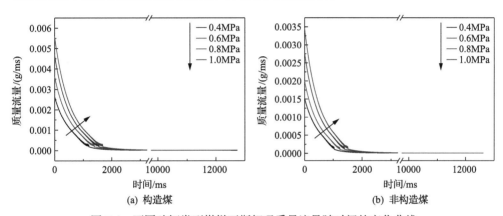

图 5-4　不同破坏类型煤样瓦斯解吸质量流量随时间的变化曲线

4. 瓦斯速度变化

由前述分析可知，突出过程属能量积聚、转移与异常释放的动力学行为。Jiang 等[2]通过分析突出过程及能量的耗散规律认为，瓦斯能中的瓦斯膨胀能其实是真正参与突出煤体破坏、抛出的能量，并提出了利用煤体初始释放瓦斯膨胀能进行煤层的突出危险性鉴定。现场应用表明，初始释放瓦斯膨胀能确实能够反映现场煤体的突出危险性大小。通过第 2 章和第 4 章中的实验结果表明，突出过程中瓦斯压力是地应力提供能量的上百倍，煤体在最初 13s 释放的瓦斯膨胀能占瓦斯能的 14%～16%。而计算瓦斯膨胀能的一个关键参数为瓦斯速度，瓦斯速度的大小也在一定意义上反映了瓦斯解吸的动力学性能，其计算如式(4-3)所示[2]。

煤体瓦斯初始解吸过程中不同时刻的瓦斯速度如图 5-5 所示。由图 5-5 可知，在整个初始解吸过程中瓦斯速度可分为四个阶段。在阶段 1，瓦斯速度大于声速，随时间发生缓慢线性降低；进入阶段 2 后，瓦斯速度发生快速线性下降，降到约 100m/s；在阶段 3，瓦斯速度开始缓慢下降；最后几乎趋于稳定，接近 5m/s（阶段 4）。对于两种煤样，在不同瓦斯压力下，整个瓦斯速度变化过程中最大瓦斯速度不超过 430m/s。同时，瓦斯压力越大，在阶段 1 由于拥塞效应，解吸时的瓦斯速度相对越小，而后面的三个阶段瓦斯速度相对越大。

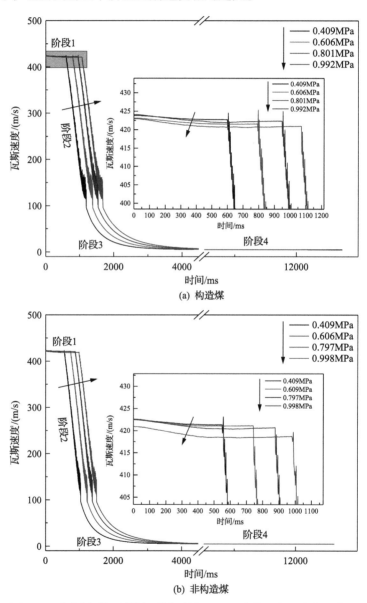

(a) 构造煤

(b) 非构造煤

图 5-5　不同破坏类型煤样瓦斯初始解吸过程中的瓦斯速度变化曲线

5.1.2 不同含水率煤体

1. 瓦斯压力变化

不同含水率煤体瓦斯初始解吸过程瓦斯压力演化曲线如图 5-6 所示。由图 5-6 可知，随煤体水分增加，煤体瓦斯初始解吸过程中瓦斯压力降低，同时瓦斯压力降幅呈减小趋势，表明煤体水分对瓦斯解吸具有显著的抑制作用，同时也说明了水分含量高的煤体，煤体表面形成的瓦斯压力梯度较低，但水分的影响有限。由突出机理相关理论可知[3]，相应的煤体裂纹在瓦斯压力作用下越不易扩展，进而导致发动突出的能力不足。

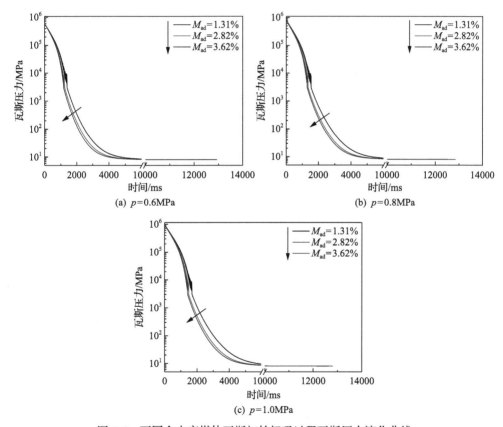

图 5-6　不同含水率煤体瓦斯初始解吸过程瓦斯压力演化曲线

2. 质量流量变化

根据式(4-1)可以求出解吸过程中瓦斯质量流量。图 5-7 为不同含水率煤样解吸过程中瓦斯质量流量随时间的变化曲线。

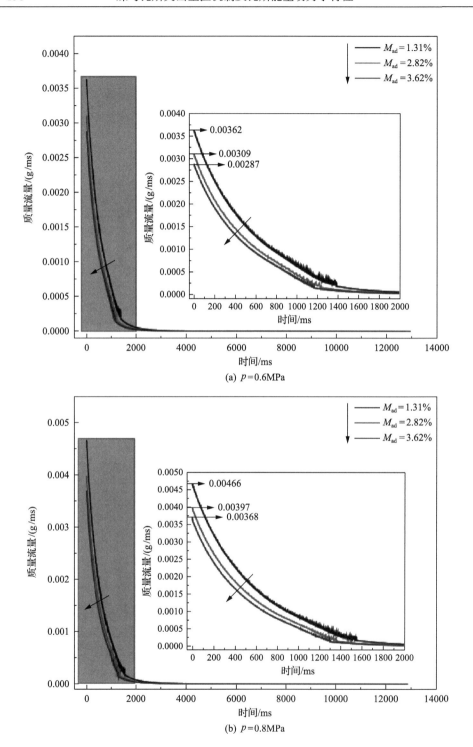

(a) $p=0.6\text{MPa}$

(b) $p=0.8\text{MPa}$

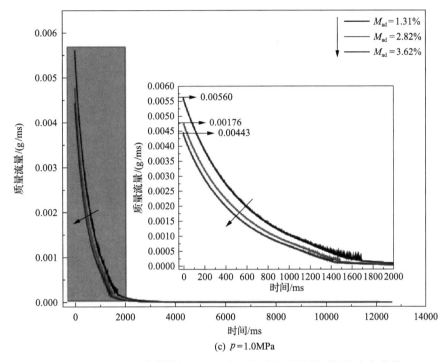

图 5-7　不同含水率煤样解吸过程中瓦斯质量流量随时间的变化曲线

如图 5-7 所示,当瓦斯压力为 0.6MPa 时,含水率从 1.31% 增加到 2.82% 和 3.62% 时,初始解吸瓦斯质量流量分别降低了 14.53% 和 20.66%;当瓦斯压力为 0.8MPa 时,随着含水率的增加,初始瓦斯质量流量分别下降 14.72% 和 20.87%;而当瓦斯压力为 1.0MPa 时,初始瓦斯质量流量分别下降了 15.01% 和 20.91%。

3. 瓦斯速度变化

根据式(4-3)可以求得瓦斯解吸过程中瓦斯速度。图 5-8 为瓦斯解吸过程中瓦斯速度随时间的变化曲线。从图 5-8 中可以看出,瓦斯速度随解吸时间可分为四个阶段。阶段 I,瓦斯速度呈缓慢的线性降低,且快于大气中的声速;随含水率的增加,瓦斯速度变化不大。进入阶段 II 后,瓦斯速度呈线性快速下降,在此条件下,含水率越大,瓦斯速度越慢。阶段 III,瓦斯速度开始缓慢下降,说明瓦斯速度与瓦斯质量流量一样,对瓦斯膨胀能的取值也有较大的影响。进入阶段 IV 后,瓦斯速度趋于稳定。整个瓦斯速度的变化趋势与能量占比随时间的变化趋势相似。

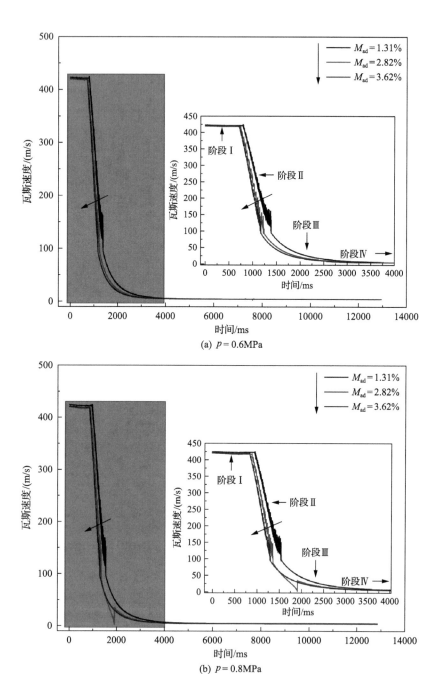

(a) $p = 0.6\text{MPa}$

(b) $p = 0.8\text{MPa}$

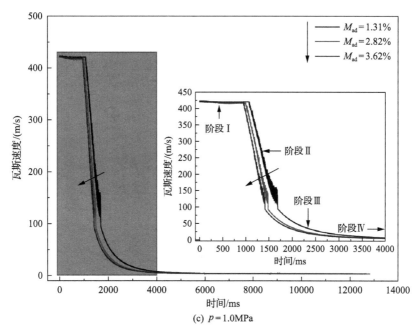

图 5-8　不同含水率煤样解吸过程中瓦斯速度随时间的变化曲线

4. 瓦斯动量变化

基于空气动力学理论[3]，煤体初始解吸过程中瓦斯解吸量与瓦斯速度由式(4-1)和式(4-3)计算可得。瓦斯解吸过程属动力学行为，煤体中裂纹在瓦斯压力作用下发生扩展，相应属于具有冲击能力的瓦斯快速撞击裂纹表面过程。根据物理学中动量定律可知，作用力与物质的质量和速度之间的关系满足式(5-1)：

$$Ft=mv \tag{5-1}$$

式中，F 为作用力，N；t 为作用时间，s；m 为瓦斯质量，kg；v 为瓦斯速度，m/s。

图 5-9 为不同含水率、不同瓦斯压力下煤体瓦斯初始解吸过程瓦斯动量演化曲线。由图 5-9 可知，随水分增加，煤体瓦斯动量减小，同时煤体水分增幅加大，瓦斯动量降幅减小。由第 4 章的研究结果表明，煤体水分增加，煤体瓦斯解吸量减小，且瓦斯速度亦发生同步减小。因此，本节反映出瓦斯动量随水分增加呈降低趋势，进一步表明由于水分会降低煤体裂纹内积聚瓦斯的冲击能力，进而削弱了裂纹扩展能力。

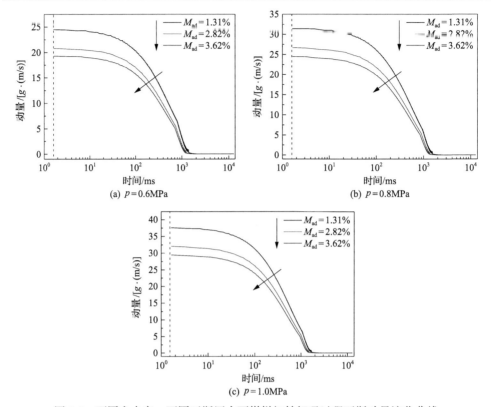

图 5-9　不同含水率、不同瓦斯压力下煤样初始解吸过程瓦斯动量演化曲线

5.2　损伤煤体解吸力学作用机制

由上述内容可知，突出过程属多参数间耦合与协作的动力学结果。目前，在突出发生机制的相关理论中，"球壳失稳" 机理提供了突出发生时的详细阶段特征和力学条件[3]。在这个理论中，突出过程被分为三个阶段，如图 5-10 所示。

从式(5-2)～式(5-4)[3]可以看出满足突出演化过程的力学条件。由图 5-10 可知，突出过程中瓦斯压力对煤体裂纹扩展及失稳破坏至关重要，2.2.2 节也给出了煤体初始破坏过程地应力影响下瓦斯压力作用阶段性特征。为此，为进一步剖析损伤煤体瓦斯压力作用演化过程，以煤体解吸规律为切入点，通过明确解吸过程中瓦斯压力梯度、瓦斯动量等动力学行为参数特征，揭示损伤煤体瓦斯解吸力学作用机制，旨在深化煤体损伤中瓦斯作用机制。

第一阶段：

$$\sigma_\theta'' \geqslant \frac{1+\sin\varphi}{1-\sin\varphi}\sigma_r'' + \frac{2f_c\cos\varphi}{1-\sin\varphi} \tag{5-2}$$

式中，σ''_θ 为含瓦斯煤体破坏前所受的切向应力，MPa；σ''_r 为含瓦斯煤体破坏前所受的径向应力，MPa；f_c 为含瓦斯煤体的内聚力，MPa；φ 为含瓦斯煤体的内摩擦角，(°)。

第二阶段：

$$p_i - p_0 \geqslant M \frac{2K_c\sqrt{\pi}}{2\eta\sqrt{r}} \tag{5-3}$$

式中，p_i 为裂纹中积聚的瓦斯压力，MPa；p_0 为巷道中的大气压力，MPa；K_c 为煤体的断裂韧性，MN/m$^{2/3}$；r 为裂纹的半径，m；η 为裂纹的影响系数；M 为随 a/h 的增加而增大的影响系数，其中 h 为裂纹距暴露面的距离，m。

第三阶段：

$$p' - p_0 \geqslant \left[1 - 0.00875(\varphi_i - 20)\right]\left(1 - 0.000175\frac{R_i}{t_i}\right)\left(0.3E\frac{t_i^2}{R_i^2}\right) \tag{5-4}$$

式中，p 为层裂煤体后的瓦斯压力，MPa；p_0 为巷道大气压，MPa；φ_i 为球壳状煤体边缘与中心形成的中心角的一半，(°)；E 为煤体的弹性模量，MPa；t_i 为层裂煤体的厚度，m；R_i 为层裂煤体的曲率半径，m。

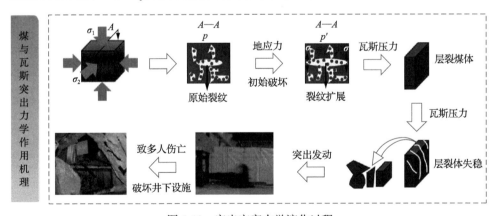

图 5-10　突出灾害力学演化过程

5.2.1 不同破坏类型煤体

1. 瓦斯压力梯度

由表 5-1 中瓦斯压力和时间拟合函数的一阶导数可知，瓦斯压力越大，瓦斯解吸过程中瓦斯压力下降速率越快，且同等瓦斯压力下，非构造煤的瓦斯压力下降速率较快。突出过程瓦斯压力的破坏能力体现在暴露煤体表面附近压力梯度的大小[4]。在煤体初始解吸过程中，瓦斯压力降低速率越慢，所产生的压力梯度越大，对煤体的破坏越严重。由表 5-1 的拟合公式可知，瓦斯压力越大，瓦斯初始解吸时所提供的压力梯度越大。此外，构造煤初始解吸时，瓦斯压力降低速率比非构造煤压力降低速率要慢，进而构造煤体表面附近产生的瓦斯压力梯度越大，这也是突出易发生在构造煤中的一个关键成因。

同时，两种煤样瓦斯压力一阶导数如图 5-11 所示。由图可看出，无论构造煤样或非构造煤样，瓦斯压力的变化速率在解吸开始时达到最大值，随解吸过程的进行迅速衰减，且变化速率随瓦斯压力的增大而增加。如图 5-11（c）所示，由两种煤样瓦斯压力变化速率对比可看出，在瓦斯解吸初期构造煤样的瓦斯压力变化速率始终小于非构造煤样，且差距随瓦斯压力增加而增大。

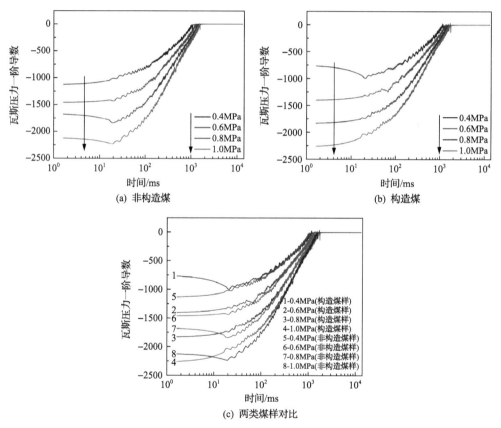

图 5-11　不同破坏类型煤样瓦斯压力一阶导数随时间变化关系

2. 初始时刻解吸质量流量与瓦斯压力的关系

构造煤体和非构造煤体瓦斯初始时刻解吸质量流量与瓦斯压力的关系如

图 5-12 所示。图 5-12 表明，不同瓦斯压力下，构造煤体在初始时刻瓦斯解吸的质量流量约是非构造煤的 2 倍。研究表明，初始时刻瓦斯解吸速率与瓦斯压力的关系符合幂函数[5]。观察图 5-12(b)，瓦斯初始时刻的解吸质量流量与瓦斯压力间也呈良好的线性相关关系。从图中不同拟合方式的相关系数可知，构造煤体瓦斯初始时刻解吸的质量流量与瓦斯压力的关系用幂函数或线性函数表示效果均较好，而非构造煤体的瓦斯初始时刻解吸的质量流量与瓦斯压力的关系用

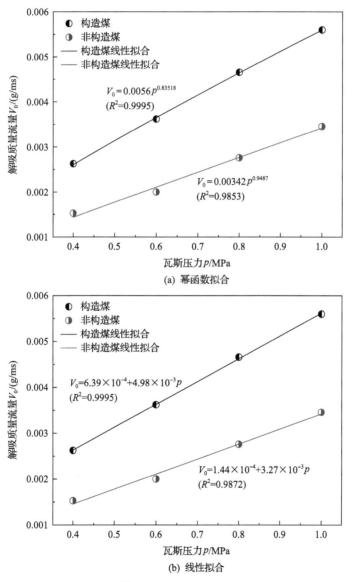

(a) 幂函数拟合

(b) 线性拟合

图 5-12 不同破坏类型煤体初始解吸时刻的质量流量与瓦斯压力的关系

线性函数表示效果更好。此外，不论是幂函数或线性函数，瓦斯压力对构造煤体初时刻的质量流量影响更大。

3. 瓦斯速度与瓦斯压力的关系

图 5-13 为构造煤体和非构造煤体的不同瓦斯压力下随时间变化的瓦斯速度。从图 5-13 中可以看出，在同一瓦斯压力下，构造煤体解吸时的瓦斯速度大于非构造煤体解吸的瓦斯速度。这表明瓦斯压力越大，突出发生后瓦斯气流携带碎煤体的运移能力越强，相应说明构造煤体瓦斯解吸后形成的动力效应更强。

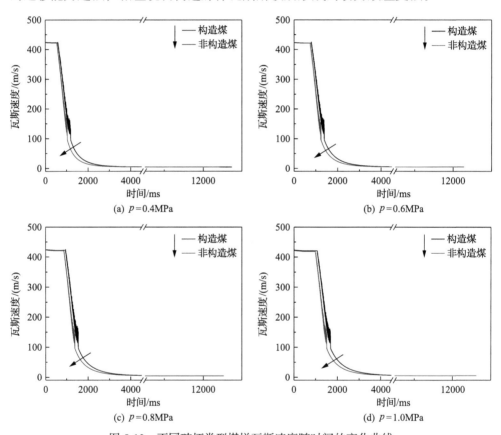

图 5-13 不同破坏类型煤样瓦斯速度随时间的变化曲线

4. 瓦斯初始解吸过程力学作用机制

煤体力学强度一般可用坚固性系数 f 值来间接反映，在现场具有突出危险性的煤体，其 f 值一般小于 0.5。煤体作为突出过程中地应力、瓦斯压力破坏的载体，它的强度极大地影响了突出发生的难易程度。煤体力学强度越大，相应的煤体内聚力、内摩擦角、断裂韧性越大，受同样的地应力越不易发生破坏，越不易满足式(5-1)；或产生的裂纹越少，在相同压力的瓦斯作用下越难以形成层裂煤体或越不易使层裂煤体发生失稳破坏，越难满足式(5-3)和式(5-4)所需的临界条件，也不利于煤体的进一步粉化。在一定程度上煤体力学强度决定了突出发生的瓦斯压力等参数的临界值。薛湖煤矿的构造煤体力学强度，f 值远小于 0.5；非构造煤体力学强度，f 值远大于 0.5。薛湖矿现场实际突出情况也表明了突出易发生于构造煤体中，如 2017 年的"5·15"突出事故，直接原因即为采掘扰动了隐伏在硬煤体内部的构造软煤体。根据"球壳失稳"机理提出的突出三个阶段可知，构造煤体力学强度低有利于地应力为主控的煤体损伤阶段形成，至于后两个阶段能否顺利进行直接关系着突出能否发生。图 5-1 表明，与非构造煤体相比，构造煤体内形成的瓦斯压力梯度也更高。从图 5-11 可知，构造煤体中瓦斯压力降低速率低于非构造煤体中的瓦斯压力降低速率，其形成的瓦斯压力梯度也大于非构造煤形成的瓦斯压力梯度，且其差距随瓦斯压力增加而增大。这意味着构造煤体内部在瓦斯解吸时容易保持较高压力，与煤样暴露表面形成较大压力差，更容易满足裂纹扩展的力学条件。因此，对两种煤体而言，同等瓦斯压力及同等破坏程度下，式(5-3)在初始破坏的构造煤体中更易发生，进而更易形成层裂体。而层裂体的失稳如式(5-4)所示，它的发生在于形成的大裂纹中局部瓦斯压力是否能够满足失稳条件。

由图 5-7 和图 5-12 可知，构造煤样初始解吸过程的瓦斯质量流量及初始时刻解吸质量流量约是非构造煤体的 2 倍。由第 4 章可知，同一瓦斯压力下构造煤体的瓦斯解吸总量平均约是非构造煤体的 2 倍。因此，在构造煤体形成层裂体后，其后大裂纹中积聚的瓦斯更多，形成的瓦斯压力越大，进而更易满足式(5-4)。同时由图 5-4 和图 5-13 可知，瓦斯解吸过程为动力学过程，在层裂煤体后的大裂纹中瓦斯积聚过程同样属于具有冲击能力的瓦斯快速撞击层裂体的过程。根据式(5-1)可得出，构造煤体中解吸出的瓦斯速度更大，且解吸瓦斯质量流量更高，进而积聚的瓦斯所形成的动量更大，在层裂体表面形成的作用力更大，致使层裂体更易发生失稳激发突出。

5.2.2　不同含水率煤体

1. 瓦斯压力梯度

图 5-14 为不同含水率煤样初始解吸过程中瓦斯压力一阶导数，其表征瓦斯压力降低速率。由图 5-14 可看出，煤体瓦斯解吸过程瓦斯压力降低速率呈缓慢减小逐渐转变为快速减小趋势。随煤体水分增加，煤体瓦斯压力降低速率呈增大趋势，且煤体原始瓦斯压力的增加会进一步加大瓦斯压力降低速率，表明高瓦斯压力会进一步促进瓦斯解吸，然而瓦斯压力高的煤体表面仍保持较高的瓦斯压力梯度，

相应地更有利于突出发生。同时可看出，解吸初期水分对瓦斯压力降低速率的影响显著，而后期影响微弱。这体现了水分的影响具有时间效应。因此，煤体水分增加，会降低暴露煤体表面瓦斯压力梯度，进而削弱煤体破坏能力，限制突出孕灾过程进一步发展。

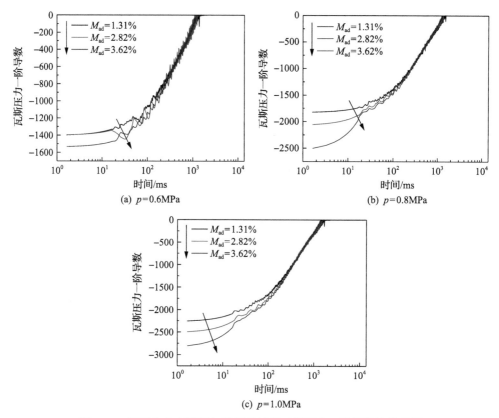

图 5-14　不同含水率煤样初始解吸过程瓦斯压力一阶导数演化曲线

2. 瓦斯动量演化规律

图 5-15 为不同含水率、不同瓦斯压力条件下煤样瓦斯初始解吸过程瓦斯动量一阶导数，其表征瓦斯动量降低速率。由图 5-15 可看出，煤样瓦斯解吸过程中瓦斯动量降低速率呈缓慢减小逐渐转变为快速减小，而后发生短暂增加（1200ms）转变为快速减小。由第 4 章可知，瓦斯解吸量和瓦斯速度后期发生了短暂的增加。从图 5-5 和图 5-14 也可看出，在此刻瓦斯压力易发生明显增加趋势（线条变粗位置），分析认为由于后期煤体解吸效应，局部煤体内发生损伤，使其内部瓦斯扩散能力增强，进一步增加了瓦斯解吸能力所致。同时图 5-15 表明，随水分增加，煤体解吸过程中瓦斯动量降低速率呈减小趋势，表明水分会降低瓦斯冲击裂纹表面

幅度，相应弱化了破坏煤体能力。

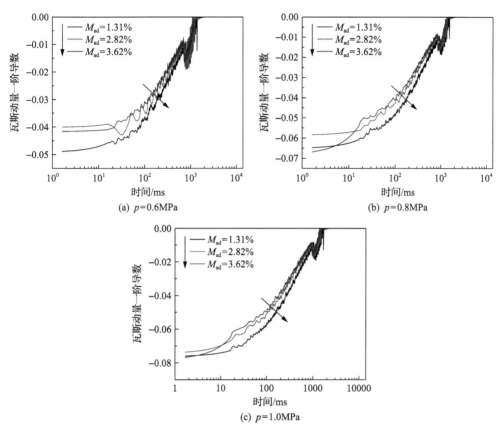

图 5-15　不同含水率煤样初始解吸过程瓦斯动量一阶导数演化曲线

3. 水分对瓦斯初始解吸力学作用影响

突出的发生主要是地应力、瓦斯压力和煤的力学强度共同作用的结果。随含水率从 1.31% 分别增加到 2.82%、3.62%，煤的力学强度 f 值分别提高了 4.19% 和 5.89%。含水率每增加 1 个百分点，f 值平均增加 2.6%。f 值随含水率的增加而增大，使煤体脆性减弱，塑性增强。这导致煤样破坏后粒径小于 0.5mm 的煤粉量减少，相应减少了暴露煤的比表面积，进而减少瓦斯释放量。因此，在一定的瓦斯压力下，裂缝不易伸展。如图 5-6 所示，瓦斯压力下降速率随煤样含水率的增加而增大，压力降至 3000Pa 所需的时间较短。其中 Δp 的值为煤体暴露前 10~60s 在固定空间释放的瓦斯所产生的水银柱压差。当煤体含水率由 1.31% 增加到 2.82%、3.62% 时，Δp 值分别下降 10.22%、15.33%。这也表明除了改变煤的力学强度外，含水率高的煤体在暴露时提供较小的瓦斯压力梯度，这也是降低煤体突出危险性的原因之一。

5.3　解吸过程瓦斯膨胀能演变规律

5.3.1　不同破坏类型煤体

在 5.1 节中，针对构造煤体和非构造煤体初始解吸特性，从力学角度对突出的发生过程进行了分析。由于突出过程也可视为能量积聚、转移和释放的过程，且瓦斯能是突出过程中的主要能量提供者。同时实际参与突出发动、发展过程中的瓦斯能为具有动力效应的瓦斯膨胀能。本节将从两种煤体释放瓦斯膨胀能特性进一步揭示突出发生机制。煤体释放瓦斯膨胀能的计算公式如式(4-3)所示。

为简化分析，本节只展示构造煤体释放瓦斯膨胀能随时间变化的数据，如图 5-16 所示。由图 5-16 可看出，瓦斯膨胀能随时间的释放过程可分为两个阶段，每个阶段的变化均先增加后降低。在整个变化过程中出现了两个峰值，膨胀能峰值 1 远小于峰值 2。从相关突出机理可知，瓦斯在解吸过程中对煤体有一个再破坏

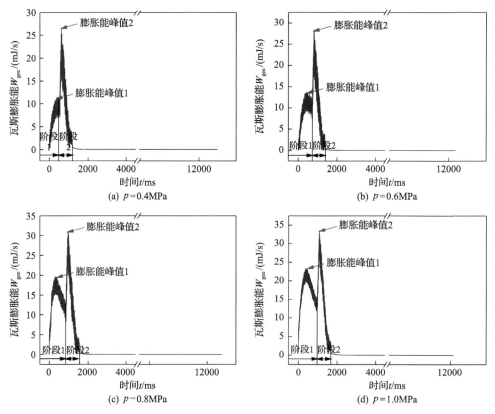

图 5-16　不同瓦斯压力下煤体释放瓦斯膨胀能随时间变化曲线

过程。因此，瓦斯膨胀能的这一阶段性特征也体现了瓦斯对煤体的再破坏过程特点。即煤体被暴露后，在压力梯度的驱使下游离瓦斯快速解吸，同时伴随着部分吸附瓦斯向游离瓦斯转变。随解吸量的增加，瓦斯膨胀能开始增加直至出现峰值1。在游离瓦斯释放后，由于煤体内瓦斯运移通道不连通，吸附瓦斯转变为游离瓦斯发生局部积聚，瓦斯解吸量及瓦斯速度均减少，致使瓦斯膨胀能开始下降。随着孔裂隙中游离瓦斯的进一步积聚，瓦斯压力梯度增加，使煤体发生撕裂破坏（这也是突出过程中粉化煤体出现的一个重要原因），大量瓦斯再次快速解吸，进而出现峰值 2。随吸附瓦斯转变为游离瓦斯量的减少，相应瓦斯压力梯度随之降低，释放的瓦斯膨胀能随之降低，煤体中瓦斯初始解吸过程中瓦斯膨胀能的释放过程逐渐结束。

此外，结合图 4-6 和图 5-16 发现，瓦斯压力越大，煤体中游离瓦斯量及吸附瓦斯量越多，瓦斯膨胀能释放的两个阶段持续的时间越长。但不同瓦斯压力下，煤体释放具有动力效应的瓦斯所产生的膨胀能在 1.5～2s 内几乎释放完毕。这表明一次突出虽由多个子循环组成，但每个子循环只持续不足 2s。如果对于大型突出，其过程可分为 10 个子循环，那么整个突出过程仅持续 20s 左右。这相应解释了现场典型突出事故发生过程持续时间平均 20s[6]。

为进一步对比构造煤体和非构造煤体释放瓦斯膨胀能的差异，以及瓦斯压力的影响机制，图 5-17 为两种煤体在不同瓦斯压力下的两个峰值变化规律。

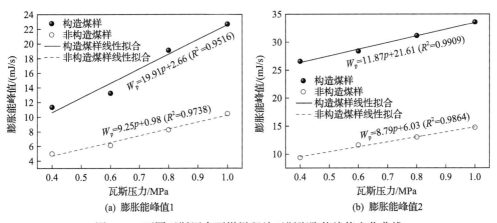

图 5-17　不同瓦斯压力下煤样释放瓦斯膨胀能峰值变化曲线

从图 5-17 可以看出，不论是瓦斯膨胀能峰值 1 还是峰值 2，构造煤体的相应数值均是非构造煤体相应数值的 2～3 倍。两膨胀能峰值随瓦斯压力的增加而增加，两者关系可用线性函数进行表达。峰值与瓦斯压力的正相关性也证实了瓦斯压力越大，煤体破坏越严重，瓦斯膨胀能释放越大，突出越易发生。同时结合图 5-1 中瓦斯压力演化规律可知，煤体中瓦斯在解吸过程中会产生较高的瓦斯压力梯度，形成拉应力作用在煤体暴露面附近的层裂体表面。瓦斯压力越大，产生的拉应力越大，层裂体越易被破坏且破坏也越严重，从而产生小煤块和煤粉喷出现象。

由以上分析可知，瓦斯膨胀能演化规律可反映突出发生过程。蒋承林和俞启香[3]发现，在煤体初始解吸过程中累计释放的瓦斯膨胀能与煤体突出危险性水平密切相关，并得出当煤体释放的累计瓦斯膨胀能大于 42.98mJ/g 时，煤体即存在突出危险性。如图 5-18 所示为构造煤体和非构造煤体初始释放的累计瓦斯膨胀能与瓦斯压力的关系。从图 5-18 可知，同等瓦斯压力水平下，构造煤体释放的累计瓦斯膨胀能远远大于非构造煤体释放的累计瓦斯膨胀能，瓦斯压力越大，两者差异越大。当瓦斯压力超过 0.31MPa，构造煤体即具有突出危险性。而瓦斯压力为 1.02MPa 时，非构造煤体才具有突出危险性，这也表明相对于非构造煤体，构造煤体因力学强度低、瓦斯解吸过程中产生的动力强度大，更易发生失稳破坏，进而激发突出。因此，在煤层鉴定突出危险性时，准确判定构造煤体释放的累计瓦斯膨胀能是关键。同时当煤层发育不同力学强度的煤体时，由于煤体发生突出危险性的临界值差别较大，应分别判定相应煤体发生突出危险性的临界值，可以有效实现分源、分强度、分时空进行突出防治。

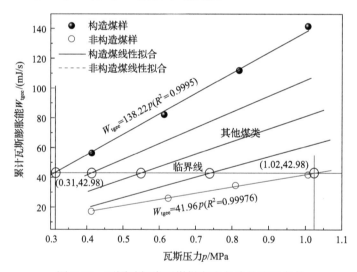

图 5-18 不同破坏类型煤样突出危险的临界条件

5.3.2 不同含水率煤体

图 5-19 为不同含水率煤样初始解吸过程累计瓦斯膨胀能演化曲线。由图 5-19 (a)～(c)可知，煤体水分增加，累计瓦斯膨胀能降低，降幅呈减小趋势，表明煤体诱发突出发动的能量减小，削弱了煤体突出危险性水平。同时，图 5-19 (d)～(f)为累计瓦斯膨胀能一阶导数，其表征瓦斯膨胀能降低速率，图中表明随水分增

加，煤体释放瓦斯膨胀能增加速率减小；而随瓦斯压力增加，释放瓦斯膨胀能增加速率呈增大趋势。

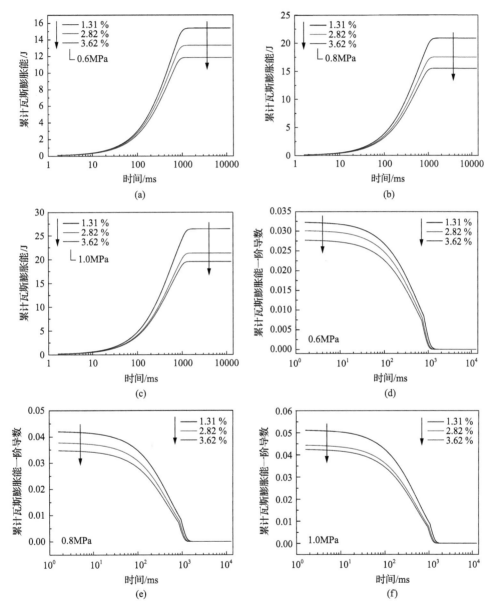

图 5-19　不同含水率煤样初始解吸过程累计瓦斯膨胀能演化曲线

(a)～(c)为相应瓦斯压力下不同含水率煤样的累计瓦斯膨胀能；(d)～(f)为相应瓦斯压力下
不同含水率煤样的累计瓦斯膨胀能一阶导数

结合图 5-15 中瓦斯动量降低速率演化特点，可得出煤体中水分通过抑制瓦斯动量的动力效应与限制瓦斯膨胀能释放幅度，综合削弱了瓦斯的压力属性和膨胀效应双重作用程度。研究已证实，煤体吸附水分子的能力强于甲烷分子，同时研究指出[7]，瓦斯抽采过程中随瓦斯渗流过程，由于水分的饱和蒸气压出现变化，引起"负压失水"现象。因此，瓦斯初始解吸过程，孔裂隙压力显著降低，亦出现"压降驱水"过程。运移通道中水分子势必占据瓦斯气体运移空间，甚至堵塞运移通道，进而对瓦斯解吸产生抑制作用。故而水分对煤体瓦斯解吸过程的抑制作用一方面体现在水分子占据甲烷分子吸附空间，另一方面通过限制瓦斯运移能力而实现。综合反映在瓦斯做功能力的削弱，即瓦斯动量和瓦斯膨胀能同步降低。

研究已表明，煤体瓦斯膨胀能与瓦斯压力呈正相关关系[8]。根据《煤矿安全规程》[9]，预抽煤层瓦斯后，煤层瓦斯预抽率大于 30%，可作为突出防治效果考察依据。由瓦斯含量(Q)与瓦斯压力(p)关系式 $Q=\alpha p^{0.5}$（其中 α 为煤体瓦斯含量系数）可得[10]，煤体中残余瓦斯压力应为原始瓦斯压力的 49%。图 5-20 为煤体瓦斯压力降低为原始值的 49%所需解吸时间。图 5-20(a)表明，瓦斯压力高的煤体，瓦斯抽采达标所需时间较长。由图 5-20(b)可看出，随煤体水分增加，瓦斯抽采达标所需时间较短。因此，针对瓦斯压力与含水率不同的煤体区域，应以分源、分强度防治为落脚点，瓦斯抽采作业实施差异化的抽采工作量。

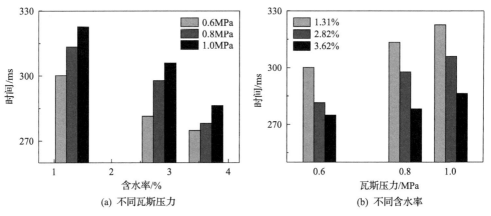

(a) 不同瓦斯压力　　　　　　　　　　(b) 不同含水率

图 5-20　瓦斯压力降低为原始值的 49%所需解吸时间柱状图

5.4　瓦斯解吸能力与瓦斯膨胀能间的规律

以往在煤与瓦斯突出机理的研究中主要开展了主控因素如瓦斯压力、地应力的控突机制，而对温度的影响缺乏深入的探究。在我国，即使不同矿区测定煤体瓦斯解吸量或瓦斯含量时，往往设定煤体温度为一相同恒定值。但针对现阶段的深部开采，以往适用于浅部开采得到的瓦斯解吸规律经验公式能否适用，以及温度对突出预测指标临界值的判定产生的量化影响均是必须要探究的科学问题。

本节通过自主搭建的一套能够监测涵盖煤体瓦斯初始解吸的全过程温控解吸设备，研究不同温度下煤体瓦斯全过程解吸规律，分析温度效应下的瓦斯解吸理论模型的适用性。另外，从瓦斯能量释放的角度，探讨瓦斯解吸能力与初始释放瓦斯膨胀能间的规律，进一步量化温度在突出危险性预测中的影响与应用。

5.4.1　温控作用下的煤体瓦斯解吸实验

1. 实验装置

本实验采用自主搭建的煤样瓦斯全过程吸附-解吸装置如图 5-21 所示，主要由瓦斯初始解吸监测数据平台、恒温水浴槽、精密量筒器等组成。其中初始解吸监测数据平台用于测定煤样在最初 10s 左右的瓦斯解吸量，而后续瓦斯解吸量采用精密量筒器进行计量，恒温水浴槽用于煤体温度的调控。初始解吸监测数据平台主要基于空气动力学原理，通过监测煤体瓦斯释放过程中的温度和瓦斯压力，进而计算出实时释放的瓦斯量，其内部结构如图 5-21 所示，由温度传感器、高低压传感器、压力转换电磁阀、数据采集系统等组成。

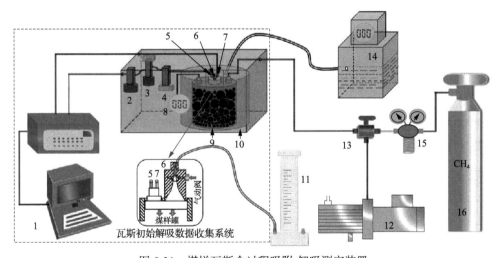

图 5-21　煤样瓦斯全过程吸附-解吸测定装置

1-数据采集系统；2-低压传感器；3-电磁阀；4-高压传感器；5-压力传感器接口；6-渐缩喷口；7-温度传感器；8-电子压力表；9-煤样罐；10-恒温水浴；11-量筒；12-真空泵；13-气路转换阀；14-恒温水浴槽；15-稳压阀；16-气源

2. 实验煤样

所采集煤样来自两个不同地区的突出矿井，分别为江苏省徐州市的王庄矿、安徽省淮南市的朱集矿。煤样均在井下工作面密封后带回实验室。煤样的类别和瓦斯基础参数如表 5-2 所示。

表 5-2　煤样瓦斯基础参数

煤样(产地)	工业分析/%			吸附常数		f	Δp/mmHg	煤阶
	水分	灰分	挥发分	a/(m³/t)	b/MPa⁻¹			
王庄矿	5.68	13.09	35.5	18.78	1.23	0.14	4.1	低等烟煤
朱集矿	5.62	10.71	10.49	28.58	1.43	0.15	24.1	中等烟煤

3. 实验过程

实验过程可分为三个步，具体如下：

1)煤样制备

将从现场采集的煤样筛分出 1～3mm 的煤粉，并密封放置于阴凉处。每次取出制备好的煤样约 300g，装入煤样罐中，然后连接好装置的各个管路。

2)抽真空与充气

对煤样罐抽真空 10h 以上，关闭抽真空阀门，打开恒温水浴槽，调节水浴温度(煤样的吸附平衡温度分别设置为 20℃、30℃、40℃、50℃)，然后充入高压瓦斯气体 48h 以上，使煤样处于吸附平衡状态。当煤样罐中瓦斯压力稳定于预设压力并至少 2h 不变时，关上充气阀门。

3)数据采集

打开初始解吸监测数据平台的气动阀门，并启动计算机开始采集数据，待计算机显示煤样罐中瓦斯压力为零时，连接精密量筒，并用秒表开始计时测定后续瓦斯解吸量，最后将解吸的瓦斯气体体积换算成标准状态下的瓦斯气体体积进行数据分析。

5.4.2　温控作用下的瓦斯解吸量演变特征

1. 瓦斯解吸量

选择王庄矿与朱集矿煤样，在相同的吸附平衡压力(1MPa)、相同的煤样粒径、相同的煤样水分条件下，分析煤样在吸附平衡温度分别为 20℃、30℃、40℃、50℃时的全过程瓦斯解吸规律。解吸量演变曲线如图 5-22 所示。

从图 5-22 可以看出，不同煤样的累计瓦斯解吸量随解吸时间增加而明显增大，有单调递增的趋势。在煤样瓦斯解吸全过程中，初期阶段的瓦斯解吸速率衰减剧烈，中后期阶段的瓦斯解吸速率趋于稳定，变化缓慢。同一种煤样，在瓦斯解吸的初期阶段，在同一时间范围内，吸附平衡温度高的煤样累计瓦斯解吸量要大于吸附平衡温度低煤样的累计瓦斯解吸量。5min 后，煤样在 50℃条件下累计释放的瓦斯量是 20℃时的 1.2 倍左右。

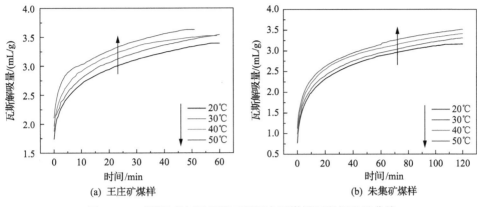

图 5-22 不同温度相同吸附瓦斯压力下煤样瓦斯解吸量曲线

目前，指导现场常用的煤样瓦斯解吸经验公式主要分为对数函数和幂函数两类。分别使用对数函数和幂函数对不同温度、相同瓦斯压力下煤样的瓦斯解吸曲线进行拟合，拟合结果如表 5-3 所示。从表 5-3 可知，采用对数函数与幂函数对同一煤样的瓦斯解吸曲线进行拟合，相关系数 R^2 的值均大于 0.96，说明对数函数和幂函数均可以表达出不同温度相同瓦斯压力下煤样的全过程瓦斯解吸规律。然而，同一煤样在同一温度下，幂函数拟合公式的相关系数整体大于对数函数拟合公式的相关系数。因此，不同温度、相同瓦斯压力下煤样的全过程瓦斯解吸曲线更符合幂函数形式。对比同一煤样，在不同温度、相同瓦斯压力下的函数拟合公式随吸附平衡温度 T 的增加，公式 $Q=\Phi\ln T+\eta$ 和 $Q=\Phi T^{\eta}$ 中的系数 Φ 分别呈现减小、增大的趋势，常数 η 分别呈现增大、减小的趋势。这也表明了在不同温度、相同瓦斯压力下，随着吸附平衡温度的增加，煤样的瓦斯解吸量有上升趋势，但其变化程度较小，且作用后期逐步消失。

表 5-3 同一瓦斯压力、不同温度下瓦斯解吸量与时间的拟合关系式

煤样	温度/℃	对数函数		幂函数	
		拟合方程	相关系数 R^2	拟合方程	相关系数 R^2
王庄矿	20	$Q=0.4389\ln T+1.4746$	0.9692	$Q=1.6794T^{0.1647}$	0.9909
	30	$Q=0.4317\ln T+1.6978$	0.9816	$Q=1.8720T^{0.1519}$	0.9936
	40	$Q=0.4473\ln T+1.5652$	0.9545	$Q=1.7838T^{0.1584}$	0.9781
	50	$Q=0.3931\ln T+1.9542$	0.9681	$Q=2.0906T^{0.1322}$	0.9854
朱集矿	20	$Q=0.6803\ln T+0.4669$	0.9846	$Q=0.9456T^{0.2662}$	0.9930
	30	$Q=0.5886\ln T+0.4286$	0.9899	$Q=0.9527T^{0.2651}$	0.9883
	40	$Q=0.5669\ln T+0.6256$	0.9815	$Q=1.0093T^{0.2641}$	0.9958
	50	$Q=0.5764\ln T+0.6896$	0.9842	$Q=1.1574T^{0.2334}$	0.9957

研究已表明，不同温度下煤样的吸附瓦斯量不同[11]，但对于不同温度、相同吸附量下煤样的瓦斯解吸全过程演化规律尚研究不足。根据不同温度下煤样的吸附常数，以煤样在30℃、1MPa下的瓦斯吸附量 Q 为基准吸附量，可以得到在不同吸附平衡温度下，为使煤样吸附量均为 Q 时，所需施加的瓦斯压力，计算结果如表5-4所示。由表5-4可以看出，不同煤样在不同温度下的吸附平衡常数 a、b 值均不同，说明吸附常数 a、b 值是与煤样自身性质有关的常数。随着温度升高，不同煤样的吸附平衡常数 a、b 均减小，这表明在相同吸附平衡压力下，温度越高，煤样的瓦斯吸附量越小。因此，导致煤样在不同温度、相同压力下，温度虽然对瓦斯解吸量与瓦斯解吸速率具有促进作用，但整体的作用效果并非很大。图5-22中的数据也证实了这一说法。

表 5-4　不同温度下煤样吸附平衡参数

煤样	温度 T/℃	a/(m³/t)	b/(MPa⁻¹)	吸附量 Q^*/(mL/g)	$p^{\#}$/MPa
王庄矿	20	31.413	0.81084	14.0658	0.87072
	30	29.760	0.79735	13.2023	0.97278
	40	28.107	0.78452	12.3565	1.09688
	50	26.454	0.77228	11.5275	1.25115
朱集矿	20	16.643	1.41897	9.76281	0.83563
	30	14.990	1.39537	8.73210	0.93860
	40	13.337	1.37291	7.71648	1.17996
	50	11.684	1.35150	6.71526	1.27527

注：Q^* 为不同温度、相同瓦斯压力下煤样的瓦斯吸附量；$p^{\#}$ 为煤样在30℃、1MPa条件下相同瓦斯吸附量时，需吸附平衡的瓦斯压力。

不同温度、相同吸附量下煤样瓦斯解吸全过程的瓦斯解吸量曲线如图5-23所示。

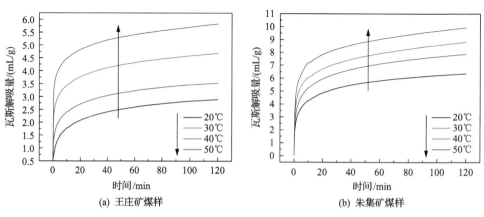

(a) 王庄矿煤样　　　　　　　　　　(b) 朱集矿煤样

图 5-23　不同温度、相同吸附量下煤样瓦斯解吸全过程的瓦斯解吸量曲线

从图 5-23 可以看出，在煤样瓦斯解吸全过程中，初期阶段的瓦斯解吸速率远大于中后期阶段的瓦斯解吸速率。初期阶段的瓦斯解吸速率衰减剧烈，中后期阶段的瓦斯解吸速率趋于稳定，变化缓慢。同一种煤样，在瓦斯解吸全过程中，同一时间范围内，吸附平衡温度高煤样的累计瓦斯解吸量要大于吸附平衡温度低煤样的累计瓦斯解吸量。5min 后，煤样在 50℃条件下的累计释放的瓦斯量是 20℃时的 2～3 倍。

根据前文可知，煤样瓦斯解吸的经验公式分为对数函数和幂函数两类。分别使用对数函数和幂函数对不同温度相同吸附量下煤样的瓦斯解吸曲线进行拟合，拟合结果见表 5-5 所示。

表 5-5　同一吸附量、不同温度下瓦斯解吸量与时间的拟合关系式

煤样	温度 $T/℃$	对数函数		幂函数	
		拟合方程	相关系数 R^2	拟合方程	相关系数 R^2
王庄矿	20	$Q = 0.5354\ln T + 0.2964$	0.9869	$Q = 0.7676T^{0.2829}$	0.9874
	30	$Q = 0.5618\ln T + 0.9262$	0.9869	$Q = 1.3145T^{0.2085}$	0.9931
	40	$Q = 0.6067\ln T + 1.8567$	0.9874	$Q = 2.1972T^{0.1578}$	0.9958
	50	$Q = 0.6143\ln T + 2.7514$	0.9871	$Q = 3.1011T^{0.1299}$	0.9962
朱集矿	20	$Q = 1.0136\ln T + 1.4631$	0.9929	$Q = 2.1918T^{0.2269}$	0.9940
	30	$Q = 1.2452\ln T + 1.9100$	0.9924	$Q = 2.6993T^{0.2258}$	0.9903
	40	$Q = 1.2826\ln T + 2.4633$	0.9923	$Q = 3.3475T^{0.2015}$	0.9935
	50	$Q = 1.3559\ln T + 3.2659$	0.9973	$Q = 4.0089T^{0.1854}$	0.9867

从表 5-5 可以看出，不论是对数函数还是幂函数拟合，其相关系数 R^2 的值均大于 0.98。这说明对数函数和幂函数均可以表达出不同温度相同吸附量下煤样的全过程瓦斯解吸规律。对比同一煤样不同温度相同吸附量下的对数函数拟合公式 $Q=\Phi\ln T+\eta$，随吸附平衡温度 T 的增加，系数 Φ 和常数项 η 均增大。这表明同一煤样瓦斯解吸全过程中，在同一时间内，吸附平衡温度高煤样的累计瓦斯解吸量大于吸附平衡温度低煤样的累计瓦斯解吸量。同时，对比同一煤样不同温度、相同吸附量下的幂函数拟合公式 $Q=\Phi T^{\eta}$，随吸附平衡温度 T 的增加，常数项 η 在减小，而系数 Φ 在变大。最终的结果为同一煤样的瓦斯解吸全过程中，同一时间内，吸附平衡温度高煤样的累计瓦斯解吸量大于吸附平衡温度低煤样的累计瓦斯解吸量。不同温度、相同吸附量下，瓦斯解吸全过程中，吸附平衡温度高煤样的累计瓦斯解吸量大于吸附平衡温度低煤样的累计瓦斯解吸量，即不同温度、相同吸附量下，温度对煤样的瓦斯解吸具有非常明显的促进作用。然而，同一煤样在同一温度下，幂函数拟合公式的相关系数整体大于对数函数拟合公式的相关系数。因此，不同温度、相同瓦斯吸附量下煤样的全过程瓦斯解吸曲线更符合幂函数形式。

2. 解吸量占比

统计不同温度下，煤样在不同时间内的累计瓦斯解吸量，获得了不同温度下煤样突然暴露开始 10s、1min、3min、5min、10min、30min、1h 与 2h 时煤样的累计瓦斯解吸量占比，如图 5-24 和图 5-25 所示。

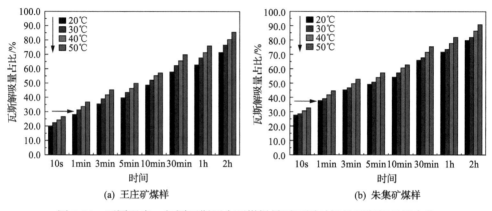

图 5-24　不同温度、相同瓦斯压力下煤样暴露不同时间的瓦斯解吸量占比

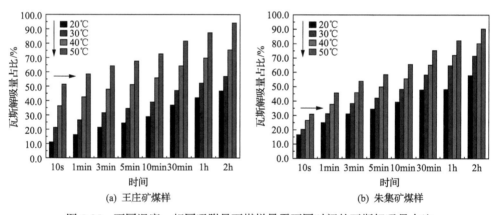

图 5-25　不同温度、相同吸附量下煤样暴露不同时间的瓦斯解吸量占比

由于前 10s 内的瓦斯解吸能力可在一定程度上决定煤样是否突出以及突出的强度，由图可看出煤样在最初 10s 内的累计瓦斯解吸量占比显著，处于 11%～52%。这进一步表明了瓦斯初始解吸过程对突出危险性预测至关重要。不同温度、相同瓦斯压力下的同种煤样，在瓦斯解吸全过程中，同一时间内，吸附平衡温度高煤样的瓦斯解吸量占比略大于吸附平衡温度低煤样的瓦斯解吸量占比。王庄矿煤样在相同压力下，10s 时累计瓦斯解吸量占比情况为：50℃时的解吸量占比（26.58%）比 20℃时（20.09%）高出 6.49%，2h 的累计瓦斯解吸量情况为：50℃时（85.45%）比 20℃时（71.30%）高出 14.15%；朱集矿煤样在相同压力下，10s 时累计

瓦斯解吸量占比情况为：50℃时的解吸量占比(32.66%)比 20℃时(27.61%)的解吸量占比高出 5.05%，2h 时累计瓦斯解吸量占比情况为：50℃时(90.87%)的解吸量占比比 20℃时(79.86%)高出 11.01%。不同温度、相同吸附量下的同种煤样，在瓦斯解吸全过程中，同一时间内，吸附平衡温度高煤样的瓦斯解吸量占比明显大于吸附平衡温度低煤样的瓦斯解吸量占比。王庄矿煤样在相同吸附量下，10s 时累计瓦斯解吸量占比情况为：50℃时的解吸量占比(51.37%)比 20℃时(11.10%)高出 40.27%，2h 的累计瓦斯解吸量占比情况为：50℃时的解吸量占比(94.10%)比 20℃时(46.69%)高出 47.41%；朱集矿煤样在相同吸附量下，10s 内累计瓦斯解吸率的情况为：50℃时的解吸量占比(30.89%)比 20℃时(16.55%)高出 14.34%，2h 的累计瓦斯解吸量占比的情况为：50℃(90.33%)时的解吸量占比比 20℃时(57.86%)高出 32.47%。这表明在不同温度、相同瓦斯压力下，温度对瓦斯解吸量占比促进作用较弱；在不同温度、相同吸附量下，温度对瓦斯解吸量占比有明显的促进作用。因此，温度对瓦斯解吸量占比的促进作用随煤体瓦斯吸附量的增加越来越明显。

5.4.3　温控作用下的瓦斯能量释放特征

基于此，蒋承林和俞启香[3]提出利用初始释放瓦斯膨胀能指标预测突出，经过现场近千次的工程应用也已证实了该指标的可靠性。本节同样基于文献[3]中的测定装置和过程测定了所用煤样的初始释放瓦斯膨胀能，如图 5-26 所示。

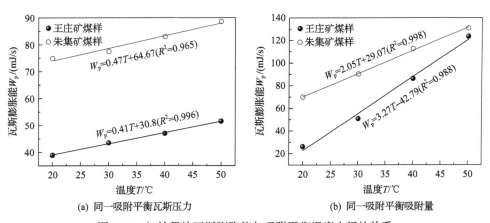

图 5-26　初始释放瓦斯膨胀能与吸附平衡温度之间的关系

从图 5-26 可以看出，煤样的初始释放瓦斯膨胀能与吸附平衡温度具有良好的线性关系。温度越高，煤样释放的初始释放瓦斯膨胀能越大，致使煤样从非突转变为具有突出危险性或具有较高的突出危险性水平。同时也可以看出，瓦斯压力恒定时，初始释放瓦斯膨胀能随温度的变化幅度不大；瓦斯吸附量恒定时，初始释放瓦斯膨胀能随温度的变化幅度较大。

综上可知，初始释放瓦斯膨胀能与温度呈正相关关系，瓦斯解吸量与温度也呈正相关关系。因此，初始释放瓦斯膨胀能在一定程度上也应与瓦斯解吸量呈正相关关系。故而拟合了包含同一压力、同一吸附量下的不同解吸时间下累计瓦斯解吸量与初始释放瓦斯膨胀能间的关系，如图 5-27 所示。从图 5-27 可以看出，在煤样瓦斯解吸全过程中，不同时间内煤样的瓦斯解吸量随初始释放瓦斯膨胀能的增大而增加，两者呈良好的线性正相关关系，具体拟合公式如表 5-6 所示。从表 5-6 可以看出，随解吸时间的增加，拟合公式的相关系数 R^2 在减小，即瓦斯解吸量与初始释放瓦斯膨胀能的拟合效果随着瓦斯解吸时间的增加而减弱。

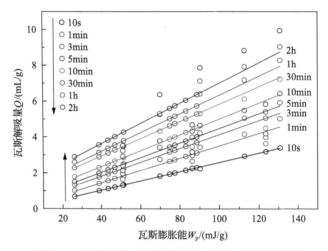

图 5-27　初始释放瓦斯膨胀能与瓦斯解吸量的关系

表 5-6　累计瓦斯解吸量与初始释放瓦斯膨胀能拟合关系式

解吸时间	拟合公式	拟合相关系数 R^2	弱突出临界值/(mL/g)	强突出临界值/(mL/g)
10s	$Q_{10s}=0.0258W_p+0.0019$	0.9988	1.1108	2.6799
1min	$Q_{1min}=0.0345W_p+0.0633$	0.9357	1.5461	3.6444
3min	$Q_{3min}=0.0387W_p+0.2699$	0.8842	1.9332	4.2870
5min	$Q_{5min}=0.0408W_p+0.401$	0.8590	2.1546	4.6360
10min	$Q_{10min}=0.0441W_p+0.5847$	0.8231	2.4801	5.1623
30min	$Q_{30min}=0.0482W_p+1.0147$	0.7756	3.0863	6.0179
1h	$Q_{1h}=0.0523W_p+1.1022$	0.7689	3.3501	6.5309
2h	$Q_{2h}=0.0563W_p+1.3733$	0.7330	3.7931	7.2172

由表 5-6 可知，10s 内的 R^2 高达 0.9988，这也验证了初始释放瓦斯膨胀能作

为突出危险性预测指标的科学性与准确性。根据初始释放瓦斯膨胀能判定突出强度的临界值（42.98mJ/g、103.8mJ/g），表 5-6 亦给出了不同解吸时间下表征煤体具有突出危险性的瓦斯解吸量临界值。Yang 等[12]通过突出模拟过程得出初始瓦斯解吸量可有效评估煤体的突出危险性。因此，基于煤体颗粒，测定煤体在特定时间内释放的瓦斯量，可有效预测煤体的突出危险性。然而，由于一般均不能直接测定煤样最初几十秒内的瓦斯解吸量，使得预测结果误差较大。从表 5-6 也可以看出，随解吸时间的增加，累计瓦斯解吸量与初始释放瓦斯膨胀能间的相关度越低。这也说明了依靠数分钟内累计瓦斯解吸量来突出预测的指标，并不能精准地预测突出危险性。工程中预测结果的误判也说明了这一问题。因此，利用初始释放瓦斯膨胀能指标判定煤体的突出危险性可有效解决这一工程难题。

参 考 文 献

[1] Xu L H, Jiang C L, Tian S X. Experimental study of the gas concentration boundary condition for diffusion through the coal particle[J]. Journal of Natural Gas Science and Engineering, 2014, 21: 451-455.

[2] Jiang C L, Xu L H, Li X W, et al. Identification model and indicator of outburst-prone coal seams[J]. Rock Mechanics and Rock Engineering, 2015, 48(1): 409-415.

[3] 蒋承林, 俞启香. 煤与瓦斯突出的球壳失稳机理及防治技术[M]. 徐州: 中国矿业大学出版社, 1998: 94-114.

[4] Otuonye F, Sheng J S. A numerical simulation of gas flow during coal/gas outbursts[J]. Geotechnical and Geological Engineering, 1994, 12(1): 15-34.

[5] 李云波, 张玉贵, 张子敏, 等. 构造煤瓦斯解吸初期特征实验研究[J]. 煤炭学报, 2013, 38(1): 15-20.

[6] Wang W, Wang H P, Zhang B, et al. Coal and gas outburst prediction model based on extension theory and its application[J]. Process Safety and Environmental Protection, 2021, 154: 329-337.

[7] 周逸飞, 赵向锋. 负压瓦斯抽采对煤体水分影响的实验研究[J]. 华北科技学院学报, 2018, 15(1): 11-14, 26.

[8] 王超杰, 杨胜强, 蒋承林, 等. 煤巷工作面突出预测钻孔动力现象演化机制及关联性探讨[J]. 煤炭学报, 2017, 42(9): 2327-2336.

[9] 国家安全生产监督管理总局. 煤矿安全规程[S]. 北京: 煤炭工业出版社, 2011.

[10] 王超杰, 蒋承林, 杨丁丁, 等. 钻孔参数对瓦斯压力测定时间的影响分析[J]. 煤炭科学技术, 2016, 44(7): 170-174.

[11] Wang Z J, Wang X J, Zuo W Q, et al. The influence of temperature on methane adsorption in coal: A review and statistical analysis[J]. Adsorption Science & Technology, 2019, 37(9-10): 745-763.

[12] Yang D D, Chen Y J, Tang J, et al. Experimental research into the relationship between initial gas release and coal-gas outbursts[J]. Journal of Natural Gas Science and Engineering, 2017, 50: 157-165.

第6章 煤与瓦斯突出防治技术展望

为了防治突出灾害，我国针对性地提出"区域综合防突措施先行、局部综合防突措施补充"的关键战略，同时针对区域和局部防突措施又实行了"四位一体"综合防治策略。这些防突措施的关键核心为有效地把煤层中的瓦斯含量降到安全阈值以下。在"四位一体"局部防突措施中，采掘工作面防突措施效果检验，即治理后煤体的突出危险性预测是极其重要的关键环节。采取合理的预测指标，确定科学的预测钻孔布局方案，准确辨识突出预测钻孔瓦斯动力现象与突出危险性间的直观联系，直接关系到预测结果的准确性，也是必须解决的关键科学问题。

本章围绕突出防治环节中低透高突煤层瓦斯治理难且针对复杂的煤层赋存结构，开发瓦斯增透强化抽采技术仍不理想、采掘工作面突出危险性预测技术相较于实际应用，易存在预测盲区的技术瓶颈等工程问题，以精准防治为理念，在前面研究的基础上构建突出强度量化评估模型，明晰突出煤体扰动方式，提出瓦斯抽-抑协作水力接替精准治理技术，同时基于瓦斯膨胀能灾害评估关键技术，开展煤层瓦斯异常带防治研究。

6.1 突出强度量化评估模型

煤巷工作面作为井下突出事故最易多发的地点，开展煤巷工作面突出发动机制及突出预测体系完善工作对突出发生的防治极其重要。对一个实际的煤巷工作面开展突出预测工作时，预测结果的准确性及可信性依赖于预测指标选择的合理性及其临界值确定的可靠性、预测钻孔布置的科学性以及预测钻孔动力现象表征突出危险性辨识的准确性。本节提出了一种可表征煤巷工作面突出危险性水平最大情况时的突出预测理论模型，并分析不同应力加载模式下突出煤体扰动方式，最后探讨了其在工程实际中的应用[1]。

目前，煤巷工作面突出预测钻孔的布局模式多依据《防治煤与瓦斯突出细则》[2]中提到的不同倾角的煤层一般至少施工 2～3 个孔深 8～10m 的预测钻孔，且预测钻孔尽量布置在软分层中。笔者调研得到一般实际的矿井在煤巷掘进工作面根据断面大小，其预测钻孔数量也在变化，比如潞安集团的高河煤矿一般在煤巷工作面布置 4 个预测钻孔；神火集团的薛湖煤矿当煤巷工作面煤层厚度不大于3.5m 时，预测钻孔布置 3 个，当煤层厚度大于 3.5m 时，预测钻孔则布置 5 个；而河南煤业化工集团的鑫龙煤矿一般在煤巷工作面布置 5～7 个预测钻孔,煤厚超过 2.5m 时，布置 7 个钻孔。然而时而不时发生的"低指标突出"事故很大一部分原因是预测钻孔偏离了具有突出危险性的煤体，致使预测指标的测定值并不能有效地反映出煤体的突出危险性。现场大量突出事故表明，突出主要发生在构造软煤中，而构造煤体在整个煤层中的分布范围一般占整个煤层面积的 8%～10%，最大不超过 20%～30%。因此预测指标的测定值能不能准确反映出具有突出危险性煤体的特征，前提是钻孔必须在这些具有突出危险性的煤体中钻进。一般随着煤层的形成，因构造运动对煤体的破坏，会在原始煤层中发育一定厚度的构造软煤层，也称为软分层，故在施工预测钻孔时，保证有钻孔在软分层中钻进，测定的预测指标数值相应地会反映出煤层的突出危险性。然而，当构造运动的范围规模比较小时，如落差较小的断层发育，并不会在煤层中产生明显的软分层，而是使产生的构造软煤以局部"煤包"的形式赋存在煤层中，这种情况可称为"硬煤层中可能存在局部构造煤"的模式。如果工作面的掘进未能揭露这部分煤体，在施工突出预测钻孔时，很难保证预测钻孔会钻进该区域的煤体，致使最后测定的预测指标数值并不能真实地反映出工作面煤体中存在的突出危险性水平，如 2017年 5 月 15 日，薛湖煤矿发生了一次死亡 3 人的突出事故，技术层面上的原因即是在工作面并不能看到煤层中有明显的软分层，施工的预测钻孔没有准确地钻进构造软煤中，最后误判了突出预测结果。

基于此，本章首先根据现场突出案例及实验室突出模拟实验得到的突出孔洞几何参数特点，获取具有代表性的突出孔洞几何参数，针对硬煤层中可能存在局部构造煤的情况，提出一种煤巷工作面突出预测钻孔布局模式；然后分析突出预测钻孔布置中体现的数学问题，基于数学理论，探讨突出预测钻孔在工作面的开孔位置确定原则，并对不同断面及不同煤厚的工作面突出预测钻孔布局模式进行优化；最后选取具有代表性的现场案例实施具体的煤巷工作面突出预测钻孔布局模式。

6.1.1　突出孔洞几何参数特点

一次突出的发生使煤体自工作面煤壁携带瓦斯抛向采掘空间后，会在煤壁上留下一个几何形状不规则的孔洞，这个孔洞被称为突出孔洞。突出孔洞作为一个立体几何形状，其尺寸一般用高度、宽度及深度表示。根据突出孔洞的体积在一定程度上可以评估遭受突出破坏煤体的范围，对突出孔洞的密闭及周围煤体的加固也具有一定的指导作用。此外，突出孔洞的尺寸特点对于煤巷掘进防突措施的实施，尤其是考虑到最小超前距离时具有重要的作用。而实际上突出孔洞的大小在一定程度上也代表了具有突出危险性煤体的范围及相应的突出强度，根据具有代表性的突出孔洞几何参数如宽度，可以指导煤巷工作面突出预测钻孔的布置。

本节首先分析现场突出孔洞尺寸分布特征，确定突出孔洞高度、宽度及深度分布范围；其次根据实验室突出模拟实验进一步分析突出孔洞的特征及几何参数特征；最后选取合适的突出孔洞几何参数进行"硬煤层中可能存在局部构造煤"的煤巷工作面突出预测钻孔的布置。

在 2.1.1 节和 2.3.2 节第 4 部分已阐述突出孔洞一般呈自然拱形状，其特征是口小腔大，有的则是口大腔小，两者形成特点在于突出强度的不同。具体的突出孔洞形状如图 6-1 所示。统计得到的苏联顿巴斯煤田和我国重庆地区的煤矿发生的近 400 次突出事故后突出孔洞的尺寸如图 6-2 所示。从图 6-2(a)可以看出，顿巴斯煤田的突出孔洞高度为 5～10m 的占比最多，高度最大可达 40～50m，其中有 90%的突出孔洞高度小于 15m，有 45%左右的孔洞高度不足 5m；而孔洞宽度最大不足 14m，2～4m 的孔洞占比最多，90%的孔洞宽度小于 6m；孔洞深度最大可达 10～15m，90%的孔洞深度小于 6m，其中 1～2m 的占比最多。观察图 6-2(b)发现，在重庆某煤矿的突出孔洞中，94%的孔洞高度不足 10m，其中 2～5m 的最多，占 41.53%；而 99%的孔洞宽度小于 6m，小于 2m 的孔洞占 60.22%；有 90%的孔洞深度小于 6m，且小于 2m 和 2～4m 的孔洞最多。经过两个地区的突出孔洞尺寸对比可知，突出孔洞高度普遍小于 10m，宽度和深度普遍小于 6m。

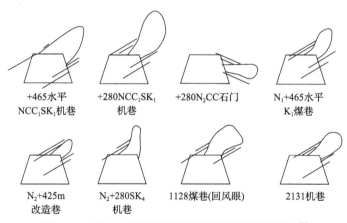

图 6-1　瓦斯突出孔洞示意图(斜线是煤层的倾向)[3]

由于突出机理的复杂性，研究突出孔洞的形成机制、孔洞煤体的破坏形态成因及抛出煤体的形态可作为探讨突出机理有效的途径。大量突出案例表明，突出发生后孔洞壁面的煤体呈弧形弯曲的层裂状或片状，实验室突出模拟实验同样发现了突出孔洞周围煤体这一破坏形态，如图 6-3 所示。突出孔洞煤壁附近煤体的这一破坏形态，致使孔洞的容积要比实际抛出煤体的体积小很多。对重庆 30 多个突出孔洞分析表明，孔洞的容积普遍是抛出煤体体积的 1/2，甚至这个比例可达 1/10。而法国煤矿突出孔洞统计资料表明，孔洞的容积普遍是抛出煤体体积的 1/4～

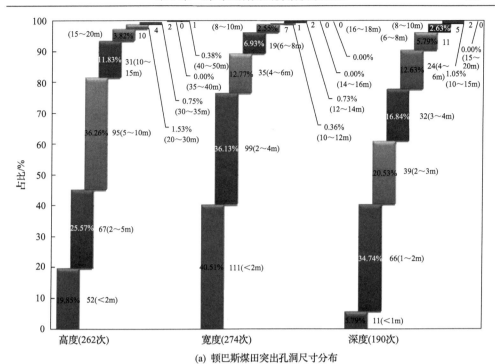

(a) 顿巴斯煤田突出孔洞尺寸分布

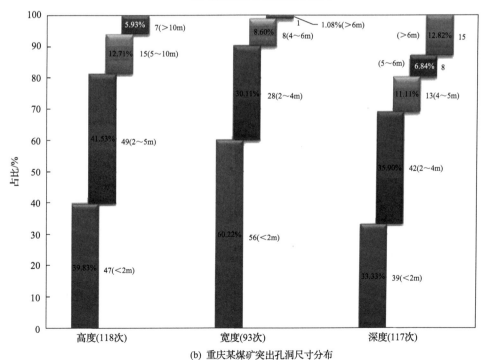

(b) 重庆某煤矿突出孔洞尺寸分布

图 6-2　突出孔洞几何参数分布[2]

(a) 现场图　　　　　　　　　　　　　　(b) 模拟实验图

图 6-3　突出孔洞内残余和煤壁煤体破坏形态[4]

1/3。发生在顿巴斯加加林煤矿的最大的一次突出事故，其孔洞的容积占抛出煤体体积的 4/5。此外，根据突出孔洞的几何特征，结合壁面煤体破坏形态建立简化的数学模型可以有效地解释突出涌出巨大瓦斯量的成因。研究表明，现场突出孔洞多形成在巷道的上方和上隅角，孔洞的轴线往往沿煤层倾向或和倾向呈一定角度深入煤体内部，可能大于或小于 40°～45°。2.3.2 节第 4 部分的突出模拟实验表明，突出强度越大，孔洞深度及影响深度越大，突出孔洞深度及突出孔洞实际面积均在破坏煤体中占比逐渐增大。这表明突出强度越大，最后经突出破坏残余的煤体量越少，突出抛出的煤岩体积与突出孔洞的体积越接近。

6.1.2　采掘工作面突出预测钻孔布局模式

在煤巷工作面实施突出预测钻孔，其主要应用效果在于保证预测钻孔形成的预测带反映的预测结果真实有效，尤其预测结果为无突出危险性时，要能说明预测带内的煤体均无突出危险性。而目前常用的预测钻孔布局模式主要考虑了两点：一是工作面前方煤体中存在一明显的软分层；二是突出一般主要在巷帮和工作面前方煤体中发生。然而由于煤巷工作面并非均能看到明显的软分层，因此预测钻孔布局模式仅仅考虑到突出可能发生的位置显然不全面。故考虑到这一情况，本章提出煤巷工作面突出预测钻孔应均匀布置，而钻孔的间距根据煤巷断面、突出孔洞最大宽度（横向距离）及高度（纵向距离）或已探明的局部小构造普遍分布范围统筹确定。由图 6-2（a）可知，在苏联顿巴斯煤田发生的 274 次突出形成的突出孔洞中，其孔洞宽度小于 6m 的突出占比 89.05%，而孔洞宽度小于 4m 的突出占比 76.64%；其孔洞高度小于 5m 的突出占比 45.42%，而孔洞高度小于 10m 的突出占比 81.68%。从图 6-2（b）中可以看出，重庆地区某煤矿发生的 93 次突出中，其孔洞宽度小于 6m 的突出占比 98.93%，而孔洞宽度小于 4m 的突出占比 90.33%；其孔洞高度小于 5m 的突出占比 81.36%，而孔洞高度小于 10m 的突出占比 94.07%。由 2.3 节可知，突出孔洞的体积仅占具有突出危险性煤体的体积的一部分，而从不同突出强度下突出孔洞演变特征可知，随着突出强度的增大，突出孔洞的体积会越来越接近具有突出危险性煤体被破坏煤体的体积，且突出孔洞的最大宽度会发展到具有突出危险性煤体的边界。也可以看出，随着突出强度的增大，突出孔洞的体积主要向两侧扩展，增大突出孔洞的宽度。由于现场发生突出后，相对突出强度难以量化，有可能属于弱突，也有可能属于强突。而从突出预测准确性而言，预测钻孔间距越小，即钻孔布置数量越密集，最后的预测结果越具可信。故假设一次突出发生后，相对突出强度接近 100%，此时突出孔洞的宽度即是具有突出危险性煤体的边界宽度。虽此种情况下布置的钻孔数量最多，但预测钻孔钻进具有突出危险性的煤体可能则最大。

根据上述对苏联顿巴斯煤田记录的 274 个突出孔洞及重庆地区某煤矿记录的 93 个突出孔洞宽度数据，选取 4~6m 的距离作为突出预测钻孔横向间距具有一定的合理和适用性。此外，由图 6-2(a) 可知在苏联顿巴斯煤田发生的 274 次突出形成的突出孔洞中，其孔洞高度小于 5m 的突出占比 45.42%，而孔洞高度小于 10m 的突出占比 81.68%。从图 6-2(b) 中可以看出，重庆地区某煤矿发生的 93 次突出中，其孔洞高度小于 5m 的突出占比 81.36%，而孔洞高度小于 10m 的突出占比 94.07%。而在我国实际井工突出煤矿中的开采煤层软分层一般不足 2m，而根据统计的突出孔洞高度数据来看，突出孔洞由于煤体重力的原因往往向孔洞上发展，但在预测突出危险性时，钻孔之间的纵向距离要以局部构造带形成的软煤体普遍分布厚度为依据。

假设在煤厚为 d 的煤层中有一高为 a_1、宽为 a_2 的沿底掘进煤巷工作面，而涉及的预测钻孔参数如表 6-1 所示，则具体的突出预测钻孔布置如图 6-4 所示。因此，针对一个具体的煤巷工作面突出预测钻孔布置，其数量应由工作面高和宽、煤层厚度、煤层倾角以及钻孔预测控制的巷道四帮的边界统筹决定，此外，预测钻孔在工作面暴露煤壁的开孔位置关系到钻孔控制煤体的有效范围，也是应确定的一个科学问题。

表 6-1　预测钻孔布置相关参数

参数名称	表征字母	参数名称	表征字母
煤层厚度/m	d	开孔位置距巷帮距离/m	l
巷道高和宽/m	a_1、a_2	钻孔纵向和横向间距/m	y_1、y_2
煤层倾角/(°)	α	钻孔倾角/(°)	β
预测深度/m	h	钻孔与巷道中线的夹角/(°)	γ
控制巷帮范围/m	b		

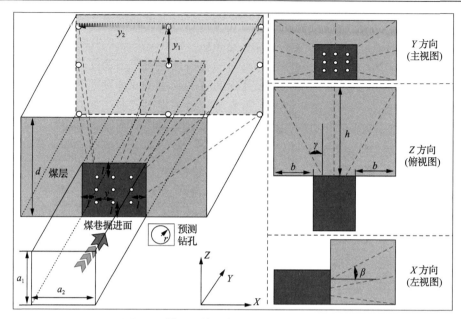

图 6-4　煤巷工作面突出预测钻孔布置模式

6.1.3　突出预测钻孔开孔位置

目前，关于煤巷工作面突出预测钻孔在工作面煤壁的开孔位置所涉及的研究不多，在《防治煤与瓦斯突出细则》[2]中规定，采用复合指标（钻孔瓦斯涌出初速度+钻屑量）预测煤巷掘进工作面突出危险性时，除一个钻孔位于巷道断面中部，并平行于巷道掘进方向外，其他钻孔开孔口靠近巷道两帮 0.5m 处，而且现在大多矿井均参照这一数值。而该值的来源是采用苏联煤巷掘进突出预测相关规定的数据，但目前的相关规定及标准并未给出科学的解释。根据《防治煤与瓦斯突出细则》[2]，煤巷工作面突出预测钻孔要保证预测深度在 8～10m，且预测钻孔要控制巷帮 2～4m 的范围。此外，在掘进中应保留至少 2m 的预测超前距。

基于以上规定，本节将开展预测钻孔开孔距离对突出危险性预测的影响研究，现场煤巷工作面不同开孔距离的突出预测钻孔布置后的平行于掘进方向的剖面图如图 6-5 所示。

由于在上一循环实施突出预测钻孔后，虽判定工作面前方一定深度内煤体无突出危险性，但为安全起见，在下一循环进行预测钻孔施工时，一般在工作面前方要保持一定距离的预测超前距，实质上类似于增加了一定厚度的阻挡层，以防前方具有突出危险性煤体被突然揭露，发生突出事故。而上一循环预测钻孔保持的预测超前距能够起到保护工作面的作用应满足下一循环预测钻孔实施后，工作面继续推进时，当推进的距离达到上一循环预测钻孔留下的预测超前距时，工作面必须在新一循环预测钻孔形成的有效预测带内掘进，同时又能尽量保证本循环预测形成的有效预测带范围最大。如图 6-5 所示，预测钻孔开孔位置离巷帮越近，即开孔距离越小，工作面在经过新一循环的突出预测后继续推进，当推进距离达到上一循环预测留下的预测超前距离时，工作面越易满足进入新一循环预测形成的有效预测带内推进。如图 6-6 所示，预测钻孔实施的原则及布局模式可以提炼出几何问题，即钻孔和控制的巷帮范围形成的三角形满足三角形相似原理，如图可表示为 $\triangle ABC \backsim \triangle ADE$。

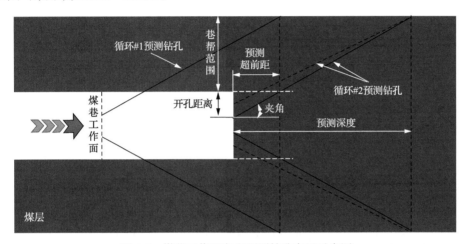

图 6-5　煤巷工作面突出预测钻孔布置示意图

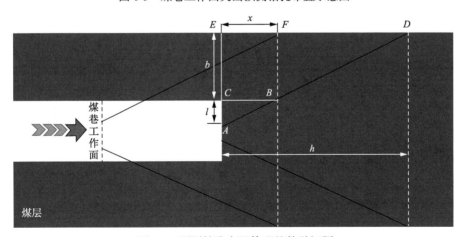

图 6-6　预测钻孔布置体现的数学问题

根据相似三角形的性质定理可得到对应的边成比例，如式（6-1）所示：

$$\frac{BC}{DE} = \frac{AC}{AE} \tag{6-1}$$

即

$$\frac{x}{h} = \frac{l}{l+b} \qquad (6-2)$$

式中，x 为预测超前距，m；h 为预测深度，m；l 为开孔距离，m；b 为巷帮控制范围，m。

对式(6-2)进行整理后，开孔距离 l 可表示为

$$l = \frac{xb}{h-x} \qquad (6-3)$$

从式(6-3)可知，预测钻孔的开孔距离与巷帮控制范围与预测超前距成正比，与预测深度成反比。根据《防治煤与瓦斯突出细则》，x 的取值在 2 到 h 之间；b 的取值在 2 到 4 之间；h 的取值在 8 到 10 之间。基于此，通过计算即可得到当工作面在经过新一循环突出预测后继续推进，其推进距离达到上一循环预测留下的预测超前距离时，工作面正好满足进入新一轮预测形成的有效预测带内，不同巷帮控制范围、预测超前距及预测深度下的开孔距离，见图 6-7。由图可看出，当巷帮控制范围由 2m 变为 3m(增幅 50%)及 4m(增幅 100%)时，在相同预测深度及预测超前距下，开孔距离分别增加了 50% 及 100%。当预测深度由 8m 变为 10m(增幅 25%)时，在相同巷帮控制范围及预测超前距下，开孔距离减小了 25.3%。而当预测超前距由 2m 变为 3m(增幅 50%)时，在相同巷帮控制范围及预测深度下，开孔距离增加了 50%~80%。因此巷帮控制范围、预测超前距及预测深度三因素对开孔距离的影响权重从高到低为预测超前距、预测深度及巷帮控制范围。此外，从图 6-5 可知，开孔距离越小，实施的预测钻孔越有利于保障工作面的安全。因此，基于图 6-7 中数据可以得出，选取预测钻孔的开孔距离为 0.5m 时可以保证在不同预测条件下满足工作面在经过新一循环突出预测后继续推进，其推进距离达到上一循环突出预测留下的预测超前距离时，能够进入新一循环突出预测形成的有效预测带内。

6.1.4 突出预测钻孔布局与突出强度关联

上文经过分析已给出煤巷工作面突出预测钻孔布局模式及钻孔开孔位置。虽然，本节提出的预测钻孔布局模式中考虑的钻孔间距选值大小已能够较大程度上保障工作面施工的安全，然而，对于煤巷工作面存在一未知位置的突出危险性煤体区域，实际布置的突出预测钻孔并不能保证一定会钻进到该突出危险性煤体区域。如果施工相应的突出预测钻孔后，经预测指标或钻孔瓦斯动力现象判定工作面具有突出危险性，那工作面则要按突出危险性工作面实施相应的消突措施，而

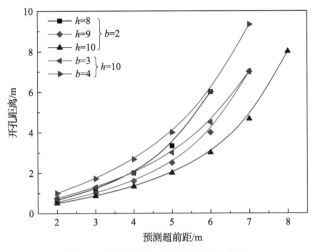

图 6-7　预测钻孔开孔距离演化特点

后进行相应的效果验证。但若突出预测钻孔布局后，经预测指标数值的判定，该煤巷工作面并无突出危险性。而继续掘进后发生了突出事故，则其后果可能轻则使人受伤，重则使人死亡，给煤矿企业的生产建设带来重大的危害。因此，研判一种有效的评估无突出危险性后，仍可能带来的突出危害程度的方法至关重要。基于此，本节以突出煤量作为突出强度的衡量准则，来评估不同煤厚、不同断面大小的具有突出危险性煤巷掘进工作面，经突出预测定为无突出危险性工作面后可能发生突出事故的危害程度。

1. 具有突出危险性煤体的体积

对于一个特定的具有突出危险性的煤巷工作面，一般仅会在一定区域内发生突出，如图 6-1 中突出孔洞的分布特点也可证明这一观点。因此，对于并无明显软分层且存在一类似"软煤包"的煤巷工作面而言，其因地质构造运动，受板块边缘挤压而成的破坏煤体，以一定区域连续存在。故可假设工作面前方煤体中仅存在一处具有突出危险性的煤体区域。如果突出预测钻孔未能进入工作面前方具有突出危险性的煤体区域，则所测定的预测指标数值将低于预先确定的临界值。但具有突出危险性煤体离钻孔的距离越近，越易影响预测指标的大小，特别是有一部分煤体进入钻孔的破碎带。因此在基于瓦斯流量预测指标的基础上，通过确定影响钻孔瓦斯初始流量的半径大小进而划定出具有突出危险性煤体的最大范围，根据相应的体积计算公式计算出该区域煤体的体积。

一般一个突出预测钻孔长 8～10m，钻孔周围形成的瓦斯流场为径向流场，且原始煤体中的瓦斯流动场属于非稳定流场，相应的瓦斯流动微分方程如式(6-4)所示：

$$\frac{\partial P}{\partial t}=a_{\mathrm{p}}\left(\frac{\partial^2 P}{\partial r^2}+\frac{1}{r}\frac{\partial P}{\partial r}\right) \tag{6-4}$$

式中，P 为煤体瓦斯压力的平方，$\mathrm{MPa^2}$；a_{p} 为瓦斯含量系数。

　　然而，由于该方程属于非线性多元微分方程，目前难以得到相应的解析解，根据数值模拟可以大致获得瓦斯流动的范围。而对于钻孔较短时，瓦斯流场可变为球向流场，相应的瓦斯流动微分方程如式(6-5)[5]所示：

$$\frac{\partial P}{\partial t}=a_{\mathrm{p}}\left(\frac{\partial^2 P}{\partial r^2}+\frac{2}{r}\frac{\partial P}{\partial r}\right) \tag{6-5}$$

　　钻孔周围煤体瓦斯的流动实质是由于打钻的扰动在钻孔周围形成一定的煤体破坏区，也称为破碎带。该区域的煤体透气性增加了数十倍，煤体孔裂隙中的瓦斯快速向钻孔运移。而在测定钻孔初始瓦斯流量时，除钻屑解吸的瓦斯外，在短暂的时间内钻孔周围煤体因瓦斯渗流进入钻孔的瓦斯是钻孔初始瓦斯流量中主要的一部分。根据式(6-5)计算可知，在充足的瓦斯流动时间内，虽然钻孔周围的瓦斯流场半径可达钻孔半径的 20 倍。而施工一个预测钻孔时一般时间为 30min，因此真正对钻孔瓦斯初始流量测定产生影响的钻孔周围煤体范围大致为钻孔的破碎带大小。瓦斯径向流场和球向流场下钻孔的破碎带半径分别见式(6-6)及式(6-7)所示[6]，其中，式(6-6)可变为式(6-8)：

$$R_{\mathrm{p}}=R_0\left[\frac{3(\sigma_0+K\cot\varphi)(1-\sin\varphi)}{(3+\sin\varphi)(0.1+K\cot\varphi)}\right]^{\frac{1-\sin\varphi}{4\sin\varphi}} \tag{6-6}$$

式中，R_{p} 为瓦斯球向流场下塑性区的半径，m。其他符号含义同前。

$$R_{\mathrm{hp}}=R_0\left[\frac{(\sigma_0+K\cot\varphi)(1-\sin\varphi)}{0.1+K\cot\varphi}\right]^{\frac{1-\sin\varphi}{2\sin\varphi}} \tag{6-7}$$

式中，R_{hp} 为瓦斯径向流场下塑性区的半径，m。其他符号含义同前。

$$R_{\mathrm{p}}=R_0\left[\frac{(\sigma_0+K\cot\varphi)(1-\sin\varphi)}{(1+\sin\varphi/3)(0.1+K\cot\varphi)}\right]^{\frac{1-\sin\varphi}{4\sin\varphi}} \tag{6-8}$$

　　比较式(6-7)和式(6-8)可得，两式分子相同，式(6-8)分母明显较大，且根据莫尔-库仑准则可知 $0°<\varphi<90°$，故 $0<\sin\varphi<1$，则式(6-8)的指数较小，故 $R_{\mathrm{p}}<R_{\mathrm{hp}}$，即钻孔球向流场的破碎带半径小于径向流场形成的破碎带半径。进而也说明了钻孔径向流场下的瓦斯最大渗流半径大于钻孔半径的 20 倍。从式(6-6)和式(6-7)可知，

钻孔的破碎带半径与瓦斯流场无关，与钻孔半径、地应力、煤体的力学参数相关，因此不同性质的煤体在不同的赋存环境中因施工预测钻孔所产生的钻孔破碎带不同，难以量化出一个统一的数值。而上述计算表明，钻孔瓦斯最大渗流半径和钻孔半径成一定的倍数关系，故钻孔的破碎带半径也必然是钻孔半径的数倍。在工程及理论计算中，对不同条件下的煤岩，其一般取钻孔半径的 5 倍。根据上述提到的突出预测钻孔布局模式，形成的煤巷工作面前方煤体预测带被划分为 n 份，每一份则由四个预测钻孔控制。

　　假设工作面前方煤体中只有一处具有突出危险性的煤体区域，由于该区域的几何形状未知，为全面考虑，任一处平行于工作面的截面可看成圆形、椭圆形、长方形及正方形，则随预测钻孔控制煤体截面的增加，任一处平行于工作面的截面面积也不相同，整体而言，该区域的几何形状分别可看成为圆台体、梯形体，即如图 6-8 所示。

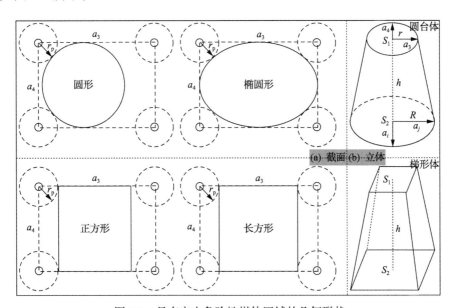

图 6-8　具有突出危险性煤体区域的几何形状

它的体积计算公式为式(6-9)所示，则具有突出危险性煤体的煤量可由式(6-10)获得：

$$V' = \frac{h(S_1 + S_2 + \sqrt{S_1 S_2})}{3} \tag{6-9}$$

式中，V' 为具有突出危险性煤体的体积，m^3；h 为预测掘进深度，m；S_1 为靠近工作面的截面面积，m^2；S_2 为靠近预测钻孔底部的截面面积，m^2。

$$m=\rho V'$$ (6-10)

式中，m 为具有突出危险性煤体的质量，kg；ρ 为煤体的视密度，kg/m^3；V'为具有突出危险性煤体的体积，m^3。

2. 煤巷工作面可能的突出煤量

得到具有突出危险性煤体的体积后，如果获得不同情况下工作面煤体的突出强度，便可知工作面可能的突出煤量。在国家有关法规方面，目前还未对煤与瓦斯突出强度预测提出明确的要求。仅仅针对突出发生后根据突出煤量及瓦斯涌出量的大小，对所发生的突出予以归类定义，将其分为 5 类，小型突出（<50t）、中型突出（50～99t）、次型突出（100～499t）、大型突出（500～999t）及特大型突出（>1000t）或小型突出（<10t）、中型突出（10～100t）、强烈突出（100～499t）、大型突出（500～999t）及特大型突出（>1000t）。总的来说，现阶段对煤与瓦斯突出强度预测的研究主要仍属近似半定量研究，其预测类型多是数学网络模型、物理能量模型等[7]。

为得到突出煤量最关键的问题则是得到煤体的相对突出强度（突出煤量/具有突出危险性煤体量）。根据现场突出事故获得的突出煤量，却难以量化具有突出危险性煤体的量，进而难以得到相对突出强度的分布。而通过实验室实施突出物理模拟实验则是探讨突出机理及寻求突出强度预测一种有效的方式。因此，如果在实验室开展能够符合现场不同条件下的突出动力现象，虽然所实施的突出煤量较小，但保证动力强度相似，即相对突出强度相似于井下实际发生突出的相对突出强度，这亦达到了预期的结果。

目前在实验室加工设计的突出模拟装置及实施的突出模拟实验所需要的应力及瓦斯压力条件均是通过相似准则获得。而相似准则是基于一定的相似理论获得，一般广泛应用的相似理论主要包括三个核心相似定理：相似正定理、相似 π 定理和相似逆定理。而在根据这三个相似定理推导相似准则时，由于突出过程的复杂性，难以量化边界和初始条件，故根据量纲分析法（因次分析法）推导突出在不同阶段中突出原型和模型应满足的相似准则。陈裕佳等[8]基于量纲分析法，以煤与瓦斯突出的"球壳失稳理论"所提出的三个力学条件为理论基础，得到了模拟突出的无因次相似准数，最后得出在实验室实施小规模的一维突出模拟实验所满足的力学条件与现场突出发生所需的力学条件相同。因此，在实验室实施与现场同等地应力下的突出模拟实验时，激发突出所需的瓦斯压力数值和现场所需的瓦斯压力值相同。张淑同[9]以煤与瓦斯突出的力学作用机理为理论依据，基于量纲分析法推导了模拟突出发生整个过程中应满足的相似准则，最后得出为保证实验室下小规模的突出模拟实验动力现象和现场的突出动力现象相同，应保证模拟煤层中煤体特性和现场突出煤体的特性相同(包括煤体的力学强度及吸附解吸性能)，以及突出模拟装置的几何模型和现场突出煤体区域的模型相似，也得出了在实验室条件下煤体加载的应力大小应与现场突出煤体受力相同。综上所述，在实验室实施突出物理模拟实验时，只要保证突出模拟装置的几何尺寸和现场突出煤体形状具有一定的相似比，同时保证模拟中的煤体力学强度及吸附特性与现场突出煤体相同或接近，在模拟煤体上施加和现场相同的地应力及瓦斯压力，最后激发的突出煤量虽然较少，但相对突出强度和现场相同或接近。

考虑到我国绝大多数突出煤层厚度一般不超过 3.5m，且基于几十次突出孔洞几何参数，张淑同[9]给出了井下实际发生典型突出原型的孔洞几何参数分布，见表 6-2。按照此尺寸，根据一定的几何缩比即可加工不同规模的突出模拟装置。

表 6-2 典型突出孔洞原型的几何参数

孔洞深度/m	孔洞宽度/m	孔洞直径/m
12.3	6.5	0.68~1.94

注：突出原型的高度一般由煤层厚度决定。

目前据报道的突出模拟装置主要呈长方体或圆柱体，蒋承林和俞启香[6]设计加工了半径为 221mm、孔口半径为 100mm 的圆柱形突出模拟装置，在综合考虑地应力、瓦斯压力、软煤厚度及温度四个可控因素下实施了 46 次突出模拟实验。实验结果证实了"球壳失稳"假说，并根据突出强度得到了初始释放瓦斯膨胀能的突出危险性判定临界值。目前他们实施的突出模拟次数最多，且结果较为完善，本节欲参照他们得到的突出强度来整体评估现场发生突出的平均相对突出强度。该装置的设计加工是否和现场典型的突出原型较为符合呢？下面就这一问题进行探讨。假设他们的突出模型几何尺寸相对表 6-2 中的突出原型的几何尺寸缩比为 η，则突出模型的面积尺寸缩比为 η^2。突出原型一般呈椭圆形，假设表 6-2 中数据为突出原型中椭球体中最大的一个椭圆截面，其长轴长为 12.3m、短轴长为 6.5m，则突出原型该截面的面积与蒋承林和俞启香[6]加工的圆形突出模型的截面面积满足式(6-11)：

$$S_p = \eta^2 S_m \tag{6-11}$$

式中，S_p 为突出原型截面的截面积，m^2；S_m 为突出模型截面的截面积，m^2。

将表 6-2 中的数据及蒋承林和俞启香[6]加工的突出模拟装置数据代入式(6-11)，可以得到几何相似比 η 约为 20，因此他们加工的突出模拟装置与现场突出原型满足几何相似。要使突出模拟的动力强度和现场突出原型的动力强度相同或接近，还需满足模拟所用煤体与现场突出煤体性质相同或接近，以及突出模拟中施加在煤体中的地应力大小和现场相同。根据邓全封等[10]研究表明，把硬煤块粉碎成一定粒径的煤粒，然后施加 30MPa 左右的应力得到的型煤同样具有和现场构造煤体相近的力学强度及瓦斯吸附解吸特点。蒋承林和俞启香[10]实施的突出模拟实验中煤体成型应力大小为 24.91～31.30MPa，而加载应力为 11.5～19.48MPa，故而，无论成型应力或加载应力大小均满足模拟突出条件，因此其得到的突出模拟实验结果可用来对现场突出强度进行量化分析。

文献[6]中，煤样选自全国 12 个不同矿井的 5 种不同煤阶的煤样实施了 46 次突出模拟实验。根据初始释放瓦斯膨胀能临界值(弱突出：42.98～103.8mJ/g；强突出：≥103.8mJ/g)对突出强度进行划分，包括弱突出 18 次、强突出 14 次，具体数据如表 6-3 所示。

表 6-3　不同煤样的突出模拟实验结果[6]

突出类别	总煤量/kg	突出煤量/kg	相对突出强度	初始释放瓦斯膨胀能/(mJ/g)
弱突出	8	0.45	0.0563	58.76
	8	0.7	0.0875	76.84
	11.7	1.3	0.1111	51.27
	21.6	2.6	0.1204	49.87
	13.1	1.8	0.1374	53.51
	24	4	0.1667	64.47
	24	4	0.1667	64.85
	24	4.3	0.1792	49.33
	11.4	2.2	0.1930	66.33
	13	2.9	0.2231	63.06
	16	3.6	0.2250	93.72
	16	4.2	0.2625	85.89
	16	4.8	0.3000	74.53
	16	5.6	0.3500	81.89
	16	5.8	36.25	62.17
	16	5.7	35.63	82.91
	32	12.8	40	89.31
	40	16.2	40.5	73.95
强突出	8	1.55	0.1938	122.33
	22.9	13	0.5677	115.63
	7.3	4.3	0.5890	275.6
	32	19.3	0.6031	128.1
	24	14.7	0.6125	114.11
	24	14.8	0.6167	133.55

续表

突出类别	总煤量/kg	突出煤量/kg	相对突出强度	初始释放瓦斯膨胀能/(mJ/g)
强突出	24	15.1	0.6292	118.97
	32	21.1	0.6594	222.94
	32	22.2	0.6938	145.25
	7.4	5.3	0.7162	204.4
	32	23	0.7188	226.9
	16	11.7	0.7313	260.7
	16	11.9	0.7438	162.8
	37.5	29.4	0.7840	396.49

从表 6-3 可以看出，虽然不同突出之间的突出强度有差别，但对于弱突出或强突出单一类别而言，其相对突出强度差别较小，故而本节选取两种突出类别中不同相对突出强度的平均值来作为不同突出水平下的相对突出强度。经计算，弱突出的平均相对突出强度为 22.79%，强突出的平均相对突出强度为 63.28%。基于以上计算可得到工作面前方具有突出危险性煤体煤量，具有突出危险性煤体煤量乘以突出的相对突出强度便可大概获知不同突出危险性程度下平均突出煤量，见式(6-12)：

$$m'=\psi m \tag{6-12}$$

式中，m' 为工作面实际可能突出的煤量，kg；ψ 为煤体的相对突出强度，%；m 为具有突出危险性煤体的煤量，kg。

发生小型突出时，突出煤量不大，所产生的高浓度瓦斯一般在几十分钟内经过通风可以排出并使瓦斯浓度降为正常值。因此，如果煤巷工作面经过突出预测，其预测结果为无突出危险性，最后经过掘进发生了突出，只要保证突出强度为小型突出，而释放的高浓度瓦斯又能在最短的时间内经过正常的通风变为正常值，不会对工作面产生大的危害，进而不会长时间延误工期，这也属可行。一般一个煤巷工作面的通风量需能保证放炮后产生的瓦斯及烟雾能在有效的时间内散失掉，因此如果煤巷工作面发生的突出强度不大于一次放炮量，则此类突出完全可控，不会造成工作面长时停工及维护作业。

6.2 防突作用下突出煤体扰动方式

6.2.1 采动煤体突出孕育过程

从前述实验与模拟中可以得知，在地应力变化损伤煤体的过程中，煤体因自身强度并不会骤然失稳，而是先在局部出现裂纹损伤再经裂纹延伸发展，在达到抗压强度最大值时失稳破坏，裂纹数量激增，形成贯通的剪切破坏带，煤体自身强度骤降。而在瓦斯解吸运移过程中，构造煤样的瓦斯解吸动力效应大于非构造煤样，产生了更多的瓦斯膨胀能，为煤体的进一步破碎与抛出提供了能量来源。因此，具有突出危险性的煤体经采掘扰动诱发突出灾害如图 6-9 所示，经历了以下几个过程：

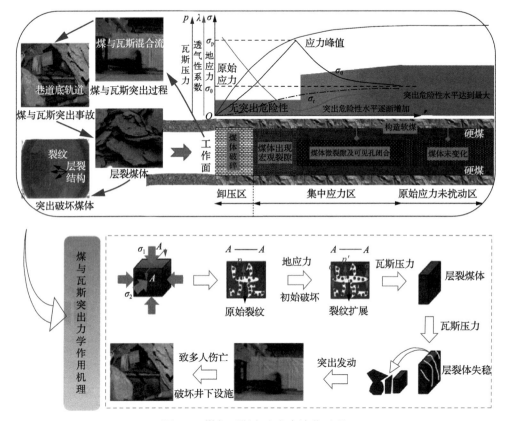

图 6-9　煤与瓦斯突出灾害演化过程

(1)应力扰动使煤体发生初始破坏。

使煤体发生初始破坏的应力扰动可能来自人为开掘巷道后的地应力自发调整；也可能来自人为采掘活动自身，如放炮掘进、落煤、深进尺回采等，甚至可能来自顶板周期性来压。煤体在应力扰动的破坏下产生大量裂纹乃至局部裂隙，此刻煤体力学强度大大降低但仍具有一定强度。同时由 2.2.2 节可知，煤体的初始破坏是在以地应力为主控，瓦斯压力协助下发生。

(2)损伤煤体在瓦斯作用下进一步撕裂。

初始损伤煤体大量新裂纹形成后，促进瓦斯发生运移与解吸，周围颗粒与微小孔隙中的瓦斯涌入裂纹，在其内聚集起一定压力的瓦斯气体，如其产生的应力大于裂纹扩展的阻力，则裂纹进一步扩展延伸形成贯通性大裂缝，将煤块从整体之中撕裂开来。同时根据 2.2.2 节可知，煤体在以瓦斯压力为主导、地应力协同作用下发生结构分区层裂化，并产生进一步碎裂。此外，突出一旦发生则极为迅速，存在暴露面煤体的应力突然释放的情形，因此，煤体裂纹扩展亦存在主要在瓦斯作用下而完成的情况。

（3）瓦斯膨胀能作功使煤体失稳抛出。

使煤块从煤层整体中剥离的大裂缝形成之后，将进一步促进附近瓦斯向其中解吸移运，瓦斯的涌入使大裂缝中积聚起更大的瓦斯压力。当这个压力足以将分离后的煤块破碎并向采掘工作面抛出时，此时应力扰动峰值会向后方煤体运移重复上述的（1）、（2）过程，至此持续的煤与瓦斯突出现象便得以发生。

（4）瓦斯与破碎煤块的运移与终止。

大量的瓦斯气体与破碎煤块在动力作用下向巷道内抛出，在这个过程中瓦斯解吸依旧在进行，甚至有些煤块在解吸作用造成的压差下发生爆裂，形成爆炸粉末团。突出的瓦斯与煤块动力强劲，在巷道中能运移数十米乃至上百米，摧毁矿井设备设施，威胁矿工人身安全，有时甚至能使风流逆反，扰乱矿井通风系统。在煤与瓦斯突出结束后，突出煤块的堆积具有明显的分选性，且仍然在向外释放瓦斯气体，直至解吸平衡。

6.2.2　煤与瓦斯突出的力学机制

地下煤层作为地质运动与成煤作用产生的产物，在地下空间内受三向不等应力的作用。在长期的开采实践中发现，在同一开采煤层中，有的煤体质地坚硬、结构紧密、光泽鲜明，而有的煤体结构破碎、光泽黯淡、强度低下，甚至用手即可捏碎。是何种因素导致了同一煤层的不同煤体性质差异呢？研究证明，因煤层在千万年的沉积中受到地质构造应力的作用，煤层整体或局部受到挤压与揉搓，引起煤体层面错动与结构变化，使受力煤体发生变形与破碎，从而呈现出同一煤层下的煤体不同性质。至此，学者们对突出过程中受力煤体的变形破坏满足何种力学条件与破坏机制展开了研究。

当煤体上受到的作用力较小时，煤体会发生变形；当作用力较大时，煤体便会发生破坏。由于煤体的煤质、内部结构与成煤环境不同导致其性质存在差异，在不同的应力作用下呈现出不同的破坏类型。在大量的实验研究下，煤体受外力发生破坏有劈裂破坏、剪切破坏、拉伸破坏等多种形式，如图 6-10 所示。

无论在上述的离散元模拟中或是煤样受力破坏实验中，煤体的损伤破坏均非一蹴而就。煤样宏观断裂面的形成经历了从裂纹初始生成、扩张蔓延、合并贯通的发展历程。基于格里菲斯（Griffith）强度理论与伊尔文（Irwin）对物体内部裂纹所作的三大假设，依据物体内部裂纹受力状态的不同，可将裂纹的形式化简总结为三种基本类型，如图6-11所示，分别为Ⅰ型张开裂纹(拉伸型)、Ⅱ型剪切裂纹(纯剪切型)和Ⅲ型扭转裂纹(纯扭转型)。

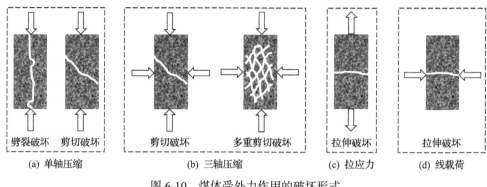

(a) 单轴压缩　　　　(b) 三轴压缩　　　　(c) 拉应力　　　(d) 线载荷

图6-10　煤体受外力作用的破坏形式

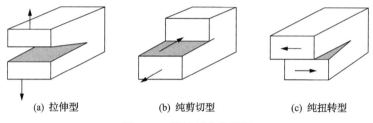

(a) 拉伸型　　　　　(b) 纯剪切型　　　　　(c) 纯扭转型

图6-11　裂纹基本类型图

在煤体损伤破坏过程中上述三种类型的裂纹均会出现，但和煤与瓦斯突出密切相关的一般为Ⅰ型拉伸裂纹。针对突出灾害的力学成因，现已普遍接受地应力与瓦斯应力综合作用假说，即在单纯的地应力破坏煤体作用下(煤体内无瓦斯压力或含量极低)与单纯的煤体内存在瓦斯压力的情况下(煤体未受应力扰动损伤)突出均不发生。因此在地应力与瓦斯应力的综合作用下，依据"球壳失稳"机理[7]，煤与瓦斯突出灾害的发生应当满足如下力学条件：

(1)采掘工作面前方煤体在地应力作用下发生初始破坏(该初始破坏与2.2.2节中初始破坏并非同一定义，为便于理解，本节选择常规理解的定义)，其内部生成众多Ⅰ型拉伸裂纹，煤体的整体性遭到破坏，煤体力学强度发生下降，此时应当满足的力学条件为式(6-13)所述[11]。

$$\sigma_\theta'' \geqslant \frac{1+\sin\varphi}{1-\sin\varphi}\sigma_r'' + \frac{2K\cos\varphi}{1-\sin\varphi} \tag{6-13}$$

式中，各参数含义见2.1.2节第1部分内容。

当煤体所受式中左部切向应力大于式中右部之和时，煤体随之在地应力作用下发生破坏，产生大量 I 型拉伸裂纹。

由第 3 章的研究结论可知，受载煤体的峰值强度受多种因素影响，将实验与模拟中四类应力加载路径下煤体失稳时的强度作图可得煤体力学强度对比如图 6-12 所示。由图可知，在实验中增加瓦斯压力或卸载速率均会促进式(6-13)成立，使煤样内部更容易达到地应力初始破坏煤体所需的切向应力，引发煤体的失稳破坏。在模拟中增加卸载速率、突然卸载幅度与降低伺服应力也会促进式(6-13)成立，使颗粒间发生破坏所需的切向应力更快地得到满足，引发煤体颗粒间的失稳破坏行为。同时在实验与模拟中均呈现出应力路径③突然卸载模式下地应力初始破坏煤体条件更易满足，煤体峰值强度低。而在应力路径④的双向渐进加载、单向应力伺服条件下，该力学公式条件更难满足，煤体失稳破坏所需切向应力更难达到，煤体具有更大的峰值强度。

不同载荷路径下煤体破坏强度对比如图 6-13 所示。由图 6-13 可知，采掘工作面煤体破坏强度和力学加卸载路径密切相关。针对四种应力路径，应力路径②下煤体抗压强度最低。煤体失稳破坏的时效性表明，应力路径③下煤体最先发生失稳破坏。这表明承受荷载下的煤体，其抗压强度并不能决定是否容易发生突出，关键在于应力载荷路径。因此，煤体力学强度被视为影响突出发生的一主控因素，采动煤体能否引发突出，或引发瞬时还是延时突出，关键在于应力加卸载路径。基于四种应力路径表征的突出灾害类型，也表明了突出更易发生在采掘工作面前方，尤其正处于采掘扰动作业过程。

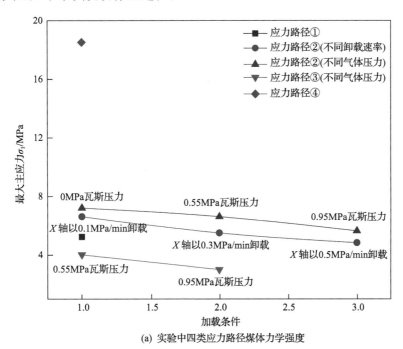

(a) 实验中四类应力路径煤体力学强度

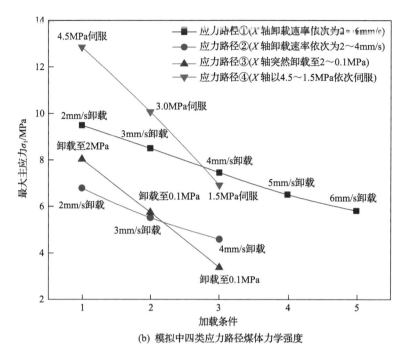

(b) 模拟中四类应力路径煤体力学强度

图 6-12　实验与模拟中的煤体失稳强度对比

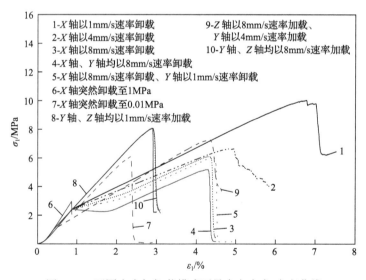

图 6-13　不同应力加卸载模式下最大主应力-应变曲线

　　同时，也表明应力路径③下载荷突然卸载的采掘工作面最危险，因此，尤其高瓦斯压力赋存煤层，更应避免使用炮掘等诱使应力载荷突变的作业行为。对于综掘过程，应力路径②下采掘工作面最危险。因此，实际采掘过程应避免如双煤巷同步交叉掘进，或两煤巷、煤与岩巷贯通前必须在一定范围内加固煤体或提高消除瓦斯赋存程度。这为《防治煤与瓦斯突出细则》第二十七条中第六款的突出煤层中巷道贯通作业规定提供了直观的解释依据。

式(6-13)阐述了地应力初始破坏煤体所需的条件，除从宏观应力峰值处的切向应力大小进行描述外，还可从细观角度对煤体初始破坏时产生的裂纹类型进行说明。当地应力初始破坏煤体，使其内部产生大量 I 型张开裂纹(拉伸裂纹)这一现象可以在模拟中进行观察。借助 PFC 模拟软件对颗粒间的裂纹产生行为进行分类判定，对煤体受载过程中拉伸裂纹的出现进行记录可得图 6-14 所示的拉伸裂纹产生累积图。由图可知，四类应力路径下的拉伸裂纹累积均经历了"缓慢增长—快速增长—重归缓慢"三个阶段，拉伸裂纹在受载煤体进入塑性变形阶段后快速出现。除此之外，在受载煤体失稳，应力峰值跌落的瞬间拉伸裂纹的产生会出现一个突增现象，在地应力初始破坏煤体的瞬间产生大量的拉伸裂纹，这与上述力学条件所描述的情况相符。

(2) 当煤体受地应力初始破坏产生大量裂纹之后，煤体内瓦斯气体便会向产生的 I 型张开裂纹中涌入，在裂纹中形成瓦斯聚集，产生一定的瓦斯压力。涌入 I 型张开裂纹中的瓦斯也会在渗流作用下向四周孔隙、裂隙或采掘巷道中释放，因此该裂纹中的压力动态变化，存在一个最大值。如果裂纹在该压力下能进一步扩展，则煤体在瓦斯压力的作用下进一步撕裂，突出的可能性进一步增加。I 型张开裂纹在瓦斯压力下进一步扩展应当满足式(6-14)所述条件[12]：

$$p_{if} - p_2 \geqslant M_1 \frac{K_{1c}\sqrt{\pi}}{2\eta\sqrt{a}} \qquad (6\text{-}14)$$

式中各参数含义见 2.1.2 节第 1 部分。

式(6-14)表明，煤体内部产生的瓦斯压力与煤体暴露表面外部压力之间的差值越大，越易满足裂纹扩展条件。从前述瓦斯解吸动力学规律探究章节已得到构造煤体和非构造煤体两种煤样瓦斯压力随时间变化规律(见第 5 章 5.2.1 节)，可以看出，无论是构造煤体或是非构造煤体，瓦斯压力的变化速率在解吸开始时达到最大值，随着解吸过程的进行迅速衰减，且变化速率随瓦斯压力的增大而增加。从两种煤体瓦斯压力变化速率对比可看出，在瓦斯解吸初期构造煤体的瓦斯压力变化速率始终小于非构造煤体，且差距随瓦斯压力增加而增大。这意味着构造煤体内部在瓦斯解吸时易保持较高压力，与煤体暴露表面形成较大压力差，更易满足式(6-14)所述裂纹扩展的力学条件。

综上可知，在满足式(6-14)条件下煤体内 I 型张开裂纹在瓦斯压力作用下扩展，与煤体内部的其他孔隙、裂隙进行连通构成平行于煤体暴露面的宏观大裂缝，将煤体切割成具有一定厚度的球盖状煤壳；反之，若Ⅰ型张开裂纹内积聚的瓦斯压力不足以满足式(6-14)，则该裂纹保持稳定状态，其内部的瓦斯将经渗流作用逐步释放到采掘工作面巷道内。

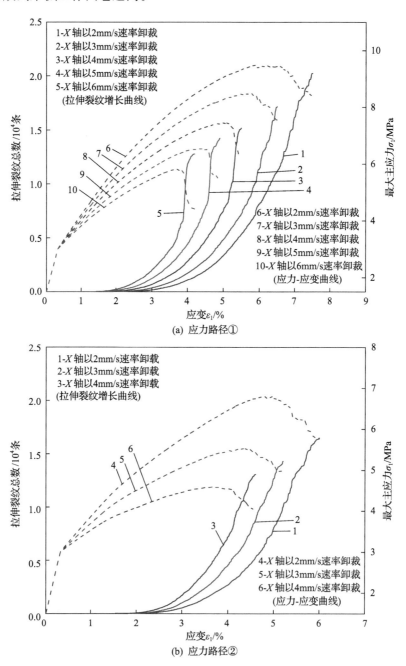

(a) 应力路径①

(b) 应力路径②

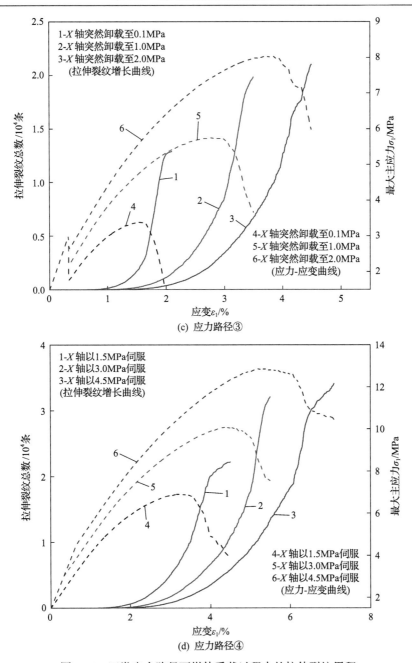

图 6-14　四类应力路径下煤体受载过程中的拉伸裂纹累积

（3）煤体在瓦斯压力的撕裂作用下，强度将进一步下降，在球盖状煤壳形成时，四周煤体颗粒与孔隙裂隙中的瓦斯将进一步向煤壳形成后的大裂缝中涌入。此时大裂缝中积聚的瓦斯压力如同第（2）步中 I 型张开裂纹中的瓦斯压力一样，动态变化且存在一个最大值。如果在积聚的最大瓦斯压力下能使球状煤壳快速发生失稳破坏，瓦斯气体裹挟破碎煤块向采掘工作面巷道抛出，则突出灾害发生，此时应满足的力学条件如式(6-15)[13]所述：

$$p_{\text{im}} - p_2 \geqslant \left[1 - 0.00875(\varphi_i - 20°)\right]\left(1 - 0.000175\frac{R_i}{t_i}\right)\left(0.3E\frac{t_i^2}{R_i^2}\right) \tag{6-15}$$

式中各参数含义见 2.1.2 节第 1 部分。

当煤壳后部大裂缝内瓦斯压力不满足式(6-15)时，煤壳无法失稳抛出，裂缝内聚集的瓦斯会在渗流作用下向采掘巷道内扩散，经地应力初始破坏和瓦斯应力撕裂的煤体会在采掘作用下自然垮落，或经应力扰动后发生压出。

式(6-15)为经地应力初始破坏、瓦斯压力进一步撕裂后损伤煤体抛出所需满足的条件。在第 3 章的含瓦斯煤体真三轴加卸载实验中可看出，瓦斯压力除削弱煤体力学强度，亦增加失稳后煤体的破损与粉化程度。在 0.95MPa 瓦斯压力下，应力路径②与应力路径③的煤体失稳破坏均产生了较多的煤粉与碎小煤块。这些现象均反映了瓦斯具有对损伤煤体进行抛出与破坏的能力。

在上述分析中，从煤体破坏所遵循的莫尔-库仑强度准则出发，探讨了地应力初始破坏煤体、瓦斯压力撕裂煤体到煤壳失稳抛出所应当满足的力学条件，厘清了突出发生的力学机制，也说明了在突出灾害发生过程中，地应力在初始损伤破坏煤体阶段起主要作用，后续的煤体撕裂与失稳抛出均以瓦斯应力作用为主导影响。这与本书前述的实验结论相吻合，瓦斯膨胀能是突出后两个阶段的主要供能者，且构造煤体初始解吸时释放出的瓦斯膨胀能是非构造煤样的 2~3 倍，更易满足后两个阶段所需的力学条件，故而突出更易在构造软煤层中发生。

6.2.3 基于理论结果的防突建议

根据《煤与瓦斯突出矿井鉴定规范》《防治煤与瓦斯突出细则》中的规定，煤矿在矿井开采范围内发生过突出事故即认定为突出矿井，采掘过程中发生过一次突出事故的煤层即认定为突出煤层。当矿井与煤层被认定为具有突出危险性之后，即要按突出矿井相关规定进行管理，实施相关防突措施后方可进行采掘活动。防突措施的实施需要投入的大量人力物力，四位一体防突措施的执行也要花费大量时间，不仅延缓了煤炭开采效率，降低煤炭开采的经济效益，还可能衍生出巷道支护、煤炭自燃与矿井通风等相关问题。在防治突出灾害的长期实践中发现，即使矿井是突出矿井也并不代表所有煤层都具有突出危险性，突出煤层也并非所有区域都有突出发生的可能。统计资料显示，突出煤层的突出危险性区域仅占煤层整体的 10%左右，因此选用恰当的方法对煤层区域进行突出危险性预测，根据预测结果采取相应措施对开采区域进行差异化处理可以提升矿井采掘效率，提高煤炭企业开采效益。

现行的煤与瓦斯突出预测主要包括区域性预测和工作面预测，通过突出预测可以将煤层和采掘工作面分为突出危险性煤层与突出危险性工作面、无突出危险性煤层与无突出危险性工作面。目前使用较多的区域性突出预测方法有单项指标法与综合指标法等。工作面突出预测方法是在有突出危险区域的采掘工作面进行，主要有综合指标法、钻屑瓦斯解吸指标法、钻孔瓦斯涌出初速度法、R 值指标法和钻屑指标法等。这些方法均是从煤体力学强度、瓦斯含量等方面去进行突出危险性预测，而忽略了煤体所受应力状态的影响。基于前述实验与模拟结果可看出，同一批试样煤体力学强度大小受应力路径影响显著，处于应力路径③突然卸载模式下的煤体更易发生失稳破坏，而处于应力路径④下的煤体则相对更稳定。这说明处于动态载荷下的煤体是否发生失稳破坏除受载荷大小影响，也与应力变化路径密切相关，因此在防突工作开展时也应当考虑煤层所受的应力状态与采掘方式。如尽量避免煤体处于应力路径③的突然卸载模式下，避免使用炮采等使煤体受力突然变化的采掘方式。对于综采工作面则大多处于应力路径①与路径②的单向或双向卸载模式下，前述结果显示当煤体处于双向卸载模式下更易发生失稳破坏。故此在实际采掘过程中应当严格控制循环进尺，避免双煤巷同步交叉掘进，在无法避免的情况下应当在双煤巷、煤与岩巷贯通前加固范围内煤体或降低瓦斯含量。此外，在突出易于发生的危险区域应当尽量使煤体处于应力路径④的应力状态下，对工作面煤体进行加固或留设保安煤柱与支撑煤体。

6.3　突出危险性预测模型

6.3.1　煤巷工作面突出预测模型

1. 突出预测模型[1]

构建煤巷工作面突出预测模型目的即为有效地保障工作面掘进安全，因此该突出预测模型需能表征煤体中具有的最高突出危险性水平。对于一个具有突出危险性的煤巷工作面，根据"球壳失稳机理"中提出的三个力学条件，其预测范围内煤体在瓦斯量释放最少且全断面突然暴露后最易发动突出，并且煤体释放的突出能量最大，即此时的煤体具有突出危险性水平最高。而对于上述提到的人为因素中施工的各种防突钻孔一般均在预测突出前即完成，因此在突出预测时，打钻因素对煤体的突出危险性水平并未更进一步影响。而等待时间的长短其实也代表了掘进速度的快慢，等待时间越长，说明掘进速度相对越慢，反之亦然。突出阻碛区的厚度及掘进方式一般决定了煤体暴露的时间性及面积大小。因此，对于一个实际的煤巷工作面，人为因素对煤体突出危险性大小的影响可以体现为掘进速度及煤体暴露方面来表征。很显然，当掘进速度达到一极限值时，可实现预测范围内具有突出危险性的煤体在瓦斯未泄漏前全断面突然被揭开。此时，煤体在地应力作用下发生初始破坏后，根据式(6-14)和式(6-15)可知，内部裂纹最易发生扩展且之后形成的球壳状层裂体最易发生失稳，进而激发突出。相应工作面所造成的突出危险性水平最大。因此，建立此条件下的突出预测模型即是考虑了工作面突出危险性最大的情况。这种危险程度比现场已受到不同程度的人为扰动后煤体中的危险性大，相当于按最危险的情况来考虑。一个实际的具有突出危险性煤巷工作面在采动影响下煤体存在的突出危险性水平如图 6-15 所示。从图中可以看出，在未受采动影响前，煤体未被破坏，瓦斯未遭泄漏，其内部保存最大的瓦斯压力。此时的煤体若突然暴露发生突出，其突出危险性水平最大。

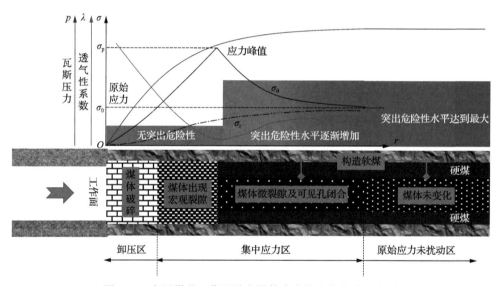

图 6-15　实际煤巷工作面前方煤体存在的突出危险性水平

因此，判定煤巷工作面突出预测指标临界值以此状态为前提建立煤巷工作面突出预测模型，具体的模型效果示意图如图 6-16 所示。突出是地应力、瓦斯压力及煤体力学强度共同作用的结果，图 6-16 中建立的预测模型仅考虑了瓦斯压力为最大时的突出危险水平。而实际的突出发动难易程度及相应的突出危险性水平亦和地应力破坏煤体所需的临界条件有关。如果煤体在承受相同地应力大小下，因应力组合模式不同而更易使具有突出危险性煤体发生初始破坏，则便会更易进入瓦斯撕裂煤体阶段，进而满足式(6-14)及式(6-15)的发动突出条件。虽然煤巷工作面的煤体处在三向应力下一般在压缩下发生剪切破坏，而一般突出的发生数秒瞬时发动,所以具有突出危险性的煤体突然暴露时,煤体承受的三向应力即变为了双向应力,类似于仅承受围压状态。舒龙勇等[14]和 Yang 等[15]通过模拟煤巷掘进过程中煤体受力变化后得出,沿掘进方向应力随煤体突然暴露而瞬间变为接近零,但其他两个方向应力仍保留较大的应力值。因此,在煤层突然暴露,煤体所受应力状态可以简化为受围压加载模式,而煤体的初始破坏相应简化为双向围压加载下发生。基于此,下面将探讨煤体在围压加载模式下失稳破坏所需的应力临界条件。以和三向应力状态下煤体发生剪切破坏的应力临界条件相对比,最终确定在同等地应力大小下最易使煤体发生失稳破坏的力学模式。

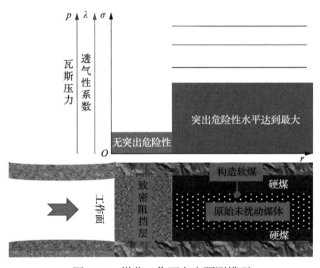

图 6-16　煤巷工作面突出预测模型

Medhurst 和 Brown[16]对不同尺寸的煤样试件实施了三轴压缩实验,发现随围压增加,煤岩由轴向劈裂破坏变为剪切破坏。Camborde 等[17]利用离散元方法模拟了岩石及混凝土破坏行为,模拟结果表明,在单轴压缩下破坏类型表现为共轭斜面剪切破坏(由于端部内部的摩擦出现了径向应力,使端部受到三向应力状态)。Sfer 等[18]选择 150mm×300mm(直径×高度)大尺寸的混凝土试样开展了三轴压缩实验,同样得出试样在单轴压缩下发生劈裂破坏,而在三轴压缩下主要产生剪切破坏。基于离散元方法,Jiang 等[19]提出了一种颗粒间的黏结模式,并对单双轴压缩、直接拉伸及巴西劈裂实验下对裂纹的扩展特征进行了模拟,模拟和实验结果均表明单轴压缩下无裂纹的煤岩体发生剪切破坏,而存在一裂纹的煤体会发生劈裂破坏。在直接拉伸下会在煤体中部发生垂直于拉应力的断裂,而施加巴西劈裂式的线载荷时会在煤体中部发生平行于压应力的断裂。总之,不同应力加载模式下煤体破坏类型不尽相同,如图 6-10 所示。

对于煤岩体的破坏是在剪切作用或在拉伸作用发生均遵循一定强度破坏准

则。目前，煤岩体强度破坏准则主要有最大正应力强度理论、最大正应变强度理论、最大剪切力强度理论、库仑-纳维破坏准则、莫尔-库仑强度破坏准则、八面体应力强度理论、Drucker-Prager 准则、软弱面破裂准则、格里菲斯强度理论、Hoek-Brown 岩石破坏经验准则及伦特堡（Lund Borg）岩石破坏经验准则。而根据煤岩的破坏特征普遍利用莫尔-库仑强度破坏准则和格里菲斯强度理论对煤岩的失稳破坏成因进行分析。由于煤体在三向应力状态发生的破坏属于剪切破坏，而莫尔-库仑强度破坏准则又能很理想地描述煤体发生剪切破坏所需的力学变化过程及条件，得到了普遍的应用，如"球壳失稳机理"第一个力学条件即是基于莫尔-库仑强度破坏准则获得。

　　根据图 6-10 可知，煤岩的破坏类型和受力状态密切相关，因此分析煤巷工作面煤体的破坏类型关键在于煤体受力形态。然而，以往对于简化成围压状态下煤体破坏模式探讨不足。主要原因在于煤岩承受的三向应力一般不相等，特别在我国受构造应力场的影响，浅部普遍为水平应力大于垂直应力，三向应力大小一般为 $\sigma_h > \sigma_{h'} > \sigma_v$（$\sigma_{h'}$ 为最小水平主应力）。而随深部开采，三向应力场变为 $\sigma_v > \sigma_h > \sigma_{h'}$ 或 $\sigma_h > \sigma_v > \sigma_{h'}$，其中垂直应力和最大水平主应力可以按式(6-16)计算[20]：

$$\begin{cases} \sigma_v = 0.0272h - 1.215 \\ \sigma_h = 0.02h + 4 \end{cases} \tag{6-16}$$

式中，σ_v 为垂直应力，MPa；σ_h 为最大水平主应力，MPa；h 为煤层埋深，m。

　　从式(6-16)可以看出，随采深增加，垂直应力和最大水平主应力差别越来越小。而煤巷掘进工作面掘进方向一般选择在该方向应力较小的水平应力方向，即在最小水平主应力方向推进。此外，当煤层进入一定深度后，煤岩会进入三向应力相等的应力环境，即准静水压力场。因此，在煤层突然暴露，煤体所受应力状态可以简化为受围压加载模式，而煤体的初始破坏相应简化为双向围压加载下发生。下面通过模拟的方式对围压加载下煤岩破坏模式进行探究。

　　1) 煤岩材料的力学参数

　　煤岩是由孔隙及多种矿物组分结合而成的非均质体，结构复杂，具有各向异性和不连续性等特点。考虑到一般具有突出危险性煤岩体的力学强度偏小，故选择两组不同强度的煤岩体力学参数，见表 6-4。

表 6-4　煤岩体的力学参数

试件	抗压强度 σ_c/MPa	弹性模量 E/GPa	泊松比 μ
#1	11.7	0.85	0.178
#2	4.75	0.45	0.198

2) 煤岩体试件在围压加载下的模型

FLAC^{3D} 软件采用了混合离散方法来模拟材料的屈服特性,比有限元方法解算过程更为合理。本部分采用 FLAC^{3D} 5.0 软件模拟试件#1 和试件#2 两种不同强度的煤岩体试件在加载不同围压下的应力状态及损伤特征。模型尺寸为 110mm×150mm(直径×高度),Camborde 等[21]在模拟岩石破坏过程中,加载应力的形式会产生端头效应。为消除试件两端的端头效应,呈梯形分布施加围压,同时也便于得到围压加载后不同应力形式下的量化关系。由于模拟试件是轴对称物体,在观察煤岩体损伤特征时,取对称的四分之一。其整个模拟试件的网格分布由梯形应力分布且呈渐进式,并在周边稍加密集,总网格量 22500 个。模型试件网格划分如图 6-17 所示。

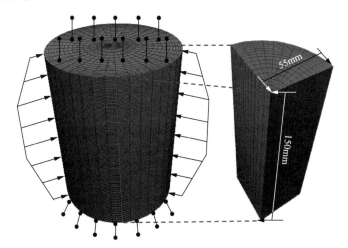

图 6-17　模型试件网格划分及受压分布

煤岩的抗拉强度远小于抗压强度,一般抗压强度是抗拉强度的 8~12 倍。基于煤岩破坏准则符合莫尔应力准则,根据表 6-4 中煤岩体的抗压强度求算出模拟所用黏聚力及抗拉强度参数。同时为尽可能使模拟结果更加可靠,每种试件根据抗拉强度和抗压强度之间的关系建模 3 次,具体参数如表 6-5 所示。

表 6-5　模拟所用的部分参数

应力关系	模型试件#1		模型试件#2	
	黏聚力/MPa	抗拉强度/MPa	黏聚力/MPa	抗拉强度/MPa
$\sigma_c=8\sigma_t$	6.84	1.46	3.08	0.596
$\sigma_c=10\sigma_t$	4.75	1.17	2.05	0.475
$\sigma_c=12\sigma_t$	3.05	0.98	1.24	0.396

注：σ_c、σ_t 分别是煤岩体的抗压强度和抗拉强度,MPa。

3) 煤岩体试件在围压加载下的应力分布

本次模拟主要监测在围压加载过程中模型轴向应力变化，以及内部损伤的扩展。由于模型为圆柱体，中心对称模型，因此选择模型的轴线位置为监测线，在此处监测轴向应力-应变的变化。以过轴线的切面为监测面，观察模型径向应力分布情况，监测面及监测线如图 6-18 所示，沿监测线设置若干监测点记录模拟过程中的应力。

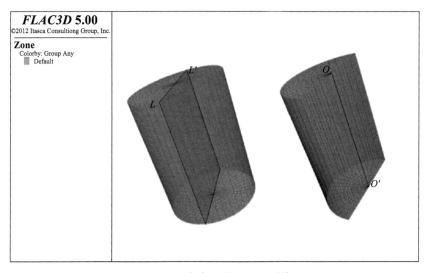

图 6-18　应力监测面和监测线

在模拟过程中，模型试件#1、试件#2 以步进 0.1MPa 加载围压，每次模拟得到 10 组结果，以抗压强度是抗拉强度的 10 倍时的模拟结果为例进行分析。尹光志等[22]通过自制的真三轴应力加载装置实施了砂岩在三向不等应力模式下的破坏实验，结果表明随最小主应力减小，砂岩从产生压应变逐渐变为拉应变，且中间主应力大小越接近最大主应力，砂岩产生的拉应变越大。现场实践表明，井下应力叠加越严重的工作面，工作面前方易产生平行于工作面横向张裂的大裂缝。因此，煤岩体施加围压时，煤岩体内部所承受的应力平行于轴向。

本节选取代表性的 3 组围压模拟后的应力分布结果，分析试件内部应力随围压加载后的变化规律，如图 6-19 所示。从图 6-19 可以看出，在围压加载下煤岩体内部出现的应力类型为拉应力，随围压增大，两种煤岩体的轴向拉应力峰值增大。围压达到 2.7MPa 时，在煤岩体的中部位置轴向拉应力峰值达到试件 #1 的抗拉强度（1.17MPa）；围压达到 1.9MPa 时，在煤岩体的中部位置轴向拉应力峰值达到试件 #2 的抗拉强度（0.457MPa）。模拟得到的抗拉强度比表 6-5 中理论计算的抗拉强度略小 3.8%。当围压值已使煤岩体受的拉应力达到抗拉强度后，随围压增大，煤岩体的轴向应力峰值保持不变，而出现的峰值区域逐渐扩大。为得到煤岩体承受围压应力与煤岩体内部出现拉应力之间的量化关系，以试件 #1 和试件 #2 在围压加载下未出现损伤的围压状态为依据，拟合了两种煤岩体加载围压与其内部出现拉应力数值之间的拟合函数关系，如图 6-20 所示。从图 6-20 可以看出，两种煤岩体围压加载下出现的拉应力与围压大小呈较好的线性关系。

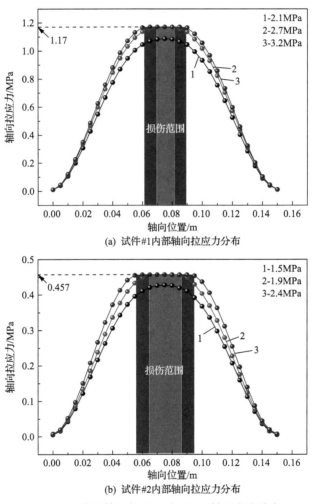

图 6-19　煤岩体试件在不同围压下轴向应力分布

4）煤岩体试件在围压加载下的损伤特征

图 6-21 为两种不同强度煤岩体试件随围压变化产生损伤的剖面图。从图中可以看出，当围压分别达到 2.7MPa、1.9MPa 时，煤岩体开始在拉应力的作用下从煤岩体中部发生破坏。随围压增大，初始发生破坏的区域越大。从图 6-21(b)中的

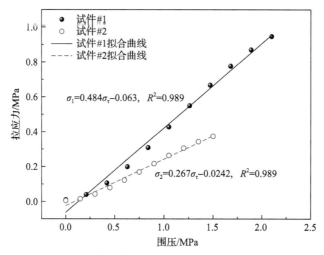

图 6-20　煤岩体试件围压与拉应力之间的关系

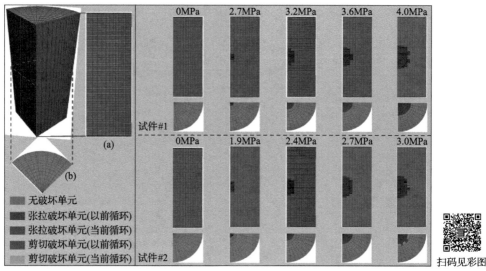

图 6-21　煤岩体随围压变化的损伤规律

剖面图可以看出，新发生的拉伸破坏区域主要沿着与围压加载方向相同的方向发展，产生平行于围压加载方向的断裂面。此外，观察试件 #2 破坏特征可以发现当围压达到 3MPa 时，在岩体破坏区域内出现了剪切力破坏区域。然而，FLAC 软件在模拟煤岩体的损伤过程中表现出色，但它无法准确捕捉煤岩体在应力失稳破坏临界条件下发生的宏观断裂现象。因此，煤岩体发生损伤后，即便在试件内部所承受的拉应力已达到试件的抗拉强度，而煤岩体仅仅沿横向继续发生破坏并未出现完全破坏后的断裂现象。如图 6-19 所示，当围压值已使煤岩体承受的拉应力达到抗拉强度后，随围压增大，岩柱的轴向应力峰值保持不变，而出现的初始损伤区域逐渐扩大。这说明煤岩体所承受的拉应力一旦大于其抗拉强度，新裂纹的产生及新旧裂纹的扩展、贯通过程很快，也解释了在拉应力下煤岩体往往发生瞬间断裂，不同于压应力下煤岩体先在裂纹沿着一定方向扩展、富集后才逐渐发生断裂。

根据图 6-10 及围压加载数值模拟结果表明，现场煤体的初始破坏在以地应力为主导作用下产生，但不同应力状态下煤体发生破坏的强度准则不同。因此，建立煤巷工作面突出预测模型时应考虑工作面煤体的受力状态。原始煤体因受构造运动的影响，浅部煤体一般承受三向不等的应力状态，而随埋深的增加，应力状态逐渐向三向应力相等的条件发展。根据三者应力大小的差别，煤体可发生剪切和拉伸破坏。而煤体承受三向应力及围压这两种应力状态均符合现场工作面煤体受力行为，且一般煤巷工作面煤体受力行为也仅可分为这两种应力状态。因此，对于这两种应力状态下，煤体发生失稳破坏的难易程度进行对比，研判最易使煤体发生失稳破坏的应力状态。由于煤体在这种应力状态下更易发生破坏，相应更有利于突出的发动。

根据莫尔-库仑强度准则，煤体在三向应力载荷作用下发生失稳破坏可用莫尔圆与强度包络线关系表示，如图 6-22 所示。煤岩体在常规承受三向应力状态时的应力圆如图中圆 b 所示，随着 σ_3 的增加，σ_1 会相应增加，而应力圆相应向右移动，进而增加煤体破坏的难度。而煤体中瓦斯压力的存在相应使 σ_3、σ_1 的有效应力减小，应力圆向左移，相应降低了煤体破坏的难度，即煤体中瓦斯压力会降低煤体的破坏强度。同时，可以看出应力圆越向左移，说明煤体存在的状态越易发生失稳破坏，而且所需的 σ_3、σ_1 应力值越小，当 σ_3 为 0 时，煤体发生失稳破坏所需的 σ_1 应力值为最小，此时也认为应力强度达到了煤体的抗压强度。因此，煤体在承受三向应力加载发生失稳破坏时，需要的最小应力值即是达到煤体的抗压强度。而上述分析可知，当煤体突然被揭露时，其所受的应力状态可由三向变为围压状态，此时，抗压强度为 11.7MPa 和 4.75MPa 的煤岩体试件，发生失稳破坏的围压应力值分别为 2.7MPa 和 1.9MPa。即当围压很小时，煤岩体即发生了失稳破坏，这时所需要的应力加载值比任何三向应力状态下所需要的应力值均小许多。因此，在建立煤巷工作面突出预测模型时，当考虑模拟工作面煤体暴露时承受围压应力状态时，煤体处于最易破坏的应力状态。综上，以煤巷掘进工作面煤体突然暴露为前提，假设煤体中瓦斯在预测前并未得到泄漏，预测后立即进行全预测范围的快速掘进。此外，结合煤体存在承受围压应力加载模式情形，提出煤巷工作面突出最危险状态下的预测模型，在此，称之为"煤巷掘进工作面突出预测范围全断面理想推进模型"。

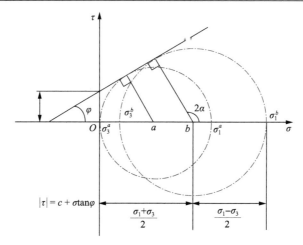

图 6-22 不同应力分布下的应力圆

　　突出预测作为突出防治关键的一步,预测指标选择、临界值判定准确性及有效性决定突出预测结果的可靠性与可信性。目前,预测指标临界值的判定一般基于现场测定数据和瓦斯动力现象,根据数理统计方法大致划定一个数值。只需确保该临界值回判结果达到一定准确度即可,或者根据已有预测指标临界值去反判推算其他预测指标临界值。然而,依据数理统计方法判定预测指标临界值虽具有较高准确性,但它依赖于测定数据样本的多寡,易产生误判,导致“低指标突出”事故发生。因此,预测指标临界值的准确判定依然存在巨大挑战。基于实验室再现实际煤巷掘进工作面突出预测指标测定过程仍缺乏研究,这是预测指标临界值判定缺乏准确性的关键原因。开展实验室再现突出预测工作,关键在于工作面掘进模型的建立。上文提到构建突出预测模型时,应能表征工作面煤体最危险状态。若在此模型下煤体不会发生突出,则在实际采掘过程中更不会发生突出。基于 2.2.1 节分析可知,在同等瓦斯压力水平下,当最小主应力突然卸载时,煤体出现失稳时刻早,最易引发突出。以上构建的突出预测模型及平台即符合此工况。然而当中间主应力和最小主应力均处卸载过程,煤体因破坏强度低,其一旦失稳,相应破坏程度高,由此赋存状态危险程度最高。因此,本节同样提出采用最小主应力突然卸载、中间主应力渐进卸载的力学模式来模拟采掘工作面实际突出预测指标测定过程。该模式可称为“采掘工作面突出预测理想采动模式”。煤体初始破坏仅是突出发生的必要条件,而突出危险程度在一定意义上由瓦斯压力水平决定。因此,同等采掘应力条件下,突出预测前煤体中瓦斯无泄漏,煤体所具突出危险性水平最高。文献[1]中采用钻头对软煤体的突然钻进来实现此工况,而突然破煤即体现最小主应力突然卸载力学行为。因此,实际构建突出预测指标测定模式时,可采取此钻进过程实现最小主应力与瓦斯水平双重理想状态，而中间主应力渐进卸载则需要应力加卸载设备予以调控。

2. 突出预测模型的可行性分析

采用上述"煤巷掘进工作面突出预测范围全断面理想推进模型"或"采掘工作面突出预测理想采动模式"，与现场煤巷工作面突出预测相比，虽然过于理想化，但从安全的角度来看很有必要。目前大多数常用的煤巷工作面突出预测指标如钻屑量、钻孔瓦斯涌出初速度及钻屑解吸指标等突出危险性临界值均基于现场大量可靠预测数值得到的具有突出危险时的最小值，这种预测指标临界值判定形式和本模型理念具有一致性。且该模型与以往确定预测指标临界值模式相比具有以下优越性：

(1)由于实际井下现场影响煤巷工作面突出预测的因素众多，仅常规因素即多达十几项，且如人为因素最难以控制和量化分析。而采用本节提出的突出预测模型可以直接不考虑人为因素对突出危险性预测的影响，仅考虑煤体承受的地应力、瓦斯压力、煤体力学强度、软煤体厚度、煤体温度及水分等自然因素的影响，进而使突出预测所控制的指标因素大大减少，而且一般自然因素为煤体固有存在，也易于控制。

(2)无论"煤巷掘进工作面突出预测范围全断面理想推进模型"还是"采掘工作面突出预测理想采动模式"，均代表了煤巷工作面煤体中最危险情况下的突出风险。在此条件得到的突出预测指标临界值对现场应用会有一定的安全冗余度，即存在一定安全系数。而在现场进行突出预测时，无论具有突出危险性煤体存在于预测钻孔的哪一段，在施工过程中难免会发生瓦斯不同程度的泄漏，以及煤体破坏更是在三向应力加载下达到抗压强度时发生。即使煤体具有突出危险性，其危险水平或突出发动的能力比本节提出的突出预测模型中具有的危险水平或突出发动的能力小。

(3)从突出预测准确率来看，由于本节提出的突出预测模型反映了突出煤体突然发生失稳破坏产生突出现象时的突出危险性。如果在此模型下原始煤体经突然暴露后不发生突出，则在现场经人为因素的扰动，工作面煤体不可能会发生突出，这即保证预测不突出的准确率达到100%。而且在该模型下判定的突出预测指标临界值体现了煤体在目前地应力水平、瓦斯压力大小及煤体力学强度下具有的突出危险性水平。但在现场由于瓦斯抽放等条件，煤体很可能不具有突出危险性，进而可有效避免因预测指标临界值判定不安全所引起的"低指标突出"事故。

(4)基于"煤巷掘进工作面突出预测范围全断面理想推进模型"或"采掘工作

面突出预测理想采动模式"，在实验室条件下结合煤矿现场煤巷工作面原始煤体承受的地应力水平、瓦斯压力大小及煤体力学强度，实施模拟现场突出预测实验得到的预测指标临界值在不同的煤层或矿区具有一致性。

根据本节提出的煤巷工作面突出预测模型理念可知，在进行突出预测时应保证预测指标临界值能反映出预测区域实际突出危险性水平下是否具有突出的可能。目前常用的瓦斯解吸指标如 Δh_2、K_1 值及瓦斯涌出初速度 q 等指标因操作流程中人为因素等不可避免地在一定程度上忽略了煤体初始释放瓦斯量对突出危险性预测结果的影响。突出一旦发动至终止，整个过程一般仅持续数秒或数十秒，这个时期释放的瓦斯为真正参与突出煤体的破坏、抛出过程的瓦斯量。即该阶段释放的瓦斯量及解吸规律对突出预测至关重要，在预测指标测定数值时应考虑这一情况。即测定预测指标数值时煤体一旦暴露，就应采集瓦斯解吸数据。由于 Δh_2、K_1 值测定的原理及要求，而且预测钻孔往往近十米长，致使在实际测定时并不能做到煤体一暴露就采集瓦斯解吸数据。而瓦斯涌出初速度 q 实际上是测定煤体在暴露 2min 内除安装测定设备时间段内散失瓦斯外的释放瓦斯量。虽然它在测定过程中也会或多或少忽略煤体初始释放的瓦斯量，但如果严格控制流程，其可尽量减少初始释放瓦斯量。这也可以看出煤体暴露后释放的瓦斯量与突出危险性具有密切的关系。基于此，唐俊[23]和吴爱军[24]提出一种煤巷掘进工作面新预测指标——钻孔初始瓦斯连续流量法。钻孔初始瓦斯连续流量法的突出预测理念为在钻杆一旦开始钻入煤体这一时刻，煤体释放的瓦斯量即被采集，采集过程一直持续到预测钻孔施工完毕。它的测定过程既考虑了煤体初始释放的瓦斯量，又保证了实时连续地监测一定长度的煤体突出危险性。

6.3.2　模拟煤巷工作面预测指标测定平台及效果检验

煤巷工作面具有突出危险性的煤体主要为经地质构造运动破坏后重新黏合在一起的松软煤体，在实验室条件下搭建模拟煤巷工作面突出预测指标测定平台关键在于设计加工模拟工作面煤层的装置。该模拟煤层装置须能保证最后得到的模拟煤层中煤体力学强度、吸附特性等特点和现场构造煤体接近。此外，为保证在模拟煤层中施工突出预测钻孔测定预测指标数值能反映出现场煤体最危险的状态，需要对预测结果进行效果检验。钻屑量是目前煤巷工作面现场应用最常见的预测指标。研究已表明，从理论上分析钻屑量属综合指标，能够反映出地应力、瓦斯压力及煤体力学强度三者综合的变化。此外，打钻过程中往往会出现一些如喷孔、卡钻、顶钻及吸钻等动力现象，这些动力现象在有突出危险性的钻孔中发生一般具有共性，它们可以作为突出预测的评判依据。正确分析它们的发生机制，明确它们与突出之间的联系对突出预测的准确判断有重要意义。

基于此，根据以上提出的"煤巷掘进工作面突出预测范围全断面理想推进模型"，本章将实施模拟现场软煤层平台的搭建工作。在该平台的基础上，开展钻屑量临界值判定实验，以验证本研究中搭建的煤巷工作面煤层模拟装置的优越性。并基于钻屑量测定实验，开展预测钻孔动力现象间的关联，以及它们与突出危险性间的直观联系研究。

1. 模拟煤层装置及应力加载系统

以上通过分析煤巷工作面突出发生因素的影响成因，以及煤巷工作面煤体在不同应力加载模式下的破坏类型提出了"煤巷掘进工作面突出预测范围全断面理想推进模型"。该模型可保证煤巷工作面煤体在相同的瓦斯压力及煤体力学强度下发生突出的危险性最大，即在此条件下测定的突出预测指标临界值是在工作面突出危险性最大的情况下得到。煤巷工作面在实施突出预测前会有防突钻孔等有利于瓦斯释放的作业，因此从瓦斯对突出危险性的影响角度而言，实际煤巷工作面煤体突出危险性水平低于"煤巷掘进工作面突出预测范围全断面理想推进模型"中煤体的突出危险性水平。此外，突出发生的实际过程为：首先以地应力为主导破坏煤体，而后煤体在瓦斯的进一步破坏作用下发生失稳抛出的力学过程[7]。因此，煤体在地应力下的破坏类型或程度对突出的发动难易有着至关重要的作用，突出易发动进而反映出煤体的突出危险性水平大。实际煤层从浅部逐渐进入深部开采，煤体由三向不等的受力状态逐渐变为准静态受力状态，表现为三向应力大小极为接近或相等。当煤体所受三向应力大小相等时，考虑到突出发生的瞬时性，可以把煤体在这个过程的受力状态简化为围压加载模式。从图 6-19 和图 6-20 中可以看出，抗压强度为 11.7MPa 和 4.75MPa 的煤岩体试件发生失稳破坏的围压应力值分别为 2.7MPa 和 1.9MPa。即当围压很小时，煤岩即发生了失稳破坏，这时所需要的应力加载值比任何三向应力状态下所需要的应力值明显减小。虽然，简化为围压状态下得到的突出预测模型可以保证判定工作面不具有突出危险性，工作面100%不具有突出危险性。然而，根据目前我国绝大多数的煤巷工作面所在采深所引起的三向应力并非三向相等或极为接近，更类似于三向应力状态下，一个主应力、两个次应力，且两个次应力在很多情况下较为接近。因此，在加工设计煤巷工作面煤层模拟的装置时，装置中煤体三向受力即简化为一个主应力、两个相等的围压应力。

笔者团队加工的模拟煤层装置如图6-23(a)所示，该装置的几何形状为长圆形，长1120mm、宽220mm、深330mm，根据《防治煤与瓦斯突出细则》[2]，煤巷工作面突出预测钻孔要求直径为42mm，测定预测指标数据时至少1m测定一次。由于钻孔实施后对突出预测指标数值的影响主要和煤体破碎带半径有关，特别是瓦

斯解吸指标,主要的瓦斯渗流有效半径一般最大为破碎带半径。对于半径为 21mm
的钻孔,在工程应用上,其破碎带半径一般为钻孔半径的 3 倍,而如果进行有限
元细化分析,破碎带半径一般取钻孔半径的 5 倍。因此,实际在加工该煤层模拟
装置时,考虑到加工的误差及缸体的微变形,缸体实际宽 220mm,比钻孔直径的
5 倍多出 10mm。而缸体的深度达 330mm,约是钻孔半径的 16 倍,完全满足实验
的需要。此外,为保证以上提出的突出预测模型中瓦斯在施工预测钻孔时无泄漏,
且保证所预测的含瓦斯煤体突然被揭露,利用凝固的混凝土制备成仿岩体,作为
煤层前段的致密阻挡层,如图 6-23(b)所示。该阻挡层长约 75mm,与缸体的厚度
接近。同时考虑到由于预测钻孔在施工中,当钻头尚未钻进煤体,由于钻头的扰
动会使混凝土阻挡层在前段形成具有大量裂隙的破碎带。如果不加以处理,会导
致钻头还未钻进煤体,煤体中瓦斯即会顺着混凝土中提前形成的裂隙向外释放。
因此,为实现钻头在未钻进煤体前,保证煤体中瓦斯难以提前泄漏,在阻挡层前
段涂抹一定厚度的具有弹性和张力的凝胶。当钻头钻进至凝胶附近,由于凝胶的
弹性可以吸收钻头产生的冲击力,最终保证突破凝胶的瞬间,即是含瓦斯煤体突
然被揭露的时刻。制备的附带凝胶混凝土阻挡层在实验前需进行气密性检测,确
保达到实验效果。

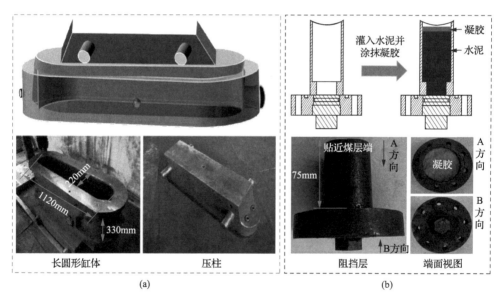

图 6-23　模拟煤层装置

实验所使用的应力加载系统为一个最大加压达 10000kN 的伺服压力机,由应
力加载升降装置和操作平台组成,如图 6-24 所示。根据图 6-23 中模拟煤层装置
的几何尺寸可知,模拟煤层长圆形缸体上表面有效表面积为 0.235994m²,而当压

力机达到最大实验力时，模拟煤层的成型压力可达到 42.37MPa。

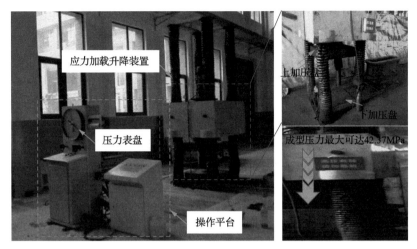

图 6-24　应力加载系统

2. 钻屑量影响因素与临界值判定

研究表明[25]，从理论上分析钻屑量属综合指标，能够反映出地应力、瓦斯压力及煤体力学强度三者综合的变化。而现场应用时发现，它对地应力的变化反应较为明显，因此认为钻屑量更适合应用在以地应力为主导的突出危险性煤层。而突出的发生主要能量提供者为瓦斯，如若煤层中瓦斯含量很小或没有瓦斯，根据地应力及煤体力学强度的变化，工作面最可能发生冲击地压或煤壁的坍塌，不可能发生煤与瓦斯突出。因此，以往在工作面突出预测中测定的钻屑量偏小而依然会发生强度不等的突出事故，关键在于钻屑量判定突出危险性的临界值选取不合理。

笔者认为根据三因素（地应力、瓦斯压力及煤体力学强度）对钻屑量大小测定的影响权重，应当选取影响权重最小的一个因素来判断钻屑量的临界值。这样一来，保证最不敏感因素确定的临界值，肯定满足其他两个因素变化所引起突出危险性的变化敏感性。此外，以往所使用的钻屑量临界值仅仅为从多个矿区应用后统计的具有突出危险性最小值。且随深部环境的影响，突出预测指标的临界值也应得到探讨。以往判断工作面的突出危险性时主要依据实际发生的突出事故或瓦斯动力现象。而一般仅将喷孔动力现象判断为煤体具有突出危险性，对卡钻等动力现象则不能给予明确地判断煤体是否具有突出危险性。因此，钻屑量临界值的确定也缺乏合理科学的实验室条件研究。基于此，本节首先基于钻屑量的理论公式对其主控影响因素进行权重分析；基于分析的结果，通过本节搭建的模拟煤巷工作面突出预测指标测定装置实施钻屑量测定实验，并在此基础上揭示预测钻孔动力现象演化机制及其关联性，以及它们与突出危险性间的联系。

1)钻屑量影响因素权重分析

钻屑量(S)作为一个在煤矿现场广泛应用的突出预测指标，其测定原理为在煤巷工作面至少施工 2～3 个直径 42mm、孔深 8～10m 的钻孔，每钻进 1m 测定该 1m 段的全部钻屑量，取最大的钻屑量值作为突出危险性预测判定基准。一般认为钻孔最大钻屑量超过 6kg/m 即可认为工作面具有突出危险性。施工突出预测钻孔时，钻孔的钻屑量一般分为静态钻屑量和动态钻屑量。其中，静态钻屑量是指高为 1m，底直径等于钻杆直径大小的圆柱煤体量；动态钻屑量是指因钻孔周围煤体变形产生的位移所被钻头切割掉的煤体量。现将静态钻屑量和动态钻屑量分别记作 S_s、S_d，按式(6-17)计算。则每米钻孔静态钻屑量和动态钻屑量可按式(6-17)～式(6-20)计算：

$$S = S_s + S_d \tag{6-17}$$

式中，S 为每米钻孔的总钻屑量，kg/m；S_s、S_d 分别为钻孔的静态钻屑量和动态钻屑量，kg/m。

钻孔动态钻屑量是由于孔壁煤体发生向孔内位移和扩容而产生，如果煤壁产生的位移为 u，则最后产生的动态钻屑体积为一环形煤体，一般认为可按式(6-18)[26]计算。而钻孔的静态钻屑量属于圆柱体体积，其计算公式为式(6-19)：

$$S_d = 2\pi R u l \rho \tag{6-18}$$

式中，π 取值为 3.142；R 为钻孔半径，m；l 为钻孔的长度，m；ρ 为煤体密度，kg/m³；u 为孔壁发生的总位移，m。

$$S_s = \pi R^2 l \rho \tag{6-19}$$

式(6-18)实际上是基于小变形理论得到，即煤体发生的位移相对钻孔很小时，可把煤壁产生的环形煤体看作厚度为 u，长和宽分别为 $2\pi R$、l 的薄板。然而，现场煤体所承受的应力较大可达几十兆帕，钻孔在形成时发生的总变形及扩容量绝不能单单视为小变形。假设煤体视密度为 1300kg/m³、钻孔半径为 0.021m、钻孔长为 1m，则按式(6-19)计算，钻孔的静态钻孔量为 1.8kg。而一般钻孔发生喷孔等动力现象时，每米钻孔的最大总钻屑量不低于 6kg/m。这说明钻孔在正常煤岩应力作用下发生的变形量也会接近 5kg/m，而且现场测定的非突出危险性下的钻屑量也是普遍为 5～6kg/m。假定式(6-18)和式(6-19)相等，此时每米钻孔的总钻屑量为 3.6kg，此时，钻孔煤壁发生的总位移，$u=R/2$。如果按式(6-18)计算煤壁的变形即会产生较大误差，因而应该考虑变形较大时较为合理的计算公式。实际上不论钻孔煤壁发生多大的位移，形成的环形煤体所在的圆柱体和钻孔形成的圆柱体属于同心圆柱体积，根据这两个圆柱体体积量的差别即可得到动态钻屑量。考虑到煤壁变形位移可能有超过钻孔半径的可能，具体的每米钻孔动态钻屑量计算公式，见式(6-20)：

$$S_d = (\eta' + 1)\pi R^2 \rho - \pi (R - \Delta u)^2 \rho \tag{6-20}$$

式中，R 为钻孔半径，m；ρ 为煤体密度，kg/m^3；Δu 为钻孔煤壁向孔内的位移，m，按 $\Delta u = u^p - \eta R$ 计算，其中 u^p 为孔壁发生的总位移；η' 为非负整数。

　　得到钻孔每米动态钻屑量关键在于计算出孔壁产生的位移量 u。如图 6-25 所示，钻孔形成后，会在钻孔周围形成塑性区（Ⅰ）、弹性区（Ⅱ）及原始未变形区（Ⅲ）。而实际产生位移并被切割掉的煤体分布在塑性区内，弹性区煤体处于挤压状态，煤体发生了微小收缩，但由于弹性区的煤体所发生的微小收缩变形与塑性区煤体所发生的扩容变形而言很小。故本节忽略弹性区煤体收缩变形对钻屑量的影响，把塑性区煤体的位移量近似视为钻孔煤壁产生的总位移量。

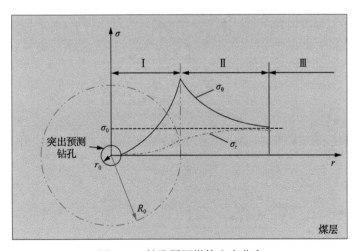

图 6-25　钻孔周围煤体应力分布

　　在钻孔塑性区煤体中任取一微单元煤体，其受力分布如图 6-26 所示。假设：在所研究煤体区域内原始地应力场为均值且各向相等；该区域煤体连续均质且各向同性；煤体自身重力忽略不计；煤体内瓦斯压力处处相等且短时间内钻孔内瓦斯压力为大气压力。

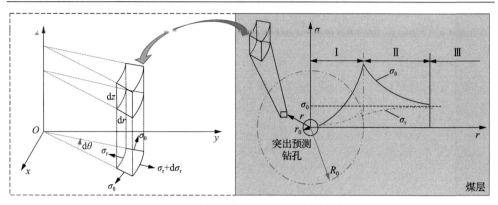

图 6-26　钻孔塑性区微单元煤体受力分析

塑性区微单元煤体平衡微分方程可表示为式(6-21)[6]：

$$\frac{\partial \sigma_r^p}{\partial r} + \frac{\sigma_r^p - \sigma_\theta^p}{r} = 0 \tag{6-21}$$

式中，σ_r^p 和 σ_θ^p 分别为塑性区中微元体的径向应力和切向应力，MPa；r 为微元体离钻孔中心的距离，m。

在塑性区的煤体发生失稳破坏遵循莫尔-库仑屈服准则，如式(6-22)所示。由边界条件：$r=r_0$（r_0 为钻孔半径），$\sigma_r^p=0$MPa（相对大气压力值）解得塑性区煤体所受径向应力表达式，见式(6-21)。将式(6-21)代入式(6-22)可解得塑性区煤体所受切向应力表达式，如式(6-22)所示：

$$\sigma_\theta^p = \frac{1+\sin\varphi}{1-\sin\varphi}\sigma_r^p + \frac{2f_c\cos\varphi}{1-\sin\varphi} \tag{6-22}$$

式中，f_c 为煤体的内摩擦力，MPa；φ 为煤体的内摩擦角，MPa。

$$\sigma_r^p = f_c\cot\varphi\left[\left(\frac{r}{r_0}\right)^{\frac{2\sin\varphi}{1-\sin\varphi}}-1\right] \tag{6-23}$$

$$\sigma_\theta^p = f_c\cot\varphi\left[\frac{1+\sin\varphi}{1-\sin\varphi}\left(\frac{r}{r_0}\right)^{\frac{2\sin\varphi}{1-\sin\varphi}}\right] \tag{6-24}$$

煤体在弹性区所受的径向应力和切向应力满足方程式(6-25)[27]。因为煤体所受应力在塑性区（Ⅰ）及弹性区（Ⅱ）的交界处应保持连续，所以在两区域的交界面 $r=R_0$（R_0 为塑性区半径）处，满足方程式(6-26)。联立式式(6-23)～式(6-25)可解得钻孔塑性区半径，见式(6-27)。

$$\sigma_r^e + \sigma_\theta^e = 2\sigma_0 \tag{6-25}$$

式中，σ_r^e 和 σ_θ^e 分别为弹性区中煤体所受的径向应力和切向应力，MPa；σ_0 为煤体单位面积上受到的原始应力，MPa。

$$\sigma_r^p + \sigma_\theta^p = 2\sigma_0 \tag{6-26}$$

$$R = r_0 \left[\frac{(\sigma_0 + f_c \cot\varphi)(1 - \sin\varphi)}{f_c \cot\varphi} \right]^{\frac{2\sin\varphi}{1-\sin\varphi}} \tag{6-27}$$

基于小变形理论，塑性区中的煤体变形后满足方程式(6-28)：

$$\varepsilon_r^p + \varepsilon_\theta^p = \frac{\partial u}{\partial r} + \frac{u}{r} = 0 \tag{6-28}$$

而在塑性区和弹性区交接面 $r=R_0$ 处应满足式(6-29)，且弹性区的位移可表示成式(6-30)[26]。

$$u^p = u^e \tag{6-29}$$

$$u^e = \frac{(1+\mu)(\sigma_0 \sin\varphi + f_c \cos\varphi)R_0^2}{2Er^e} \tag{6-30}$$

式中，μ 为煤体的泊松比；R_0 为钻孔破碎带范围，m。

求解式(6-28)后，将式(6-29)的边界条件及式(6-30)代入所求的解，即得到塑性区煤体位移量，见式(6-31)。

$$u^p = \frac{(1+\mu)(\sigma_0 \sin\varphi + f_c \cos\varphi)R_0^2}{2Er^p} \tag{6-31}$$

σ_0 可表示为[6]

$$\sigma_0 = (1 - A)\sigma + pA \tag{6-32}$$

式中，σ 为煤体骨架所受应力，MPa；A 为系数，若是硬煤取值为 4%，若是软煤取值为 8%；p 为煤体孔隙瓦斯压力，MPa。

因此，将式(6-19)、式(6-20)、式(6-30)、式(6-31)代入式(6-17)即可得到单位长度钻孔所产生的总钻屑量。

根据上述钻屑量公式的推导可知，影响钻屑量的因素有地应力、瓦斯压力、弹性模量、泊松比、内摩擦力、内摩擦角及钻孔半径。而这些因素也可归结于地应力、瓦斯压力、煤体力学强度及钻孔半径。由于突出预测钻孔半径一般固定，取 0.021m。下面探讨地应力、瓦斯压力及煤体力学强度对钻屑量测定的量化影响。

此外，突出一般发生在力学强度较低的构造煤体中，所以煤体参数取值基于构造煤体的物理力学特性。

（1）地应力。

目前，煤矿开采深度已逐渐在增加，在我国普遍采深已超过 500m，且已有十几处千米矿井。煤体所受平均地应力一般在 10MPa 到 30MPa 之间。基于此，原始地应力基础值取 10MPa，为了更好地量化各因素对钻屑量的影响，对于影响因素的选值遵循以下原则：基于基础值，以 10%、30%、50%、70%、90%增量递增原则，而其他参数见表 6-6。

表 6-6　煤体力学参数

参数	表征符号	单位	数值
密度	ρ	kg/m³	1400
弹性模量	E	MPa	800
泊松比	μ	—	0.35
内摩擦角	φ	(°)	22
内摩擦力	f_c	MPa	0.137
瓦斯压力	p	MPa	0,1,2
系数	A	%	8

根据表 6-6 中参数数值得到的地应力与钻屑量之间的关系见图 6-27。如图 6-27所示，随地应力增加，钻屑量近似呈线性增加，但并非理想的线性增加。利用线性函数进行拟合，拟合得到的函数关系式见图 6-27。无论从计算的钻屑量或是拟

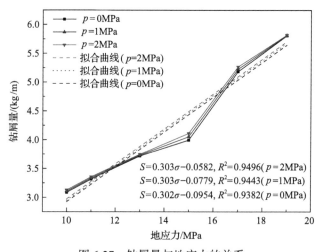

图 6-27　钻屑量与地应力的关系

合得到的结果,均表明随瓦斯压力增加,钻屑量随地应力增加而增加的趋势稍微变大。然而,总体上瓦斯压力对钻屑量的影响并不太明显。

(2)瓦斯压力。

在表 6-6 的基础上,瓦斯压力取 0MPa、0.5MPa、1MPa、2MPa 及 3MPa,计算了地应力分别为 10MPa、15MPa、20MPa 时,随煤体瓦斯压力变化而得到的钻屑量,如图 6-28 所示。从图 6-28 可知,随煤体瓦斯压力增大,钻屑量呈理想的线性增加,而且随地应力的增加,钻屑量随瓦斯压力增加的幅度也随之增加。根据图 6-29 及图 6-30 可知,地应力与钻屑量拟合函数的斜率约为瓦斯压力与钻屑量拟合函数斜率的 4～10 倍。这表明钻屑量对地应力变化的敏感性比瓦斯压力更显著。

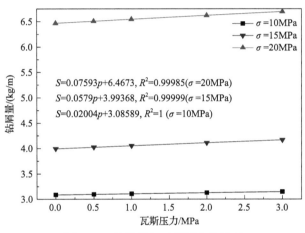

图 6-28　钻屑量与瓦斯压力的关系

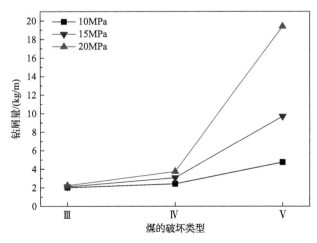

图 6-29　钻屑量与煤体力学强度的关系(瓦斯压力 p=1MPa)

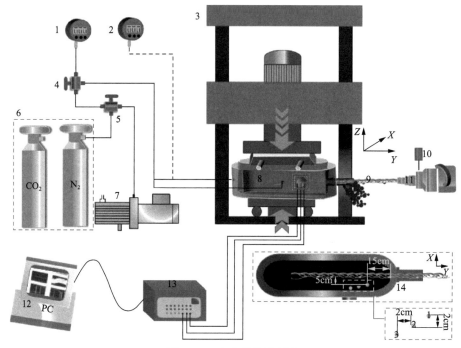

图 6-30　实验系统示意图

1,2-电子压力表；3-应力加载系统；4,5-三通阀；6-气源；7-真空泵；8-模拟煤层装置(长圆形缸体)；9-钻杆；
10-位移传感器(用于记录钻进的深度)；11-手持钻机；12-计算机；13-应力信号接收器；14-应力感应片

（3）煤体力学强度。

突出主要发生在经历过地质构造运动破坏的构造煤体中。根据煤体的破坏类型，我国把煤体分为 5 类，而具有突出危险性的煤体则属于Ⅲ类、Ⅳ类、Ⅴ类[6]。以往研究在探讨煤体物理力学性质对钻屑量的影响时，均只考虑单个因素如弹性模量、内摩擦角、内摩擦力及泊松比对钻屑量的影响。而实际上，煤体随力学强度的变化，这些力学参数均会发生相应的变化。煤体力学强度越低，其弹性模量、内聚力及内摩擦角越小，而泊松比越大。只考虑单个因素对钻屑量的影响，严格意义上没有探讨价值。

本节基于以往研究中提到的不同破坏类型煤体一般具有的力学参数数值[6]，选取属于Ⅲ类、Ⅳ类、Ⅴ类破坏类型煤体的力学参数，见表 6-7。煤体破坏类型对钻屑量的影响如图 6-29 所示。由图 6-29 可看出，随煤体破坏类型的增加，在同一地应力下，钻屑量发生明显增加。且当煤体力学强度很小时，应力达到 20MPa 时，钻屑量会发生突然增大，其增量最大达 150%。因此，钻屑量随煤体力学强度的变化幅度远远大于随瓦斯压力的增加幅度。

表 6-7　不同破坏类型煤体物理力学参数

参数	表征符号	单位	不同破坏类型的参数值		
			Ⅲ类	Ⅳ类	Ⅴ类
密度	ρ	kg/m³	1400	1400	1400
弹性模量	E	MPa	1500	1000	500
泊松比	μ	—	0.28	0.33	0.38
内摩擦角	φ	(°)	26	23	20
内摩擦力	f_c	MPa	0.5	0.2	0.1
瓦斯压力	p	MPa	1		
地应力	σ	MPa	10,15,20		
系数	A	%	8	8	8

　　由以上分析可知，对于地应力、瓦斯压力及煤体力学强度三因素，瓦斯压力对钻屑量测定结果的影响最小。而突出的发生属三者共同作用的结果，瓦斯压力在突出中的作用为煤体经地应力破坏后进一步撕裂煤体并把煤块或煤粉抛出。而在上述理论公式计算钻屑量时，瓦斯撕裂煤体所形成的扩容体积因难以量化并未考虑其中。这也表明了在实际测定钻屑量时，往往承受较大地应力的煤体钻屑量测定更加敏感。即使瓦斯压力较大的煤体，最大钻屑量值仍没有超过临界值6kg/m。然而，在实际煤巷工作面掘进时仍会发生大小不等的突出事故，其成因则为如若地应力未对煤体破坏到一定程度时，煤体瓦斯只会顺着塑性区煤体中形成的裂隙发生向外渗流散失，而不会发生撕裂煤体过程。研究表明，对于力学强度很小的型煤，只在瓦斯压力作用下发生失稳破坏，需要的瓦斯压力需达到几兆帕以上[28]，而目前井下煤层中的瓦斯压力大多数低于这个值，且煤层在开采前需进行突出危险性鉴定。如果煤层具有突出危险性，在开采前要进行瓦斯的抽放。这相应使本来赋存瓦斯压力和瓦斯含量不高的煤体，其内部瓦斯压力及瓦斯含量更少。此外，因为实施钻屑量测定时，钻孔很小，因机械振动对钻孔煤壁的扰动破坏并不严重，因而，在测定钻屑量时，难以使瓦斯压力突出其作用。而在进行煤巷掘进时，由于放炮或掘进机的强烈扰动，如果前方不远处存在具有突出危险性的煤体，其中的煤体即会受到较为严重的破坏，不需太大的瓦斯压力，煤体即会被瓦斯撕裂成煤块或煤粉，进而被抛出。因此在钻屑量临界值的探讨中，更应该参考瓦斯压力的变化对钻屑量的影响。基于此，下面基于以上设计加工的一套能够模拟现场煤巷工作面突出预测装置，实施在不同瓦斯压力的模拟煤层中钻屑量测定实验，为钻屑量临界值的判定提供一定的参考。

　　2) 实验煤样

实验所用煤样选自我国三个主要产煤省份(内蒙古、辽宁、新疆)不同煤阶的煤体。未破碎前煤块的相关参数如表 6-8 所示。

表 6-8 未破碎前煤块的相关参数

煤样(产地)	煤阶	密度/(kg/m^3)	弹性模量/MPa	内摩擦角/(°)	内摩擦力/MPa	f 值	Δp/mmHg
辽宁铁法煤矿	长焰煤	1299	3105	26	1.1	1.13	17.2
新疆 A 煤矿	长焰煤	1175	2735	25	1.2	1	9.4
内蒙古乌兰哈达煤矿	弱黏煤	1202	4770	30	1.6	0.8	8.1

3) 实验系统及过程

由于钻屑量实际上是钻孔孔壁煤体失稳破坏形成塑性区后发生扩容的体积量，为考察不同突出危险性水平下孔壁应力分布及塑性区分布特点，在模拟煤层中加入应力感应片。整个系统示意图如图 6-30 所示。

虽然井下煤层主要吸附气体为 CH_4，由于一次实验用气量大，考虑到 CH_4 在实验过程中具有爆炸危险性，但它和 CO_2、N_2 在煤体表面上具有类似的吸附特性。因此，本实验模拟煤层吸附的气体采用 CO_2 和 N_2。其中每个煤样 4 次模拟吸附 CO_2 的煤层，4 次模拟吸附 N_2 的煤层，共实施 24 次模拟实验。具体的实验过程如下。

(1) 原煤破碎成粉煤。

自煤矿井下采集到的原煤运至实验室后，先进行破碎，然后筛分，并筛取 2mm 以下的煤样，再对煤样加入适量的水并充分搅拌均匀，最后密封保存。煤样的工业分析如表 6-9 所示。

表 6-9 煤样的工业分析

煤样(产地)	工业分析/%		
	水分	灰分	挥发分
辽宁铁法煤矿	6.57	12.38	41.9
新疆 A 煤矿	6.7	3.09	36.16
内蒙古乌兰哈达煤矿	6.46	3.9	45.7

(2) 粉煤压制成型煤。

压制型煤所施加的成型应力为 30MPa，为使煤粉充分压实，实施 5 次成型压制过程。每次压制的煤粉层厚度控制在 45mm 左右，压制时间保持 30min。

(3) 抽真空与补气。

型煤压制完成后，开始对其抽真空，时间保证不低于 12h。对煤层的充气时间均应达到 48h 以上，保证瓦斯吸附平衡。充气过程和围岩压力的加载过程同时进行，且围岩压力逐渐加载至预设值。如果围岩压力在煤层未吸附瓦斯的初期加载完成，则不利于瓦斯在煤层中的运移，将增加瓦斯吸附平衡的时间。一般进行三次压载，第一次可加载 100～400kN，第二次可加载围岩压力预设值的一半，第三次则加载至围岩压力预设值 20MPa。这三次加载应在开始充气后 36h 内完成，预留至少 12h 的时间以观察是否已达到瓦斯吸附平衡状态。

(4) 打钻测参数。

为保证打钻时煤层已充分吸附瓦斯达到平衡，打开堵头前至少 2h 内，压力表读数不发生变化。同时因压制的型煤强度低，为防止在打钻过程中钻孔变形太严重，在缸体上压板放置 4 个压块，保持与缸体零应力接触，使压板不会产生局部的非均匀下沉。然后方可开始打钻，钻杆直径为 42mm(与煤矿现场用的钻杆直径一致)，打钻时间控制在 3min，打钻深度为 1m。其中在压制辽宁省煤样(N_2)过程中放入应力片如图 6-31 所示。打钻结束后，测定钻孔的钻屑量(S)及煤体的初始释放瓦斯膨胀能，3 个煤样的实验重复以上步骤。

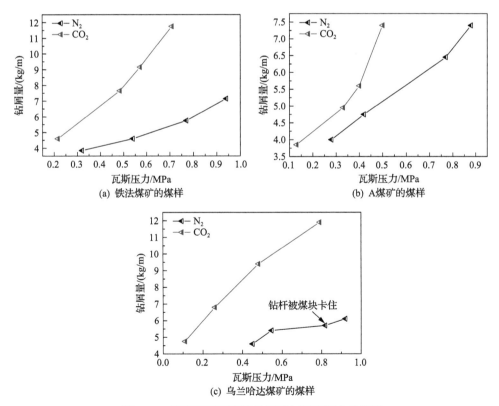

图 6-31　不同煤样测定的钻屑量与瓦斯压力的关系

4) 钻屑量临界值判定

(1) 钻屑量与瓦斯压力的关系。

每个煤样通过吸附 CO_2 和 N_2 达到平衡瓦斯压力值后,测定的 1m 钻孔的钻屑量如图 6-31 所示。

由图 6-31 可看出,随瓦斯压力增大,钻屑量先线性增加,而后突然增大。且在钻屑量突然增大的测点,往往发生了喷孔或卡钻动力现象。图 6-31(c) 中 N_2 实验中,钻屑量在前期随瓦斯压力的增加,发生线性增加,而后并没有表现突然增大的趋势。在实际测定过程中,发生了卡钻现象。根据打钻过后观察的钻孔形状,这种卡钻现象是非突出危险性下钻孔孔壁收缩造成。由于这种非煤体脱离钻孔煤壁导致的卡钻现象将会阻碍钻屑量的排出,因此,钻屑量测定值在同等压力下偏小。钻屑量变化的这两个阶段表明:阶段 I,瓦斯压力虽然在增大,但在打钻的扰动下,瓦斯并不能严重地撕裂煤体,瓦斯的作用仅仅让孔壁煤体产生一定变形或者发生微弱的破坏。因此,瓦斯对钻屑量的增加影响并不很显著,这和前述理论分析的规律一致。阶段 II,随瓦斯压力的继续增大,在较大压力梯度的作用下,满足式 (6-17) 后[6],瓦斯开始使裂纹发生扩展,并撕裂煤体。最后钻孔壁面周围的煤体脱离原始煤层抛向孔中。这些被瓦斯抛出的煤体远远大于瓦斯压力产生的位移量。因此,钻屑量发生突然增大,整个钻屑量随瓦斯压力变化的规律已不再符合线性变化,类似于指数变化。而这种变化也说明钻孔中发生了小型突出,已可认定该模拟煤层具有突出危险性。

(2) 钻屑量临界值的判定。

在实验过程中,测定了煤体的初始释放瓦斯膨胀能,具体测定过程见第 5 章。初始释放瓦斯膨胀能与瓦斯压力的关系如图 6-32 所示。

由图 6-32 可看出,无论是 CO_2 还是 N_2,初始释放瓦斯膨胀能与瓦斯压力保持着密切的线性关系。两者的关系与气体种类及煤阶无关。因此,测定吸附 CH_4

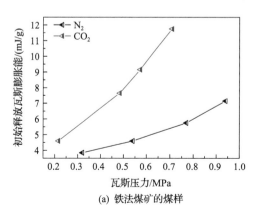

(a) 铁法煤矿的煤样

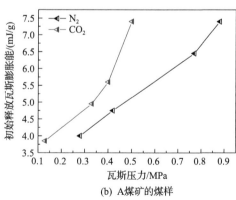

(b) A煤矿的煤样

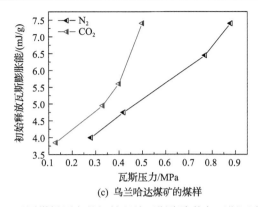

(c) 乌兰哈达煤矿的煤样

图 6-32　不同煤样测定的初始释放瓦斯膨胀能与瓦斯压力的关系

的煤体或在较高煤阶的无烟煤中测定初始释放瓦斯膨胀能，瓦斯压力与初始释放瓦斯膨胀能同样是线性关系。同时也可看出 CO_2 测定的初始释放瓦斯膨胀能比 N_2 大很多，不同煤阶的煤体两者的倍数约为 4.0、2.6 及 4.4。

由以上分析可知，钻屑量和初始释放瓦斯膨胀能一样均属于能综合反映地应力、瓦斯压力及煤体力学强度的指标。

图 6-33 是钻屑量与初始释放瓦斯膨胀能间的关系图。图中表明，钻屑量与初始释放瓦斯膨胀能有着较好的线性关系。这表明煤体的突出危险性水平越高，煤体破坏后释放的初始释放瓦斯膨胀能越大，而在地应力及瓦斯的作用下，钻屑量测定的结果越大。这相应说明利用初始释放瓦斯膨胀能来判定钻屑量表征煤体具有突出危险性的临界值合理。

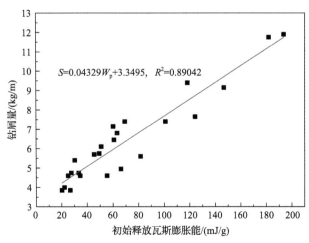

图 6-33　钻屑量与初始释放瓦斯膨胀能间的关系

根据初始释放瓦斯膨胀能的临界值，可以把煤体的突出危险性划分为无突出、弱突出及强突出[6]。因此，本节在判定钻屑量临界值时，同样得出可以判定煤体具有弱突出及强突出危险性两个临界值。从数学角度来讲，钻屑量临界值的划分实质为判别样本所述类别的一个过程。目前在划分煤体突出危险性类别时，判别分析法为常用且有效的方法。其计算过程为基于相应的判别准则，建立相应的判别函数。根据需分析的数据资料确定判别函数中的待定系数，然后获得判别指标，最终确定数据样本归于哪一类。根据初始释放瓦斯膨胀的临界值，在 24 组钻屑量样本中，非突样本共 8 组、弱突出样本共 11 组、强突出样本共 5 组。依据判别分析法，首先在非突出和弱突出样本中判定出可以区分钻屑量样本具有突出危险性的临界值，即得到可以划分具有弱突和非突出的临界值。然后，在弱突出和强突出样本中，判定钻屑量具有强突出危险性的临界值，即得到可以划分具有弱突和强突出的临界值。最后，用得到的弱突出及强突出钻屑量临界值在所有的实测数据中进行比较，即可以评判所得到临界值的准确性。

　　根据判别分析法判定的钻屑量具有弱突出和强突出危险性的临界值分别为4.88kg/m 及 7.55kg/m。图 6-34 为利用这两个临界值对 24 组钻屑量数据进行比较的结果，同时也与常用的临界值 6kg/m 进行比较。从图中可以看出，弱突出临界值 4.88kg/m 可以很好地区分非突出和弱突样本。但有一个非突出样本被判定为具有弱突出类别，一个弱突出样本被判定为无突出危险性类别。因此，利用判别分析法得到的弱突出临界值对非突出和弱突出共 19 个样本进行重新判定突出危险性时，出现两次判断错误（图 6-34 中虚线方格中就是判断错误的样本）。其最终判断准确率为89.47%。而根据 6kg/m 临界值进行判定时，在 19 个样本中，判断错误的样本共 5 个，即有 5 个弱突出样本被划分为非突出的类别中。其最终判定准确率为

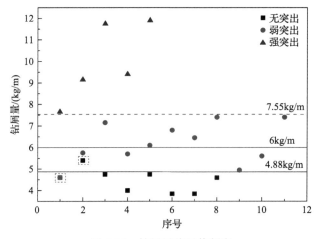

图 6-34　钻屑量临界值判定

图中最左下的虚线框中，有一个弱突出样本与无突样本重叠

73.68%。此外，利用得到的强突出钻屑量 7.55kg/m 进行强突出危险性判定时，它可以准确地判定弱突与强突样本，其准确率为 100%。总体而言，根据本实验得到的钻屑量具有突出危险性临界值准确率较高，判断突出危险性准确率达 93.75%。所得到的弱突出临界值约比 6kg/m 临界值小 18.67%。因此，本节得到的钻屑量突出危险性临界值可以为现场工作面进行突出危险性判定时提供一定的参考。

目前在我国实施的煤层突出危险性判定参数主要有瓦斯压力及瓦斯含量，两者的临界值分别为 0.74MPa 和 8m³/t[2]。然而，现场应用过程中多次出现低指标突出事故。原因归结于这些临界值的确定并未在实验室条件下进行检验，而是在现场统计得到。在河南省，为更大程度降低突出事故的发生，将两者的临界值确定为 0.6MPa 和 6m³/t，与国家规定的临界值相比分别低 18.92% 和 25%。同时淮南矿区规定的临界值也低于规定的 0.74MPa 和 8m³/t。故而，本书得到的判定工作面具有突出危险性的临界值 4.88kg/m 可以作为现场参考的一个临界值。

此外，目前煤阶的划分主要分为褐煤、次烟煤、烟煤及无烟煤。而本节实验选用了变质程度较低的次烟煤和烟煤。研究已表明，煤体吸附与保存气体的能力随煤阶升高逐渐增加，属无烟煤能力最强。因此，如果采集无烟煤煤样实施本节钻屑量测定实验，在同等瓦斯压力下，它所得到的钻屑量应该不低于褐煤、次烟煤、烟煤所得到值。所以虽然本节所用煤样没有无烟煤，但所得到的钻屑量突出危险性临界值对它也适用。同时，现场煤层吸附的气体多是 CH_4，发生的突出事故多是煤与甲烷突出。但 N_2、CO_2 与 CH_4 在煤体中的吸附机理类似，只是吸附能力不同。所以本节得到的钻屑量突出危险性临界值，既然可以把 N_2、CO_2 条件下的样本区分开，对吸附 CH_4 煤体样本同样适用。

3. 突出预测钻孔动力现象演化机制及与突出危险性间的联系

现有的研究大多对喷孔、卡钻等动力现象的发生原因进行概述，但它们与突出危险性之间的联系，特别是有突出危险性的卡钻现象和无突出危险性的卡钻现象的特征鲜有研究，以及钻孔动力现象之间的关联性也并未得到探究。同时，也并未见到在实验室条件下模拟施工煤巷工作面突出预测钻孔类似的报道。本节在钻屑量测定实验中同时观察了钻孔动力现象发生规律，在此对喷孔、卡钻等常见动力现象与突出危险性的联系及它们之间的关联进行探究。

1) 钻孔动力现象演化机制

(1) 喷孔现象演化机制。

喷孔现象是指在钻孔施工过程中短时间内从钻孔喷出大量瓦斯和煤粉的动力现象。一般喷出强度不大，造成的后果不严重，它被视为是极小巷道掘进时发生的小型煤与瓦斯突出。

在原岩煤体中，煤体处于三向应力平衡状态。当受到因钻孔施工而产生的机械振动影响，应力平衡受到破坏，钻孔周围煤体受力区域一般可分为 3 个区域：卸压区(a)、集中应力区(b₁、b₂)和原始应力区(c)。根据破坏状态可分为塑性区（Ⅰ）、弹性区（Ⅱ）和未变形区（Ⅲ），而对钻孔失稳产生主要作用的则为塑性区（Ⅰ），塑性区又可以分为卸压区(a)和增压区(b₁)，如图 6-35 所示。

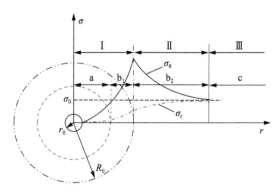

图 6-35　钻孔周围煤体再平衡区域分布

在 a 区，煤体受到应力峰的破坏达到屈服极限，处于完全的塑性变形，并产生了大量已贯通的裂隙。煤体透气性较强，大约是原始煤层透气性的几十倍，瓦斯大量的渗流到钻孔中；在 b₁ 区，煤体遭到应力峰的破坏，达到部分煤体的屈服极限，处于不完全的塑性变形，部分煤体微裂隙有所扩展但连通性不好，若应力消失，会有残余变形。随进一步深入煤体，微裂隙有闭合的迹象，透气性逐渐降低并达到最小值；在 b₂ 区，煤体受到应力作用处于弹性阶段，微裂隙及孔隙大量闭合，透气性较低，随进一步深入煤体，煤体承受应力逐渐接近原始应力，透气性逐渐增大至初始值(c 区的透气性值)。因此，在 a 区和 b₁ 区的交接处容易形成高瓦斯压力梯度。当裂隙和孔隙内瓦斯压力较大时，它们即开始扩展，发生扩展的条件如式(6-14)所示。新扩展的裂纹和一些已产生的孔隙和裂隙连通起来，进一步增大裂纹空间，相应的小孔裂隙内游离瓦斯及通道表面吸附瓦斯向裂纹中释放，进而大裂纹中积聚一定压力瓦斯，压力足够大或煤体阻挡力较小时，瓦斯撕裂煤体向钻孔喷出大量的煤和瓦斯。发生喷孔的煤体应满足的力学条件见式(6-33)[29]：因此，钻孔周围煤体发生喷孔失稳现象一般经历 5 个阶段：①原始应力状态；②应力集中阶段；③地应力破坏煤体阶段；④瓦斯撕裂裂纹阶段；⑤煤体失稳抛出阶段(图 6-36)。

$$\sigma_r + p_f - 2\lambda\sigma_\theta > \sigma_s \tag{6-33}$$

式中，σ_s 为煤体的抗拉强度，MPa；λ 为煤体内部的摩擦系数。

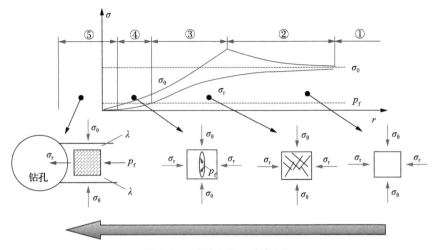

图 6-36　喷孔发生的演化过程

(2)卡钻现象演化机制。

在突出预测时,卡钻现象不同于喷孔现象之处在于:施工预测钻孔发生喷孔现象可以认定工作面具有突出危险性;而发生卡钻现象的原因众多,如钻进速度太快等,因此不一定就认定其具有突出危险性。故分析发生卡钻现象的成因,明晰它们与突出危险性间的联系,有利于提高突出预测的准确性。

钻头以一定速度正常钻进时,切割下的煤屑会随麻花钻杆的前进而被陆续排出。当钻杆从硬煤钻入强度较小的软煤时,由于受到打钻振动的影响,钻孔壁面发生失稳破坏异常垮落,即会导致产生的钻屑量不能及时排出而发生卡钻现象,如图 6-37(a)所示。当钻杆进入弹性模量较大的煤体且煤体所受原岩应力较大,则在钻孔形成过程中,一旦出现自由面,煤体弹性势能就会得以释放,出现钻孔孔径缩小的现象,使得孔壁产生较大的位移,以至于钻头来不及切割掉突出的煤体而被抱住发生卡钻现象,如图 6-37(b)所示。在煤巷工作面施工突出预测钻孔时,卡钻现象能不能表明突出危险性存在,关键在于孔壁产生的位移中瓦斯是否起主要作用。如果在工作面施工突出预测钻孔时出现卡钻现象代表该区域具有突出危险性,根据煤与瓦斯突出机理相关理论,瓦斯必定参与其中且起到关键作用。在突出过程中地应力只在激发阶段起主要作用,使煤体发生屈服破坏出现裂纹。而瓦斯压力则起到使裂纹扩展,并进一步积聚瓦斯,最后在高瓦斯压力梯度下撕裂煤体并抛出的作用[6]。煤体的物理力学性质在整个突出过程中起到阻碍作用,煤体力学强度越大,弹性模量越大,越不易发生剪切破坏,裂纹在一定的瓦斯压力作用下越不易被扩展和撕裂。

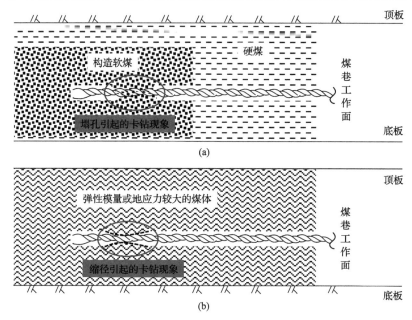

图 6-37　异常的卡钻现象

因此，具有突出危险性的卡钻现象，钻孔在发生失稳破坏时，必定存在瓦斯撕裂煤体并抛出煤体的现象。由于失稳的煤体已和原始煤层脱离，暂时把钻杆抱住，而在进行来回进退钻动作时，往往很快解决卡钻问题。同时由于过量的煤体堵塞钻孔，在堵塞部位前后会形成较高的瓦斯压力差，随钻屑的慢慢排出会发生喷孔现象。因此，发生具有突出危险性的卡钻现象和喷孔现象一般相伴而生，故而可以根据施工预测钻孔时，若出现卡钻现象，在解卡过程中是否出现喷孔现象来评判该卡钻现象是否可以预示该工作面具有突出危险性。

同时钻孔先发生喷孔动力现象，而后极大可能会出现卡钻及吸钻现象。当钻头前方煤体在未切割前已脱离原始煤体并且部分煤体被抛出，形成了一个伴有极其松散煤体且孔径大于钻杆直径的孔洞时，钻杆继续保持向前会发生吸钻现象，即在钻屑排出的同时，钻屑会给钻杆一个向前的反作用力，且钻头前方阻挡力较小，钻头很容易或自动前进。此外，当突出危险区域的煤体未被瓦斯完全撕裂抛出的前期，即由于瓦斯积聚的能量尚不足以把煤体失稳抛出，会产生较大的位移量，阻挡钻头继续前进，即发生顶钻现象。当钻头继续艰难钻进，会更进一步加快煤体的破碎，这相应减少了瓦斯冲破煤体的能量，煤体会在瓦斯作用下抛向孔口发生喷孔现象。因此，顶钻现象可以视为喷孔前的一种预兆。综上所述，在具有突出危险性区域施工预测钻孔，卡钻、吸钻、顶钻和喷孔现象构成了联动体系，相伴而生。

2) 钻孔动力现象与突出危险性间的联系

(1) 内蒙古煤样的模拟煤层应力变化特点。

如图 6-38 可以看出,每个应力片在感应应力的整个过程可分为 3 个阶段,即:第 1 阶段——打钻 5s 后,开始感应到应力大小的变化,随着钻进,应力峰前移,感应到的应力逐渐增大直至原始地应力大小;第 2 阶段——随着继续钻进,感应到的应力从原始地应力大小逐渐增大到应力峰值,而后逐渐减小至原始地应力;第 3 阶段——随着进一步的钻进,应力大小从原始地应力大小快速下降至几兆帕,但不为零。不同瓦斯压力下应力片监测到的最大应力峰值相差不大,在 30~32.5MPa 之间,约是原始地应力的 1.6 倍。当煤层瓦斯压力为 0.32MPa 时,最大应力峰值出现在应力片#1 上。当瓦斯压力为 0.54MPa 时,最大应力峰值出现在应力片#2 上,和应力片#1 感应到的应力峰值相差不大,但明显大于应力片#3 感应

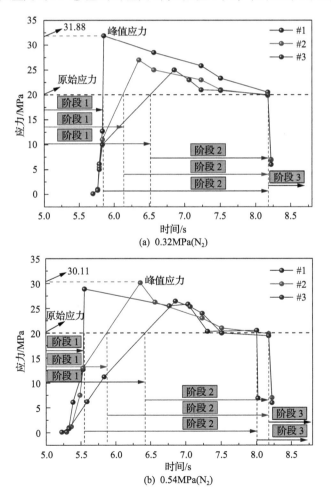

(a) 0.32MPa(N$_2$)

(b) 0.54MPa(N$_2$)

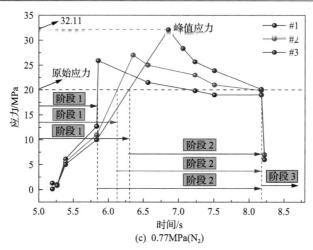

图 6-38　不同瓦斯压力下应力片感应应力的变化曲线

到的应力峰值。而当瓦斯压力为 0.77MPa 时，最大应力峰值出现在应力片#3 上，和应力片#1 和 2 感应到的应力峰值相差较大。理论上，在应力峰的传递过程中，应力片#1 和 2 的应力峰值和应力片#3 的相差不大。根据图 6-38(a)可知，瓦斯压力为 0.77MPa 时，煤层的初始释放瓦斯膨胀能为 49.44mJ/g，该模拟煤层具有弱突出危险性，因此在钻进的过程中钻孔周围煤体发生了强度较大的煤体破坏，应力片随煤体下移，致使接触应力减小，故而应力片#1 和 2 的应力峰值偏小。

从图 6-39 中可以看出，在 3 个不同瓦斯压力下，瓦斯压力为 0.77MPa 时，3个应力片感应到应力的初始时刻最小，约为 5.19s；随瓦斯压力减小，应力片感应到应力所需时间逐渐增加；当瓦斯压力为 0.54MPa 时，应力片感应到应力的初始时间为 5.22～5.29s；当瓦斯压力为 0.32MPa 时，应力片初次感应到应力的时间约为 5.69s。从图 6-39 中亦可看出，在每个应力片监测应力的变化曲线中有一条斜线，它是用来代表应力片从监测直至应力大小上升为应力峰值时的大致变化趋势，称它为应力变化近似上升趋势线。它的倾斜度越大说明应力变化得越快。根据该趋势线的倾斜度可以看出，应力片#1 感应到的应力变化最迅速，而应力片#3 所感应到的应力变化速率相比其他两个要慢。

(2)钻孔孔形类型。

在打钻过程中，主要有 3 种状态现象，即正常钻进[图 6-40(a)]、卡钻[图 6-40(b)]、喷孔[图 6-40(c)]。打钻结束后，从煤层中间刨开煤体，观察钻孔的形状。在收集的众多孔形中，大致可分为以下 3 类：一类是较为完整的孔形，大致呈圆形，如图 6-40(d)所示；一类是破坏不是很严重的孔形，大致呈椭圆形，如图 6-40(e)所示；一类是遭到严重破坏的孔形，大致呈椭圆形，如图 6-40(f)所示。

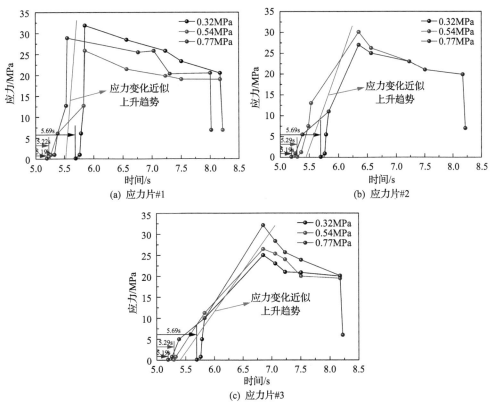

图 6-39　同一个应力片在不同瓦斯压力下的应力变化曲线

　　根据钻孔孔洞形状所对应煤层的初始释放瓦斯膨胀能与该指标临界值的对比结果，它们分别对应无突出危险性、弱突出危险性和强突出危险性。由于煤层发生突出后的孔洞有特定形状，用孔洞的破坏程度来考察在打钻过程中是否发生了突出危险具有合理性。考虑到在打钻过程中缸体上压力板会有轻微的下降，在正常打钻的情况下，钻孔水平直径会稍大于垂直直径。选择用直尺测量钻孔变形后的直径，即较为完整孔形钻孔的水平直径(最大直径)、破坏不是很严重孔形钻孔的垂直直径(最小直径)。测量结果如图 6-40(d)和(e)所示，可以看出较为完整孔形的钻孔的水平直径为 4.6cm，与钻孔未变形直径 4.2cm 较为接近，该类孔形符合无突出危险性煤层在正常打钻下钻孔的变形；破坏并非严重孔形钻孔的垂直直径为 6.3cm，约是钻孔未变形直径 4.2cm 的 1.5 倍。而从图 6-40(e)中不难看出，水平直径更大，这类孔形在正常打钻过程中很难形成，只可能是钻孔发生了异常的失稳破坏，所以一定经历了强度不大的突出。同时遭到严重破坏孔形的钻孔如图 6-40(f)所示，可以明显看出该类钻孔经历过强度较大的突出，有着发生突出后的特点，如口小腔大，孔中残留有煤末，从孔壁上掉落的煤块一触即碎，且有层裂现象。

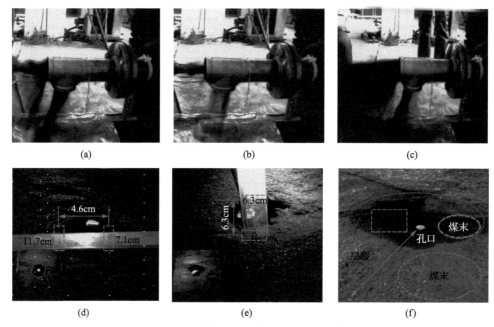

图 6-40　钻孔动力现象类别及孔形形态

　　从图 6-32 中初始释放瓦斯膨胀能测定结果，一方面说明相同瓦斯压力下，煤层吸附 N_2 所产生的突出危险性强度小于吸附 CO_2 产生的突出危险性强度；另一方面表明随煤层瓦斯压力的增加，煤层突出危险性的大小越来越大。同等瓦斯压力上升梯度，煤体吸附 CO_2 发生突出的可能性比吸附 N_2 大。同时图 6-31 中钻屑量测定结果一方面说明瓦斯压力的存在降低了煤体力学强度，加大了孔壁煤体产生的位移。总体而言，煤体吸附瓦斯产生的膨胀能力大于瓦斯解吸时产生的收缩能力。另一方面表明钻屑量的突然增大是钻孔周围煤体发生了突出，表现为喷孔与卡钻现象。如图 6-38 应力片在感应应力的过程中分为 3 个阶段：第 1 阶段是应力片周围煤体受到打钻扰动开始感应煤体地应力的变化，应力大小增加至原始地应力；第 2 阶段是随着钻进，集中应力峰依次经过应力片#1、#2、#3；第 3 阶段是集中应力峰进一步前移，应力片周围煤体进入卸压区。这 3 个阶段对应着钻孔周围煤体经历的 3 种应力状态，即原始应力状态、集中应力状态、卸压状态。此外，集中应力峰的出现位置即是钻孔破碎带的范围。集中应力峰先出现在应力片#1，如图 6-30 可知，破碎带大小大约 7cm。随瓦斯压力的增大，集中应力峰先后出现在应力片#2 和#3 上，表明破碎带进一步扩大。这说明了煤体中瓦斯降低了煤体力学强度，更有利于集中应力的传递，加大了钻孔的塑性区。如果煤体中积聚了高压瓦斯,就会更容易发生突出,在钻孔中表现为喷孔和卡钻动力现象。从图 6-37 可见,同一个应力片随瓦斯压力增加,感应应力的初始时间越短,也说明了煤体中瓦斯降低了煤体力学强度,更有利于集中应力的传递。同时观察应力片应力变化近似上升曲线,应力片#1 感应到的应力变化最迅速,而应力片#3 感应到的应力变化速率相比其他两个要慢。此外,对同一个应力片而言,瓦斯压力越大,应力上升为集中应力峰值的变化速率越快。这表明煤体受打钻机械振动的影响,煤体在很短的时间内出现了集中应力,瓦斯进一步加快了煤体的破坏,也削弱了煤体间的接触力,使应力感应速率变慢。如果瓦斯压力较大,煤体很快即会发生煤与瓦斯突出,因此在施工过程中突出发生用时很短,短时会在几秒后发生。根据收集的孔形图(图 6-40),除来自内蒙古煤样在无突出危险性的情况下,发生了孔径缩小的卡钻现象,其他发生卡钻和喷孔后的孔形图均有被破坏的痕迹,属孔内发生了不同程度突出后造成。可以认定具有突出危险性的煤层发生卡钻和喷孔后的钻孔形状类似,它们经历了同样的演变过程。

3)钻孔动力现象间的关联

在打钻测定钻孔钻屑量时,钻孔动力现象发生次数见图 6-41。从图中可以看出,卡钻与喷孔现象主要在有突出危险性的煤层中出现,煤层突出危险性越大,发生喷孔、卡钻现象的次数越多,且在有突出危险性的煤层里卡钻现象与喷孔现象一般在同一孔内相伴发生。

同时在实验过程中也多次发现喷孔后的吸钻现象。具体表现为钻杆很容易前进,给打钻人员的感受是没有用力向前推钻杆,而钻杆自动前进,好像钻头前方无煤体阻挡。此外,在所有的模拟实验中,只有来自内蒙古的煤样在无突出危险性的情况下,打钻过程中出现了卡钻现象,且同时能听到从钻孔中发出噼里啪啦的声响。观察来自内蒙古煤样的模拟煤层在无突出情况下,发生卡钻后的孔形并

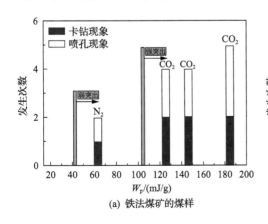

(a) 铁法煤矿的煤样

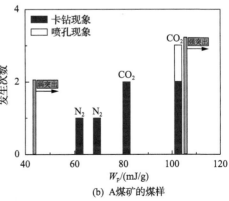

(b) A 煤矿的煤样

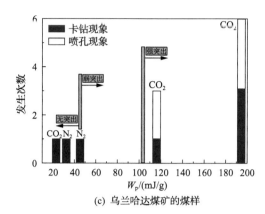

(c) 乌兰哈达煤矿的煤样

图 6-41　喷孔与卡钻动力现象发生的次数分布

没有明显被破坏，类似图 6-40(d)。且从图 6-31(c) 也可以看出该条件下测定的钻屑量也并未发生突然地增大。因此，这种卡钻现象的发生应该因来自内蒙古煤样的弹性模量较大，在钻进过程中出现孔径较大的收缩所导致。而其发出的声响和冲击地压原理差不多，它是煤体突然被屈服破坏，弹性势能得以快速释放所形成的[30]。它与煤与瓦斯突出之间并无直接的关系，如若现场突出预测钻孔发出类似的声响，只是表明前方的煤体力学强度较大，且即将暴露，它是地压显现方面的预兆[6]。

　　如图 6-41 所示，在有突出危险性的煤层里卡钻现象与喷孔现象一般在同一孔内相伴发生。所以预示突出危险性的卡钻现象，钻孔在发生失稳破坏时，必定存在瓦斯撕裂煤体并抛出煤体的现象。而由于失稳的煤体已和原始煤层脱离，暂时把钻杆抱住，而在进行来回进退钻动作时，往往很快即解决卡钻问题。但同时由于过量的煤体堵塞钻孔，在堵塞部位前后会形成较高的压力梯度，因此随着钻屑的慢慢排出会发生喷孔现象。当钻头前方煤体在未切割前已抛出形成无煤空间时，钻杆继续保持向前会发生吸钻现象，即由于在钻屑排出的同时，钻屑会给钻杆一个向前的反作用力，且钻头前方没有阻挡，钻头很容易或自动就会前进。因此，发生预示突出危险性的卡钻现象和喷孔现象一般相伴而生，在现场工作面施工突出预测钻孔时，经鉴定有突出危险性的钻孔往往发生喷孔、卡钻等多个动力现象[31]。因此，在井下现场施工突出预测钻孔时，根据出现卡钻现象，在解卡过程中是否出现喷孔现象来评判该卡钻现象是否可以预示该工作面具有突出危险性。同时施工钻孔先发生喷孔动力现象，而后极大可能会出现卡钻及吸钻现象。因此在突出区域施工突出预测钻孔，卡钻、吸钻和喷孔等动力现象之间构成了联动体系，相伴而生，如图 6-42 所示。

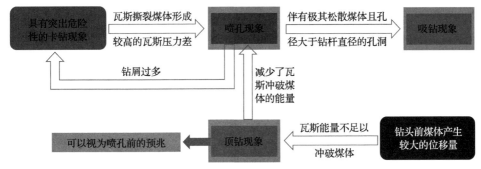

图 6-42　突出预测钻孔动力现象间的关联

6.4　瓦斯局部异常带防治

6.4.1　煤巷工作面突出预测钻孔布局方法

　　坐落于河南省永城市薛湖镇的薛湖煤矿隶属于河南神火集团有限公司，向东与徐州市毗邻，约 80km，西邻商丘市约 75km，向南约 23km 可达永城市区，北邻淮北市约 40km。自 2004 年 12 月建井直至 2009 年 6 月投产，经鉴定为煤与瓦斯突出矿井。矿井设计生产能力为 120 万 t/a，实际生产能力为 101 万 t/a。矿井评估的可采储量约 9674 万 t，主要含煤地层中包括三个煤层：二 $_2$ 煤层、三 $_3$ 煤层及三 $_2$^{2} 煤层，其中主采煤层为二 $_2$ 煤层，该煤层为煤与瓦斯突出煤层，平均厚度为 2.23m。目前，整个矿井投产的采区有三个：21 采区、23 采区、25 采区，包含 2304 采煤工作面、25060 工作面及 25050 工作面（备采）；9 个掘进工作面，其中 7 个正常掘进（2101 风巷掘进工作面、2306 切眼掘进工作面、2306 风巷掘进工作面、25040 风巷掘进工作面、29 采区泵房掘进工作面、29 采区轨道下山掘进工作面、29020 机巷底抽巷掘进工作面）。

　　在 2017 年 5 月 15 日 7 时 43 分，2306 风巷掘进工作面发生了一起煤与瓦斯突出事故，突出煤岩量 116t，涌出瓦斯量 4865m³，导致 3 人死亡，直接经济损失 346.66 万元。事故的直接原因为在 2306 风巷工作面掘进中遇到局部小断层（事故发生前该巷道已揭露落差为 0.6～1.6m 不等的 6 条正断层，掘进过程中揭露了落差约为 1m 的正断层），采动影响使工作面前方煤体发生构造应力与地应力的叠加，以及构造煤体中瓦斯含量较高且强度较低等异常特点导致煤与瓦斯突出发生。间接原因分为技术层面和管理层面，本书仅探讨技术层面原因。具体为对 2306 风巷工作面实施的区域及局部防突措施未达标，抽采孔的布置无法确认终孔位置，致使存出现在潜在的防突空白带；突出预测钻孔（效果验证钻孔）布置不合理，布

置的 4 个钻孔并未能保证控制住潜在的具有突出危险性煤体。

目前在突出煤层进行掘进前，首先进行区域或局部防突措施的实施，之后进行效果验证。至于防突措施的效果如何，是否能够消除掘进巷道一定范围内的突出危险性，关键在于效果验证的预测钻孔能否真实反映出工作面前方煤体具有的突出危险性水平。薛湖矿 2306 风巷工作面之所以发生突出事故，实质即是预测钻孔未能钻进工作面前方存在的局部小断层附近的构造煤体中。这种情况也类似于前方存在一具有突出危险性的"煤包"，即在硬煤层中可能存在局部构造煤的情况。预测钻孔测定的预测指标数值应能真实反映该区域煤体的突出危险性强度。根据预测钻孔的布置，即使预测钻孔并未钻进具有突出危险性的煤体，也可能通过其他措施使可能发生的突出强度保持在较低水平，从而使工作面及通风量处于可控范围，这种方法也属可行。

1. 薛湖煤矿 2306 风巷工作面概况

2306 风巷位于 23 采区 780m 水平大巷以北，沿煤层走向自东向西掘进，巷道底板标高 –849～–803m（事故地点为 –817m），地面标高 +37.4m，煤层埋深 840.4～886.4m。北邻 2306 机巷底抽巷，西邻 f115 断层保护煤柱，东邻 2306 机巷措施巷，南邻 23 采区回风巷。巷道倾角 –14°～5°，进入正常煤层后，沿煤层顶板掘进，破底以保证巷道高度。该区域煤层总体上呈一走向近东西、倾向北的单斜构造，赋存稳定，水文地质条件相对较简单，倾角为 1°～7°，煤层厚度 2～3m，平均厚度 2.5m。煤层原始瓦斯含量 7.41～8.71m³/t，原始瓦斯压力 0.772～0.919MPa。2306 风巷设计长度 1745m，服务年限 4 年，2016 年 1 月开始施工，事故发生时已掘进 1336m。该巷道高 3.4m、宽 4.6m，断面面积 15.64m²，使用 EBZ-160H 型综掘机掘进。采用锚杆、钢筋网、W 钢带、锚索联合支护形式。装备两台 2×37kW 局部通风机压入式通风，1 台工作，1 台备用，供风量为 533m³/min。正常掘进期间绝对瓦斯涌出量为 1.07m³/min，回风流瓦斯浓度 0.2%左右。

2306 风巷掘进工作面采用复合指标法（临界值 q=4.0L/min、S=5.5kg/m）进行区域验证，首次进入 2306 风巷后连续进行了两次区域验证，之后每 20m 进行一次区域验证。事故前区域验证得到的煤体最大残余瓦斯含量为 5.36m³/t，最大残余瓦斯压力为 0.3MPa，验证结果表明均无指标超限和突出预兆。采用复合指标法进行效果检验，合格后保留 10m 措施孔超前距和 4m 效检孔超前距。2017 年 5 月 15 日零点班效果检验指标最大值：q=1.6L/min，S=2.2kg/m，允许掘进 5m，至事故发生时掘进 1.4m。预测钻孔布置遵守以下原则：当煤层厚度小于 3.5m 时，预测钻孔布置 3 个，沿工作面掘进方向投影深度为 9m，两侧钻孔距巷帮 0.3m，控制巷帮距离为 3m，中间钻孔平行于掘进方向；当煤层厚度大于等于 3.5m 时，预测钻孔布置 5 个，沿工作面掘进方向投影深度为 9m，巷道两帮钻孔距巷帮 0.3m，控制巷帮距离为 3m，中间钻孔平行于掘进方向，其余两个分布在上部，具体的布置图如图 6-43 所示。2306 风巷掘进工作面所在煤层厚度虽小于 3.5m，但由于其中一个钻孔在钻进数米进入岩层，又在钻孔旁补充了一个预测钻孔，因此实际在突出事故前实施了 4 个预测钻孔。

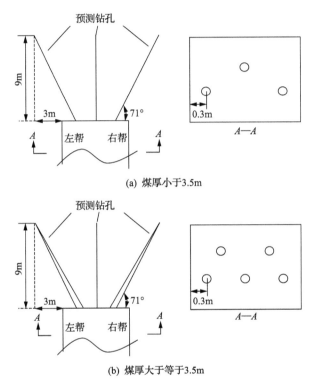

(a) 煤厚小于3.5m

(b) 煤厚大于等于3.5m

图 6-43　突出事故前 2306 风巷掘进工作面突出预测钻孔布置

2. 工作面突出预测钻孔布置方案

薛湖矿一贯坚持的煤巷工作面突出预测钻孔布置方式中要求钻孔深度 9m，可连续掘进 5m，保留预测超前距为 4m。因此，在当日 2306 风巷掘进 1.4m 后发生了突出事故，其原因除了当日预测(循环二)结果不可信，实质上是上一循环突出预测(循环一)并没有真正反映出前方煤体中的突出危险性，即预测结果失败。基于此，根据以上提到的预测钻孔布局模式，结合工作面的相关参数对循环一预测前进行预测钻孔的布置，并探讨预测的安全性。根据工作面的尺寸及预测钻孔控制的范围，其工作面预测范围的立体图如图 6-44 所示。

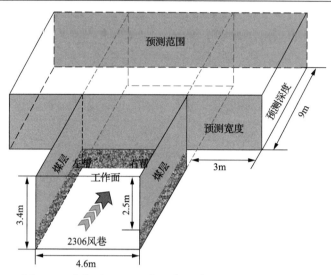

图 6-44　薛湖矿 2306 风巷工作面单个循环突出预测范围

　　从图 6-44 可知，预测钻孔终孔位置控制的边界宽为 10.6m（巷道宽度加预测宽度）、高为 2.5m（煤层厚度）。根据 6.1.2 节提到的预测钻孔横向间距应为 4～6m，因此对于 2306 风巷工作面横向应布置 3～4 个预测钻孔。而根据以往 2306 风巷掘进过程中揭露的断层落差一般为 0.6～1.6m，平均为 1.1m，依次为纵向钻孔间距，因此对于 2306 风巷工作面纵向应布置 3 个钻孔。总体而言，2306 工作面应布置 9 个或 12 个突出预测钻孔，具体的钻孔布局模式如图 6-45 所示。

　　"5·15"突出事故是在新一轮预测后掘进 1.4m 后从距工作面后 0.5m 处煤壁上发

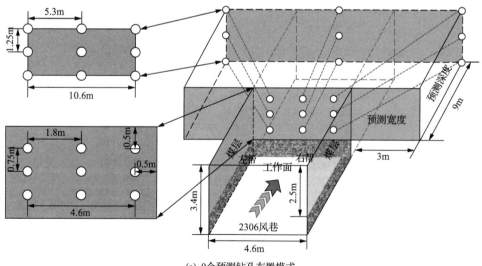

(a) 9个预测钻孔布置模式

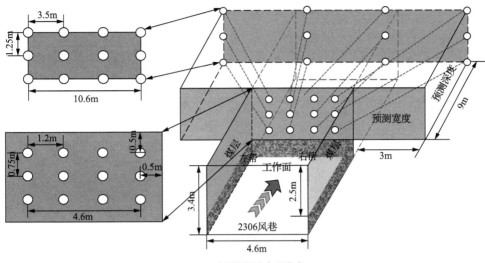

(b) 12个预测钻孔布置模式

图 6-45　2306 风巷工作面突出预测钻孔布局模式

生，其突出孔洞为口小腔大型，孔口直径约 1m，孔洞的高度最大为 1.5m，孔洞中心离底板的距离约为 2m，孔洞形状轴线与水平面夹角为 45°，孔洞最大宽约为 2.7m，孔洞深度为 3.5m。突出地点煤层较破碎，突出事故造成突出点 6m 范围内巷帮外移 0.6m 左右，煤粉喷出约 30m，粒度在 100mm 左右，堆积角 4.8°，分选特征不明显。下面对两种不同布局模式下预测突出危险性煤体的可靠性及预测失败后可能发生的突出煤量进行分析。

1) 9 个预测钻孔布局模式

实际上 2017 年 5 月 15 日发生突出的具体位置为前一次预测深度的 6m 处，即图 6-45 中预测深度为 6m 处。由于煤层倾角较小，不考虑煤层倾角，可得到不同位置钻孔的角度（表 6-10），则在 6m 处钻孔之间的纵向间距为 1.08m，钻孔离工作面煤壁的距离为 1.83m。由于突出孔洞最大高度为 1.5m、孔洞最大宽度为 2.7m以及煤体的视密度为 1440kg/m^3，假设突出孔洞整体的形状为一椭球，突出的煤岩均为煤体，根据椭球的体积计算公式，可得到实际抛出煤岩的突出孔洞的深度

表 6-10　9 个预测钻孔布局模式下钻孔的角度

钻孔(1)	仰角/(°)	钻孔(2)	偏帮角/(°)
上排	3	左排	69
中排	0	中排	0
下排	3	右排	69

约为 4.7m。假设本次突出相对突出强度为 100%，即突出孔洞的体积为实际具有突出危险性的煤体体积。由预测钻孔在预测深度 6m 处之后的分布状态和突出孔洞之间的位置关系可得，9 个预测钻孔中将有靠近煤壁的上部两个钻孔能够钻进到具有突出危险性的煤体中(图 6-46)。

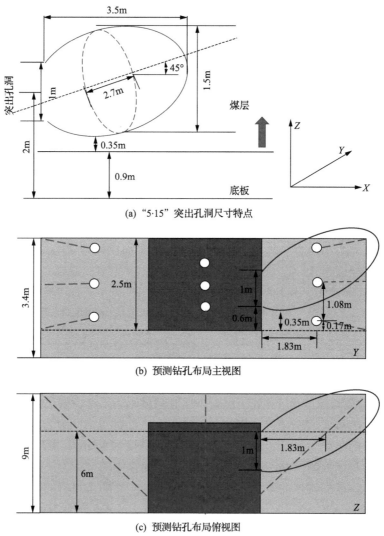

(a) "5·15" 突出孔洞尺寸特点

(b) 预测钻孔布局主视图

(c) 预测钻孔布局俯视图

图 6-46 突出预测钻孔示意图(9 个钻孔)

而如果不确定实际存在的突出危险性煤体区域的分布及大小，那可能的突出煤体量是多少？假设具有突出危险性的煤体区域只有一处，且上一循环预测结果可信，预测超前距离为 2m，根据式(6-9)、式(6-10)和式(6-12)可得到不同形态下具有突出危险性煤体可能抛出的煤量，见表 6-11 所示。从表 6-11 中可看出，突出危险性煤体区域的形状对计算它的体积及对应的突出煤量有较大的影响，但整体而言，发生弱突出时，平均突出煤量为 11.90t，突出强度为小型强度；对于强突出，平均突出煤量为 33.03t，突出强度一般亦为小型强度。

表 6-11　9 个预测钻孔布局模式下理论上可能的突出煤量

断面形态	具有突出危险性煤体煤量/t	突出煤量/t		平均突出煤量/t	
		弱突出	强突出	弱突出	强突出
圆形	24.12	5.50	15.26		
椭圆形	133.51	30.43	84.49	11.90	33.03
正方形	11.34	2.58	7.17		
长方形	39.8	9.07	25.19		

2) 12 个预测钻孔布局模式

通过计算可得到不同位置钻孔的角度（表 6-12），则在 6m 处钻孔之间的纵向间距为 1.08m，钻孔离工作面煤壁的距离为 2.33m。假设本次突出相对突出强度为 100%，即突出孔洞的体积为实际具有突出危险性煤体体积，由预测钻孔在预测深度 6m 处之后的分布状态和突出孔洞之间的位置关系可得，12 个预测钻孔中将有靠近煤壁的上部两个钻孔能够钻进该具有突出危险性的煤体中（图 6-47）。

表 6-12　12 个预测钻孔布局模式下钻孔的角度

钻孔(1)	仰角/(°)	钻孔(2)	偏帮角/(°)
上排	3	左排	69
中排	0	中排	82.4
下排	3	右排	69

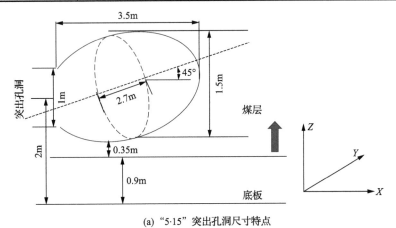

(a) "5·15" 突出孔洞尺寸特点

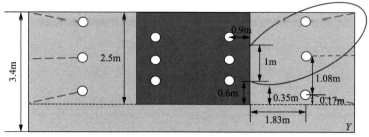

(b) 预测钻孔布局主视图

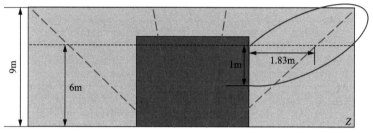

(c) 预测钻孔布局俯视图

图 6-47 突出预测钻孔示意图（12 个钻孔）

而如果不确定实际存在的突出危险性煤体区域的分布及大小，那可能的突出煤体量是多少？同上假设具有突出危险性的煤体区域只有一处，且上一循环预测结果可信，预测超前距离为 2m，根据式(6-9)、式(6-10)和式(6-12)可得到不同形态下具有突出危险性煤体可能抛出的煤量，如表 6-13 所示。从表 6-13 可以看出，突出危险性煤体区域的形状对计算它的体积及对应的突出煤量有较大影响，但整体而言，发生弱突出时，平均突出煤量为 8.73t，突出强度为小型强度；对于强突出，平均突出煤量为 24.23t，突出强度一般亦为小型强度。

表 6-13 12 个预测钻孔布局模式下理论上可能的突出煤量

断面形态	具有突出危险性煤体煤量/t	突出煤量/t		平均突出煤量/t	
		弱突出	强突出	弱突出	强突出
圆形	8.92	2.03	5.64		
椭圆形	106.08	24.18	67.13		
正方形	11.34	2.58	7.17	8.73	24.23
长方形	26.82	6.11	16.97		

一般炮掘工作面一次放炮进尺为 1～1.5m，假设一次炮掘进尺为 1.5m，则实际炮掘后落煤量为 24.84t。因此，9 个或 12 个预测钻孔布置后可能的突出煤量已逐渐在向工作面可能承受的突出强度接近。而实际在现场工作面如果经过这些钻

孔的布置，预测无突出危险性时，工作面也不太可能存在突出危险性。

6.4.2　深部高突煤层压-冲接替式强化增透技术

针对煤层突出危险性区域防治难题，为进一步提高采掘工作面水力化消突成效，构建"水力动压致裂-水力冲孔"接替式煤层区域强化增透技术，提出抽采钻孔动态密封方法，以求实现突出煤层瓦斯动力灾害隐患精准消除[32]。

1. 工程背景

薛湖煤矿井田内断裂构造发育，局部发育岩浆岩。现主采煤层为二$_2$煤，标高−780～−700m，煤层厚度为 0～4.77m，平均为 2.23m，煤层层位稳定，结构简单，煤厚有一定变化，局部有薄煤带，基本全区可采，煤层稳定程度属较稳定煤层，煤尘无爆炸危险性。二$_2$煤层原始瓦斯压力为 0.69～2.8MPa，原始瓦斯含量为 4.15～21.13m³/t，坚固性系数为 0.25～0.7，属突出煤层。煤层透气系数为0.1404m²/（MPa²·d），百米钻孔瓦斯流量衰减系数为 0.019d⁻¹，属低渗透勉强抽放煤层，120d 的有效抽采半径为 2.11m。

煤层在成煤时期由于受到岩浆岩侵入，同时伴随有地质运动，煤层局部位置发生错动。在煤层中易存在隐伏难以探测的小断层，使得煤层局部区域瓦斯赋存量高、煤体力学强度低以及透气性差。当工作面推进至此类煤体附近时，该区域煤体经采掘扰动，增加了运移瓦斯的通道，同时煤体瓦斯放散能力强，使得瓦斯大量涌向采掘工作面，增加了工作面及回风巷道的瓦斯浓度。若不采取增透强化抽采措施，难以实现瓦斯运移能力差的隐伏"煤包式"构造软煤体内瓦斯的有效抽放。

2. 水力化接替瓦斯强化抽采理论与技术

1）水力动压致裂强化增透

动压致裂效果主要受控于注水压力、注水频率、注水时间、注水流量等因素。研究已表明[33]，随着注水压力、频率和流量降低、注水时间增加，压裂所产生的裂隙越发育，反之，其压力效果与静压压裂效果接近。鉴于注水频率及流量在现场应用时往往为固定值，且注水时间差异化较小。因此，在现场开展了不同注水压力下的增透效果考察。实验过程实施薛湖煤矿 29020 底抽巷向 25 采区煤层进行穿层压裂，压裂钻孔为 94mm，由式(6-34)可得煤层静水压力，即最小压裂压力为 7.11MPa：

$$p = 15.16 - 718/(0.1001H + 0.15) \tag{6-34}$$

式中，p 为煤层注水的最小压力，MPa；H 为煤层埋藏深度，取值为 890m。

设置注水频率为 15Hz，初始注水压力为 5MPa。通过开展 4 组注水压力下对照实验，动压致裂润湿范围考察过程，选取 25m 煤层区域为一个单元。具体的动压致裂钻孔与润湿范围考察钻孔布局示意图如图 6-48 所示。

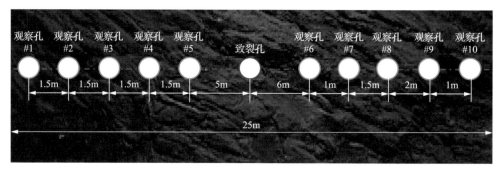

图 6-48 动压致裂钻孔与润湿范围考察钻孔布局示意图

通过测定注水压裂孔周围不同距离煤体的含水率获得动压致裂润湿影响范围。不同封孔时间后的润湿半径如图 6-49 所示。由图可知，随注水压力增加，钻孔周围煤体润湿半径越大，也表明压裂影响半径越大。同时可看出，当注水压力超过 12MPa，随注水压力增加，煤体润湿半径增幅减小。图 6-49 中也表明，随注水时间增加，钻孔周围煤体润湿半径越大，而时间增加到一定值后，煤体润湿范围变化幅度减小。同时从图 6-49 中还可看出随注水时间增加，虽钻孔周围煤体润湿半径增加，但相对注水压力影响程度有一定弱化。且注水时间超过 2h 后煤体润湿半径增加幅度显著减小。因此，25 采区煤层进行穿层动压致裂的注水压力选择为 14～16MPa，取 15MPa。

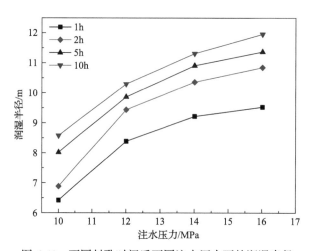

图 6-49 不同封孔时间后不同注水压力下的润湿半径

根据《煤矿安全规程》[34]，预抽煤层瓦斯后，必须对预抽瓦斯防治突出效果进行检验，其检验指标之一是煤层瓦斯预抽率大于 30%，即抽采后瓦斯含量小于抽采前 30% 以上。在工程应用时，瓦斯含量和瓦斯压力满足式(6-35)：

$$Q = \alpha\sqrt{p} \qquad (6-35)$$

式中，Q 为煤层瓦斯含量，m^3/t；p 为煤层瓦斯压力；α 为瓦斯含量系数，$m^3/(t\cdot MPa^{1/2})$。

如果煤层瓦斯含量降低 30%，根据式(6-35)可知煤体中的残余瓦斯压力为原始瓦斯压力的 49%，即煤层的瓦斯压力降低了 51%。为缩短考察时间，以 51% 这个相对压力值来估算钻孔的有效抽采半径。动压致裂增透有效范围考察过程，选取 10m 煤层区域为一个单元。动压致裂效果通过施工两个致裂钻孔对比考察，两钻孔间距不低于 25m。具体的动压致裂后有效抽采半径观察钻孔布局示意图如图 6-50 所示。

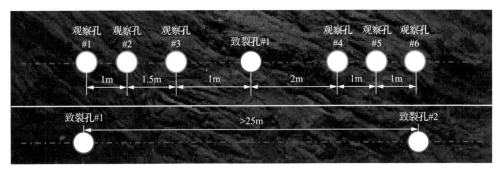

图 6-50 动压致裂钻孔与有效抽采半径观察钻孔布局示意图

压裂钻孔抽采时间和有效抽采半径拟合关系如图 6-51 所示。由图 6-51 可知，致裂后抽放钻孔#1 抽采 120d 的抽放半径为 2.8m，抽放钻孔#2 为 3.1m，平均瓦斯抽采半径为 2.95m。因此，在底抽巷采用动压致裂技术，有效抽采半径增加量为 0.8m，虽增透效果明显，但并不理想。分析主要原因是煤层应力高，煤体形成裂隙不贯通，以及易在卸压后重新闭合。因此，在此基础上进一步采取如水力冲孔卸压技术可进一步增强钻孔周围煤体破碎范围及程度，扩大卸压范围，进而增大其有效抽采半径。

2)水力动压致裂与水力冲孔接替增透

基于以上研究，按照冲孔压力 15～16MPa(泵站压力，至煤层会略有衰减)，在 29020 底抽巷进行了冲孔作业，现场收集了冲孔过程中冲煤量、抽采浓度及瓦斯抽采流量等参数(图 6-52)，以考察冲煤量与瓦斯浓度和流量的关系，明确冲孔效果。

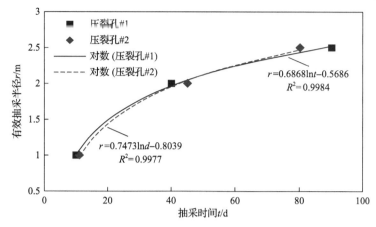

图 6-51　压裂后有效抽采半径与抽采时间关系

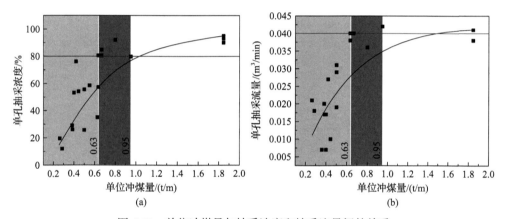

图 6-52　单位冲煤量与抽采浓度和抽采流量间的关系

由图 6-52(a)可知，随单位冲煤量增加，瓦斯抽采浓度变化规律可分为两个阶段，即瓦斯抽采浓度随单位冲煤量的增加先发生快速增加，而后增加速率减缓，增幅较小。当单位冲煤量为 0.63t/m 时，瓦斯抽采浓度为 80%，而后随单位冲煤量增加，瓦斯抽采浓度虽有所增加。但单位冲煤量为 0.95t/m 时，瓦斯抽采浓度仍为 80%。这说明单位冲煤量超过 0.63t/m 后，瓦斯抽采浓度增加幅度不显著。同时，图中表明单位冲煤量为 1.85t/m 时，瓦斯最大抽采浓度为 95%，与单位冲煤量 0.63t/m 相比，虽瓦斯抽采浓度增加了 18.75%，但单位冲煤量需增加 193.65%。因此，从时间和效益角度综合考虑最佳单位冲煤量为 0.63~0.95t/m。观察图 6-52(b)可看出，瓦斯抽采流量随单位冲煤量增加，其变化趋势与抽采浓度类似，也可分为两个阶段，即随单位冲煤量增加先发生快速增加，而后增加速率减缓，增幅较小。单位冲煤量为 0.63t/m 时，瓦斯抽采流量为 0.04m³/min，而后随单位冲煤量增加，瓦斯抽采流量整体趋势虽有所增加，但最大瓦斯抽采流量不大于 0.042m³/min。

这也表明单位冲煤量最佳选择应不低于 0.63t/m。选择更大单位冲煤量虽有利于瓦斯抽放，但从时间和经济角度而言，非最佳选择。结合图中瓦斯抽采浓度随单位冲煤量的变化特点可得出，最佳水力冲孔单位冲煤量为 0.63～0.95t/m。

基于此，在 29020 机巷底抽巷动压致裂完成抽采半径考察后，进行了水力冲孔以强化卸压。有效抽采半径和抽采时间拟合关系如图 6-53 所示。由图 6-53 可得，致裂冲孔后压裂孔#1 和#2 抽采 120d 后有效抽采半径分别为 4m、3.87m，平均瓦斯抽采半径为 3.94m。因此，动压致裂后，抽采半径由 2.11m 增加至 2.95m，增加了 39.8%，增幅明显。水力致裂并冲孔后由 2.95m 增加至 3.94m，增加了 33.6%，整体上从原始的 2.11m 增加至 3.94m，增加 86.7%，增幅显著。因此，动压致裂＋水力冲孔复合接替增透效果较为理想。

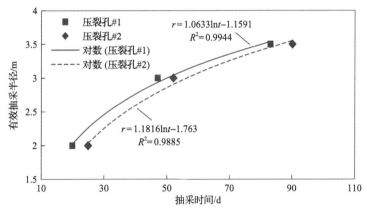

图 6-53　动压致裂-水力冲孔接替增透后有效抽采半径与抽采时间关系

3. 钻孔抽采效果分析

为进一步考察增透效果，压裂钻孔抽采瓦斯流量及浓度测定结果如图 6-54 所示。

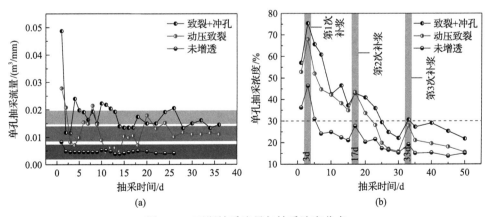

图 6-54　瓦斯抽采流量与抽采浓度分布

在抽采钻孔密封环节，为解决一次封孔后随钻孔煤体变形引起后期漏风强度增加的问题，将封孔水泥浆液换成非凝固的膏体状浆液。封孔后抽采钻孔全部采用膏体分时段进行动态密封。分时段动态密封设备示意图如图 6-55 所示。具体技术原理为通过注浆管分别注入非凝固膏体状浆液，一般注浆压力为 3MPa(可根据钻孔直径调整注浆压力)，使膨胀囊袋 #1、#2 发生膨胀。同时在膨胀囊袋 #2 注浆管和出浆管分别安置一个单向阀，其中单向阀 #1 保障浆液仅可向膨胀囊袋 #2 注浆，而单向阀 #2 仅可向膨胀囊袋 #1、#2 间注浆。由此，膨胀囊袋间形成固-液-固密封结构，可实现定时反复注浆，进而起到抽采钻孔动态密封效果。

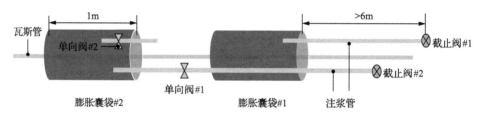

图 6-55   分时段动态密封设备示意图

在封孔后抽采钻孔全部采用膏体密封分时段进行密封，在抽采 3d、17d、33d 后分别进行注浆管二次补浆。由图 6-54(a)可知，相比未增透，分别采用动压致裂和动压致裂后进行水力冲孔作业，单孔瓦斯抽采纯量平均分别增加了 2 倍和 3.5 倍。同时图 6-54(b)表明，单孔瓦斯抽采浓度也得到大幅提升，平均增加 1.5～1.7 倍。采用分时膏体浆液动态封孔技术，瓦斯抽采浓度普遍较高。在抽采 33d 后进行再次补浆，单孔瓦斯抽采浓度仍可保持在 30%左右。因此，分时段非凝固膏体浆液的注入能有效缓解初期瓦斯抽采浓度衰减过快，以及解决随时间变化钻孔变形密封失效问题。

6.4.3   基于瓦斯能量突出灾害防治技术

基于 4.3 节和 5.4 节的研究基础，本节开展煤层因局部高温引发的瓦斯异常带防治技术研究，以及煤层注水量化控能消突技术。

1. 温控作用下突出评估技术

1)灾害评估技术

基于以上不同温度、不同瓦斯压力下煤体瓦斯膨胀能释放特征，温度、瓦斯压力与煤体初始释放瓦斯膨胀能均呈线性正相关关系。同时也得出煤体瓦斯解吸量与初始释放瓦斯膨胀能呈线性相关关系，但相关性与解吸时间密切相关。因此，基于瓦斯膨胀能灾害评估过程可归纳为以下 3 类：

(1)明确灾害评估区域煤层温度及煤层瓦斯压力，测算出该温度下煤层瓦斯压力与煤体初始释放瓦斯膨胀能的函数关系式,进而根据测定的煤层瓦斯压力得出初始释放瓦斯膨胀能数据,并与临界值 42.98mJ/g 进行比较。

(2)明确灾害评估区域煤层瓦斯压力及煤层温度,测算出该瓦斯压力下煤层温度与初始释放瓦斯膨胀能的函数关系式,进而根据测定的煤层温度得出初始释放瓦斯膨胀能数据,并与临界值 42.98mJ/g 进行比较。

(3)明确灾害评估区域煤层瓦斯含量及煤层温度,测算出该瓦斯含量下瓦斯解吸量与初始释放瓦斯膨胀能的函数关系式,进而根据测定的煤体瓦斯解吸量得出初始释放瓦斯膨胀能数据,并与临界值 42.98mJ/g 进行比较。

虽然基于以上 3 类灾害评估方法可以较好地明确目标煤层区域的灾害性质,但往往有一些煤层并不能同时适用全部类别的灾害评估方法。尤其是瓦斯压力低而瓦斯含量较高的煤层,以及瓦斯放散能力强的煤层。这表明针对此类煤层,利用煤层瓦斯压力与煤体初始释放瓦斯膨胀能之间的关系,难以评判出煤体的突出危险性。

2)灾害评估效果

陕西某井田赋存有近距离煤层群,井田大部处于一级热害区,局部处于二级热害区,局部区域煤体温度超过 40℃。井田等温线呈向东向北增高,先期开采地段全部为一级热害区。就全井田来看,地温正常区仅分布于西部 CH182、CH186 孔以西,二级热害区主要分布于井田东北部 CH210 及 CH211 钻孔附近,全井田其余大部分区域为一级热害区。通过对地温变化规律的综合分析可知,井田东部等温线向北突出与西卓背斜形态相符,西卓向斜处的等温线与煤层底板等温线近似,井田内煤层底板温度主要受 f10、f1 断层及西卓向斜、西卓背斜基底构造控制,与煤层厚度及埋深关系不大。

测定的煤体瓦斯参数如表 6-14 所示。从该表中可看出,该井田内煤层瓦斯压力不高,而煤体瓦斯放散能力强、构造煤体力学强度低。开采区域内随深度发展局部位置瓦斯含量超过了 $6m^3/t$,大部区域煤体瓦斯含量为 $2\sim4m^3/t$。

表 6-14　井田煤层瓦斯参数

参数	测定地点/来源	煤层	参数值
瓦斯压力	井底车场位置	5 煤层	0.62MPa
	突出评估报告	5 煤层	0.46~0.67MPa
	突出评估报告	4 煤层	0.64MPa
瓦斯放散初速度	测试报告	5 煤层	24.5mmHg
	测试报告	4 煤层	15.5mmHg

续表

参数	测定地点/来源	煤层	参数值
构造煤坚固性系数	北翼回风南段	5 煤层	0.264
	南翼辅助运输大巷	5 煤层	0.2
	北翼回风大巷	4 煤层	0.4

因此，由于地质构造发育以及局部构造影响产生的高瓦斯含量、高温、高破坏类型等因素，使得该井田煤体易存在突出危险性区域。为了评判煤体实际具有的突出危险性水平，基于第 5 章温度对瓦斯初始解吸的影响规律开展煤层突出危险性评估。即明确灾害评估区域煤层瓦斯压力及煤层温度，测算出该瓦斯压力下煤层温度与初始释放瓦斯膨胀能的函数关系式，进而根据测定的煤层温度得出初始释放瓦斯膨胀能数据，并与临界值 42.98mJ/g 进行比较。根据以上瓦斯参数，最终选择 5 号煤层的瓦斯参数开展研究。即煤层瓦斯压力为 0.7MPa，煤层瓦斯含量为 6.5m³/t，探究同一瓦斯压力吸附下、同一瓦斯吸附量下温度与初始释放瓦斯膨胀能间的关系。

图 6-56 为煤体初始释放瓦斯膨胀能 W_p 与吸附平衡温度 T 之间的关系。由图 6-56 可知，无论同一吸附平衡瓦斯压力或是同一吸附平衡瓦斯量，煤体温度与初始释放瓦斯膨胀能均呈线性正相关。而两因素在温控下对煤体初始释放瓦斯膨胀能的释放影响程度不同，即当同一吸附平衡瓦斯压力时，煤体温度超过 43.86℃后，煤体具有突出危险性；当同一吸附平衡瓦斯量时，煤体温度超过 40.2℃后，煤体具有突出危险性。这表明煤体初始释放瓦斯膨胀能受瓦斯含量的影响更为明显。

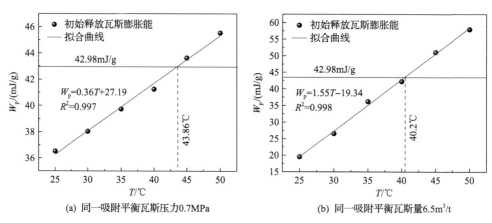

(a) 同一吸附平衡瓦斯压力0.7MPa   (b) 同一吸附平衡瓦斯量6.5m³/t

图 6-56 初始释放瓦斯膨胀能与吸附平衡温度间的关系

因此，针对该井田 5 号煤层区域，在研判煤体突出危险性时，应综合考虑煤层瓦斯压力、煤层瓦斯含量及煤体温度三因素。因目前井田内局部煤体温度超过37.3℃，当煤层温度为37.3℃时，如若煤层瓦斯压力达到0.7MPa，煤体初始释放瓦斯膨胀能为 40.62mJ/g；如若煤层瓦斯含量达到 6.5m³/t，煤体初始释放瓦斯膨胀能为38.48mJ/g。由此表明，该矿井5号煤层局部已接近具有突出危险性，在后续开采过程中应重视突出预测及防治工作。

2. 煤层注水量化控能消突技术

目前，如水力压裂、水力割缝、水力冲孔、煤层注水等水力化消突技术已成为我国突出煤层常用的防突措施之一。水力化措施的功效主要体现在加快裂隙贯通与扩展、增加瓦斯运移通道、推进工作面集中应力向煤层深部转移、增加煤体塑性、驱替瓦斯或减弱瓦斯解吸等优点。针对不同的水力特性，结合突出煤层本身的物性，优选效果佳、施工便捷的水力化技术直接关系到防治效果及作业进度。煤层注水防突技术措施是通过钻孔向煤体内进行注水，利用水分的作用改变煤体的力学性质和孔隙结构，从而使煤体的应力场及瓦斯渗流场发生改变，能够取得减少及消除突出危险性的效果。该技术措施具有消突效果好、施工量小且工艺简单、效检指标超标率低、工作环境友善等优势。对于众多突出煤层，煤层中往往发育有力学强度与瓦斯运移能力差异较大的软硬煤，区域防突措施实施后，虽经评估消突措施达标，但因煤体结构的复杂性，仍会存在瓦斯赋存不均的区域，极易形成工作面瓦斯异常涌出现象。此时强化局部防突措施显得极为关键。而在运用水力化强化局部防突措施时，制定高效可行的实施方案以及如何做到防突措施与采掘作业协同进行是有效保证矿井安全及效益的关键。

1）煤层注水控能量化调控技术

从第4章分析可知，无论是构造煤体或是非构造煤体，在不同瓦斯压力水平下初始释放瓦斯膨胀能在煤体瓦斯释放的瓦斯能中的占比均在 14%～16%。为了揭示不同含水率煤体下，含水率与煤体的初始释放瓦斯膨胀能之间的关系。拟合得到含水率与煤体的初始释放瓦斯膨胀能之间的关系如图6-57所示。

从拟合的关系式可以看出，煤体水分与煤体的初始释放瓦斯膨胀能线性负相关，瓦斯压力越大，随水分的增加，煤体的初始释放瓦斯膨胀能降低幅度越大。不同瓦斯压力水平下随着含水率从1.31%增加到2.86%及3.62%，煤体含水率每增加1个百分点，其初始释放瓦斯膨胀能分别减小了9.69%、11.32%、11.45%，平均减少了10.82%。

因此，根据现场测定结果所在煤体区域最高瓦斯压力，以及最大瓦斯含量。为了消除工作面瓦斯隐患，以构造软煤体的数据得到工作面所在煤体中最大的初始释放瓦斯膨胀能。将最高瓦斯压力代入构造软煤体初始释放瓦斯膨胀能与瓦斯压力拟合方程，可得出其初始释放瓦斯膨胀能数值。相对于初始释放瓦斯膨胀能

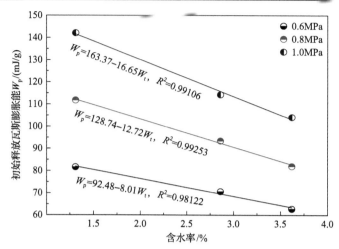

图 6-57　含水率与煤体初始释放瓦斯膨胀能之间的关系

W_t 为含水率；W_p 为膨胀能

临界值 42.98mJ/g。根据上述得出的煤体水分每增加 1%，其初始释放瓦斯膨胀能分别减小了 9.69%、11.32%、11.45%，平均减少了 10.82%，即可得到原始煤体实现消突效果的增加水分量。然后根据所防治的局部煤体范围确定范围内煤体的质量，结合注水比例即可计算出实际所需注水量。

2) 煤层注水工艺精准布控技术

煤层精准及高效注水需解决注水钻孔布局这一科学问题，同时对提高瓦斯治理效果多种防突措施协同进行也至关重要。本节主要涉及的研究内容为基于隐伏"煤包式"构造软煤体管控范围评估模型与以钻孔防突及预突的钻孔布局模式，确定煤层注水钻孔间距，提出煤层注水钻孔布局模式。提出高压注浆堵水固孔技术，确定注水压力等关键参数，建立煤层注水工艺精准布控技术。研究注水与抽采交互模式，实现与回采作业同步的注水-抽采协同作业模式。

(1) 工作面突出危险性防治范围评估。

工作面前方煤体发育的局部异常带一般难以量化，然而，突出孔洞与具有突出危险性区域煤体范围具有一定的关系。研究表明，突出孔洞面积随突出强度的增加而增大，最大是接近突出危险性煤体范围。因此，选择代表性的突出孔洞几何参数即可用来表征局部突出危险性煤体的范围。

前文统计得到了苏联顿巴斯煤田和重庆地区的煤矿发生的近 400 次突出事故后突出孔洞的尺寸。经过两个地区的突出孔洞尺寸对比可知突出孔洞高度普遍小于 10m，宽度和深度普遍小于 6m。

第 2 章得到了不同突出强度下突出孔洞演变特征，随着突出强度的增大，突出孔洞的体积会越来越接近具有突出危险性煤体被破坏煤体的体积，且突出孔洞的最大宽度会发展到具有突出危险性煤体的边界。随着突出强度的增大，突出孔洞的体积主要向两侧扩展，增大突出孔洞的宽度。

由于现场发生突出后，它的相对突出强度难以量化，有可能属于弱突，有可能属于强突，而从突出防治效果而言，突出预测范围评估的范围越小，采取的防治措施越具有针对性，最后的防治结果越具可信。因此，假设一次突出发生后，相对突出强度接近 100%，此时突出孔洞的宽度也就是具有突出危险性煤体的边界宽度，虽此种情况下采取的防控措施工作量最大，但消除具有突出危险性的煤体的危险隐患可能性最大。

根据上述对苏联顿巴斯煤田记录的 274 个突出孔洞及重庆地区的煤矿记录的 93 个突出孔洞宽度数据，选取 4～6m 距离作为突出危险性区域煤体横向范围具有一定的合理和适用性。此外，在苏联顿巴斯煤田发生的 274 次突出形成的突出孔洞中，其孔洞高度小于 5m 的突出占比 45.42%，而孔洞高度小于 10m 的突出占比81.68%。重庆地区的煤矿发生的 93 次突出中，其孔洞高度小于 5m 的突出占比81.36%，而孔洞高度小于 10m 的突出占比 94.07%。

而在我国实际井工突出煤矿中的开采煤层中软分层一般不足 2m，而根据统计的突出孔洞高度数据来看，突出孔洞由于煤体重力的原因往往向孔洞上发展，但防治工作面煤体突出危险性时，突出危险性区域煤体纵向范围要以局部构造带形成的软煤体普遍分布厚度为依据。

(2) 钻孔注水工艺。

在巷道周围往往会形成一定宽度的塑性区，在塑性区内煤体已产生一定程度的破坏，裂隙网络发育。当实施煤层高压注水过程，水体易通过煤体内与巷道壁面连通的裂隙发生泄水及跑水现象，致使注水量少、水压难以维持等问题。这严重制约了煤层注水效果，并增加工程作业量。为此提出"预注高压浆固孔技术"，其原理为首先对注水钻孔距离孔口 6m 宽的区域进行高压水泥浆（起压至 6MPa）灌注作业，利用高压水泥浆在煤体的运移与凝固作用封堵注水钻孔周围发育的裂隙网络；然后带水泥浆凝固正常钻进至 6m，注入高压水（起压至 12MPa）进行耐压实验（稳定时间不小于 10min），以检验高压浆液封堵裂隙效果；如果煤壁未见漏水，则固孔成功，否则仍需进一步注浆固孔。煤体的预注高压浆固孔作业流程如图 6-58 所示。

针对采面非生产期间与生产期间，开始高压注水（开清水泵）与静低压注水交叉联合注水作业，高压注水时与回采面保持不低于 5m 距离。注水时间不低于10min，安排专人进行注水作业。注水人员认真填写注水记录表，详细记录注水时间、孔号、出水情况及异常情况。注水时间以孔口、邻近钻孔、顶板或煤壁（采面）出水为标准，否则要不停注水。单孔注水结束后，要先关闭进水球阀，再打开泄压球阀，待注水封孔装置充分泄压后，方可进入警戒区取出注水封孔器。上行孔

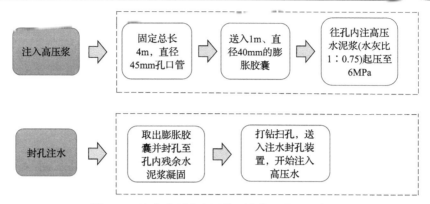

图 6-58　注水孔预注高压浆固孔作业流程示意图

注水结束后要用棉纱或布条及时封堵孔口，防止出水泄压。

3) 煤层注水现场实验

薛湖煤矿 25040 采煤工作面自开切眼掘进至 40m 左右，割煤期间 25040 风巷 T1 瓦斯数据出现异常。瓦斯浓度整体分布在 0.45%及以下，局部瓦斯浓度为 0.9% 左右，已逼近 1%。由于现采阶段煤层附近无采空区，结合矿井 23 采区已揭露的地质情况，分析认为采煤工作面前方存在局部难以探明的小断层。小断层附近煤体为强度较低、瓦斯运移能力较差的构造软煤体。经采掘扰动，此区域煤体稳定结构被破坏，增加了瓦斯运移通道，使得大量瓦斯涌向采煤工作面。矿井所发育的局部隐伏小构造给矿方带来了极大困扰。在 2017 年 5 月 15 日 7 时 43 分，2306 风巷掘进工作面发生了一次突出事故。事故的直接原因为在 2306 风巷工作面掘进中遇到局部小断层。根据前述分析，选取 4～6m 距离作为突出危险性煤体区域防控横向边界具有一定的合理和适用性，但其纵向范围要以局部构造带形成的软煤体普遍分布厚度为依据。25040 采煤工作面所在区域煤层倾角普遍为 0°～10°，煤层厚度为 0.6～2.7m，平均厚度为 2.1m。结合对于薛湖矿井二$_2$煤层，煤层形成前期形成了众多局部难以探测的落差不足 1m 的正断层。实施 25040 采煤工作面注水局部防突措施时，为实现煤层整体消突效果，注水钻孔均匀布置，注水钻孔横向间距不应超过 4～6m，注水钻孔布置在煤层中部位置，如图 6-59 所示。

煤层注水不仅可以消除瓦斯隐患，还可以降低回采过程中煤尘的浓度。若从工作面直接注水势必会占用采面割煤时间，影响回采的进度，减少采煤工作面产量。在 25040 采煤工作面风巷和机巷施工顺煤层注水钻孔不但可以实现注水消突，同时不影响采煤工作面的正常生产。同时，25040 采煤工作面在回采之前实施了本煤层瓦斯抽采钻孔作为局部防突措施。抽采钻孔横向间距为 2.5m，钻孔布置在煤层中部左右，这符合以上提出的煤层注水钻孔间距确定准则，同时也极大地降低了注水作业量。根据瓦斯抽采钻孔布局实际情况，具体的煤层注水钻孔布局模式如图 6-60 所示。

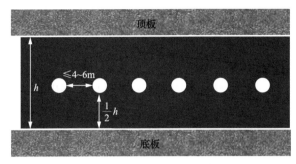

图 6-59　注水钻孔布局示意图

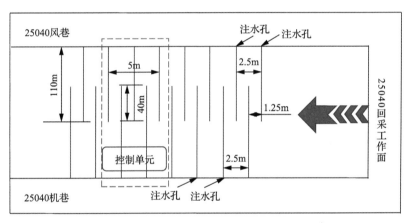

图 6-60　注水钻孔布局模式示意图

为了实现强而有效的注水效果，注水压力不低于该采深的静水压力，即 8MPa。考虑到注水压力过大，产生显著的水压造缝等效应，易造成局部应力集中，因此注水压力选取为 8~10MPa。为了实现注水消突后在回采过程中的降除尘效果，效检合格后改高压水变为低压水，注水压力不低于 2MPa，注水封孔深度不低于 15~18m。

下面通过在工作面实施注水-回采协同局部防突措施一个循环，即工作面前方 60m 范围内的预测结果进行分析，图 6-61 为工作面每循环测定钻屑量(S)和钻孔瓦斯涌出初速度(q)的最大值。从图 6-61(a)中可以看出，注水-抽采作业后煤体的钻屑量最大值范围为 4.2~4.6kg/m，而未采取注水-抽采作业措施前测定的钻屑量最大值范围为 4.4~4.8kg/m，这些值远低于突出预测临界值。由于无法对注水-抽采作业前后单个钻孔进行比较，因此对注水-抽采作业前后煤体钻屑量最大值两端的数据进行整体比较，可知注水-抽采作业后煤体钻屑量整体降低了 0.2kg/m，降幅为 4.4%～4.8%。从图 6-61(b) 中可以看出注水-抽采作业后煤体的瓦斯涌出初速度最大值范围为 2.43～2.59L/min，平均值为 3.1L/min。而未采取注水-抽采作业措施前测定的瓦斯涌出初速度最大值范围在 3.03～3.55kg/m，这些值远低于突出预测临界值。另外，注水-抽采作业后煤体瓦斯涌出初速度整体降低了 0.6～1.0L/min，降幅为 19.8%～27%。此外，在突出预测过程中，仅观察到了几次钻孔卡钻现象，无喷孔、顶钻及吸钻等瓦斯动力现象出现。而卡钻现象的出现主要是由于煤体地应力较大产生的缩径现象所导致。因此可判定煤体无突出危险性。

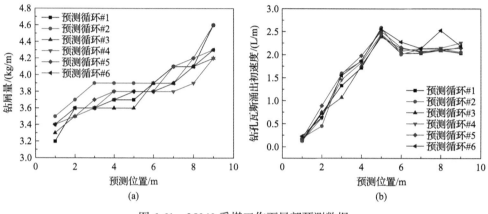

(a)　　　　　　　　　　　　　　　(b)

图 6-61　25040 采煤工作面局部预测数据

　　为对比分析 25040 采煤工作面采取注水-抽采协同局部防突措施前后瓦斯浓度变化，各选取典型的一个月期间的 T1 探头监测的瓦斯浓度数据。

　　图 6-62 为 25040 采煤工作面采取注水-抽采协同局部防突措施前后的 T1 探头瓦斯浓度监测数据。从图 6-62(a) 中可以看出，未采取注水-抽采协同局部防突措施时，25040 采煤工作面瓦斯浓度个别位置由于隐伏"煤包式"构造软煤体造成的局

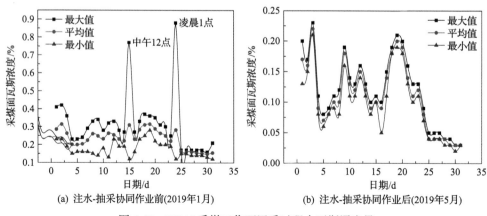

(a) 注水-抽采协同作业前(2019年1月)　　　　(b) 注水-抽采协同作业后(2019年5月)

图 6-62　25040 采煤工作面回采过程中瓦斯涌出量

部瓦斯涌出异常外，整体割煤期间采煤工作面瓦斯浓度保持在 0.45% 以下，处在 1%~0.45%。如图 6-61(b)所示，当采取注水-抽采协同局部防突措施后，25040 采煤工作面整体割煤期间其瓦斯浓度保持在 0.25% 以下，处在 0.02%~0.25%，亦不出现瓦斯浓度异常涌出点，与未采取措施前整体瓦斯浓度下降 0.06%~0.2%。这表明注水-抽采协同局部防突措施起到了应有的效果，较好地消除了煤层中存在的局部异常瓦斯隐患地带。

参 考 文 献

[1] 王超杰. 煤巷工作面突出危险性预测模型构建及辨识体系研究[D]. 徐州: 中国矿业大学 2019.

[2] 国家煤矿安全监察局. 防治煤与瓦斯突出细则[M]. 北京: 煤炭工业出版社, 2019.

[3] 郭臣业, 鲜学福, 姚伟静, 等. 煤岩层断裂破坏区与煤和瓦斯突出孔洞关系研究[J]. 中国矿业大学学报, 2010, 39(6): 802-807.

[4] Sobczyk J. The influence of sorption processes on gas stresses leading to the coal and gas outburst in the laboratory conditions [J]. Fuel, 2011, 90(3): 1018-1023.

[5] 周世宁, 林柏泉. 煤层瓦斯赋存与流动理论[M]. 北京: 煤炭工业出版社, 1999.

[6] 蒋承林, 俞启香. 煤与瓦斯突出的球壳失稳机理及防治技术[M]. 徐州: 中国矿业大学出版社, 1998.

[7] 王超杰, 蒋承林, 杨丁丁, 等. 煤与瓦斯突出强度预测研究现状分析[J]. 煤矿安全, 2015, 46(12): 154-157.

[8] 陈裕佳, 蒋承林, 吴爱军. 揭煤突出模拟试验的相似条件研究[J]. 采矿与安全工程学报, 2013, 30(4): 605-609.

[9] 张淑同. 煤与瓦斯突出模拟的材料及系统相似性研究[D]. 合肥: 安徽理工大学, 2015.

[10] 邓全封, 栾永祥, 王佑安. 煤与瓦斯突出模拟试验[J]. 煤矿安全, 1989, (11): 5-10.

[11] 华安增. 矿山岩石力学基础[M]. 北京: 煤炭工业出版社, 1980.

[12] 李贺. 岩石断裂力学[M]. 重庆: 重庆大学出版社, 1988.

[13] Roark R J, Young W C. 应力-应变公式[M]. 汪一麟, 汪一骏译. 北京: 中国建筑工业出版社, 1985.

[14] 舒龙勇, 王凯, 齐庆新, 等. 煤巷掘进面应力场演化特征及突出危险性评价模型[J]. 采矿与安全工程学报, 2017, 34(2): 259-267.

[15] Yang W, Lin B Q, Zhai C, et al. How in situ stresses and the driving cycle footage affect the gas outburst risk of driving coal mine roadway[J]. Tunnelling Underground Space and Technology, 2012, 31: 139-148.

[16] Medhurst T P, Brown E T. A study of the mechanical behaviour of coal for pillar design[J]. International Journal of Rock Mechanics and Mining Sciences, 1998, 35(8): 1087-1105.

[17] Camborde F, Mariotti C, Donze F V. Numerical study of rock and concrete behaviour by discrete element modelling[J]. Computers and Geotechnics, 2000, 27: 225-247.

[18] Sfer D, Carol I, Gettu R, et al. Study of the behavior of concrete under triaxial compression[J]. Journal of Engineering Mechanics, 2002, 2: 156-163.

[19] Jiang M J, Chen H, Crosta G B. Numerical modeling of rock mechanical behavior and fracture propagation by a new bond contact model[J]. International Journal of Rock Mechanics and Mining Sciences, 2015, 78: 175-189.

[20] 韩军, 张宏伟, 宋卫华, 等. 煤与瓦斯突出矿区地应力场研究[J]. 岩石力学与工程学报, 2008, (S2): 3852-3859.

[21] Camborde F, Mariotti C, Donze F V. Numerical study of rock and concrete behaviour by discrete element modelling[J]. Computers and Geotechnics, 2000, 27: 225-247.

[22] 尹光志, 李贺, 许江. 应力途径对砂岩力学特性的影响[J]. 重庆大学学报(自然科学版), 1986, (2): 122-133.

[23] 唐俊. 预测煤巷突出危险性的连续流量法研究[D]. 徐州: 中国矿业大学, 2009.

[24] 吴爱军. 松软煤层煤巷掘进突出危险性预测的连续流量法技术研究[D]. 徐州: 中国矿业大学, 2011.

[25] 唐巨鹏, 陈帅, 李卫军. 考虑有效应力的钻屑量理论分析及实验研究[J]. 岩土工程学报, 2018, 40(1): 130-138.

[26] 程五一. 突出预测指标钻屑倍率的动力分析[J]. 煤矿安全, 1994, (5): 18-22.

[27] 徐芝纶. 弹性力学上册[M]. 北京: 高等教育出版社, 2006.

[28] Guan P, Wang H Y, Zhang Y X. Mechanism of instantaneous coal outbursts[J]. Geology, 2009, 37(10): 915-918.

[29] 李中成. 煤巷掘进工作面煤与瓦斯突出机理探讨[J]. 煤炭学报, 1987, (1): 17-27.

[30] Jiang Y D, Wang H W, Xue S, et al. Assessment and mitigation of coal bump risk during extraction of an island longwall panel[J]. International Journal of Coal Geology, 2012, 95: 20-33.

[31] Tang J, Jiang C L, Chen Y J, et al. Line prediction technology for forecasting coal and gas outbursts during coal roadway tunneling[J]. Journal of Natural Gas Science and Engineering, 2016, 34: 412-418.

[32] 王超杰, 杨洪伟, 李晓伟, 等. 深部高突煤层压—冲接替式强化增透技术及实践[J]. 矿业安全与环保, 2022, 49(5): 53-58.

[33] 李全贵, 武晓斌, 翟成, 等. 脉动水力压裂频率与流量对裂隙演化的作用[J]. 中国矿业大学学报, 2021, 50(6): 1067-1076.

[34] 国家安全生产监督管理总局. 煤矿安全规程[S]. 北京: 煤炭工业出版社, 2011.

编　后　记

　　"博士后文库"是汇集自然科学领域博士后研究人员优秀学术成果的系列丛书。"博士后文库"致力于打造专属于博士后学术创新的旗舰品牌，营造博士后百花齐放的学术氛围，提升博士后优秀成果的学术影响力和社会影响力。

　　"博士后文库"出版资助工作开展以来，得到了全国博士后管委会办公室、中国博士后科学基金会、中国科学院、科学出版社等有关单位领导的大力支持，众多热心博士后事业的专家学者给予积极的建议，工作人员做了大量艰苦细致的工作。在此，我们一并表示感谢！

"博士后文库"编委会